"南北极环境综合考察与评估"专项

南极周边海域海洋地球物理考察

国家海洋局极地专项办公室 编

海洋出版社

2016·北京

图书在版编目（CIP）数据

南极周边海域海洋地球物理考察/国家海洋局极地专项办公室编. —北京：海洋出版社，2016.5

ISBN 978-7-5027-9436-1

Ⅰ.①南…　Ⅱ.①国…　Ⅲ.①南极-海域-海洋地球物理学-科学考察-中国　Ⅳ.①P738

中国版本图书馆 CIP 数据核字（2016）第 104042 号

NANJI ZHUOBIAN HAIYU HAIYANG DIQIU WULI KAOCHA

责任编辑：鹿　源　苏　勤

责任印制：赵麟苏

海洋出版社　出版发行

http://www.oceanpress.com.cn

北京市海淀区大慧寺路 8 号　邮编：100081

北京朝阳印刷厂有限责任公司印刷　新华书店北京发行所经销

2016 年 8 月第 1 版　2016 年 8 月第 1 次印刷

开本：787mm×1092mm　1/16　印张：13.75

字数：338 千字　定价：90.00 元

发行部：62132549　邮购部：68038093　总编室：62114335

海洋版图书印、装错误可随时退换

极地专项领导小组成员名单

组　　长：陈连增　国家海洋局

副组长：李敬辉　财政部经济建设司

　　　　曲探宙　国家海洋局极地考察办公室

成　　员：姚劲松　财政部经济建设司（2011—2012）

　　　　陈昶学　财政部经济建设司（2013—）

　　　　赵光磊　国家海洋局财务装备司

　　　　杨惠根　中国极地研究中心

　　　　吴　军　国家海洋局极地考察办公室

极地专项领导小组办公室成员名单

专项办主任：曲探宙　国家海洋局极地考察办公室

常务副主任：吴　军　国家海洋局极地考察办公室

副主任：刘顺林　中国极地研究中心（2011—2012）

　　　　李院生　中国极地研究中心（2012—）

　　　　王力然　国家海洋局财务装备司

成　　员：王　勇　国家海洋局极地考察办公室

　　　　赵　萍　国家海洋局极地考察办公室

　　　　金　波　国家海洋局极地考察办公室

　　　　李红蕾　国家海洋局极地考察办公室

　　　　刘科峰　中国极地研究中心

　　　　徐　宁　中国极地研究中心

　　　　陈永祥　中国极地研究中心

极地专项成果集成责任专家组成员名单

组　长：潘增弟　国家海洋局东海分局

成　员：张海生　国家海洋局第二海洋研究所

　　　　余兴光　国家海洋局第三海洋研究所

　　　　乔方利　国家海洋局第一海洋研究所

　　　　石学法　国家海洋局第一海洋研究所

　　　　魏泽勋　国家海洋局第一海洋研究所

　　　　高金耀　国家海洋局第二海洋研究所

　　　　胡红桥　中国极地研究中心

　　　　何剑锋　中国极地研究中心

　　　　徐世杰　国家海洋局极地考察办公室

　　　　孙立广　中国科学技术大学

　　　　赵　越　中国地质科学院地质力学研究所

　　　　庞小平　武汉大学

专题负责人：高金耀

任务组成员

海 洋 二 所：张　涛　沈中延　杨春国　吴招才　王　威
　　　　　　　罗孝文　丁维凤　卫小冬　牛雄伟　纪　飞
　　　　　　　王文健　许明炬　张　峤

海 洋 一 所：郑彦鹏　韩国忠　阚光明　刘晨光　赵　强
　　　　　　　马　龙　李天光

海 洋 三 所：胡　毅　王立明　李海东　钟贵才

南 海 分 局：汤民强　张志强　刘　强　周普志

武 汉 大 学：鄂栋臣　杨元德　柯　灏　黄继锋　袁乐先

同 济 大 学：陈华根　许惠平　覃如府

编写负责人：高金耀

编写组成员

海 洋 二 所：沈中延　杨春国　吴招才　王　威　纪　飞　丁维凤
　　　　　　　罗孝文　王文健　许明炬　牛雄伟　张　峤

海 洋 一 所：郑彦鹏　赵　强　刘晨光　马　龙

海 洋 三 所：胡　毅　王立明

南 海 分 局：汤民强　刘　强　周普志　魏　巍

武 汉 大 学：鄂栋臣　杨元德

同 济 大 学：陈华根　许惠平　覃如府　赵　晶　许　裴
　　　　　　　冯建同　徐昌伟　庄　勇　林良钊

序　言

"南北极环境综合考察与评估"专项（以下简称极地专项）是2010年9月14日经国务院批准，由财政部支持，国家海洋局负责组织实施，相关部委所属的36家单位参与，是我国自开展极地科学考察以来最大的一个专项，是我国极地事业又一个新的里程碑。

在2011年至2015年间，极地专项从国家战略需求出发，整合国内优势科研力量，充分利用"一船五站"（"雪龙"号、长城站、中山站、黄河站、昆仑站、泰山站）极地考察平台，有计划、分步骤地完成了南极周边重点海域、北极重点海域、南极大陆和北极站基周边地区的环境综合考察与评估，无论是在考察航次、考察任务和内容、考察人数、考察时间、考察航程、覆盖范围，还是在获取资料和样品等方面，均创造了我国近30年来南、北极考察的新纪录，促进了我国极地科技和事业的跨越式发展。

为落实财政部对极地专项的要求，极地专项办制定了包括极地专项"项目管理办法"和"项目经费管理办法"在内的4项管理办法和14项极地考察相关标准和规程，从制度上加强了组织领导和经费管理，用规范保证了专项实施进度和质量，以考核促进了成果产出。

本套极地专项成果集成丛书，涵盖了极地专项中的3个项目共17个专题的成果集成内容，涉及了南、北极海洋学的基础调查与评估，涉及了南极大陆和北极站基的生态环境考察与评估，涉及了从南极冰川学、大气科学、空间环境科学、天文学以及地质与地球物理学等考察与评估，到南极环境遥感等内容。专家认为，成果集成内容翔实，数据可信，评估可靠。

"十三五"期间，极地专项持续滚动实施，必将为贯彻落实习近平主席关于"认识南极、保护南极、利用南极"的重要指示精神，实现李克强总理提出的"推动极地科考向深度和广度进军"的宏伟目标，完成全国海洋工作会议提出的极地工作业务化以及提高极地科学研究水平的任务，做出新的、更大的贡献。

希望全体极地人共同努力，推动我国极地事业从极地大国迈向极地强国之列！

1

目　次

第1章 总 论

1.1 任务概况

专题3"南极周边海域海洋地球物理考察"隶属于极地专项项目——"南极周边海域环境综合考察与评估",其目标是查明南极周边海域和重点海区的地球物理、地形地貌、沉积地层、地壳结构和区域地质构造等特征,为极地数据库系统提供标准、规范的地球物理基础数据资料,为南极周边海域地质环境特征和构造演化研究、油气资源潜力评估提供科学依据。

2011/2012年开展的第28次南极科学考察是"南北极环境综合考察与评估"专项启动前的试验航次,在南极半岛布兰斯菲尔德海峡(Bransfield Strait, Antarctic Peninsula)开展了重、磁、水深测量,共完成8条测线,获得1 375 km的重力和水深测线,1 111 km拖曳地磁测线,并首次在普里兹湾(Prydz Bay)成功施放和回收海底地震仪(OBS)。2012/2013年开展的第29次南极科学考察是"南北极环境综合考察与评估"专项启动后的首个正式航次,也是我国历次南大洋科学考察中专业门类最全和任务量最重的一个航次。依据"雪龙"号的航行路线和能给予的调查时间窗口,设计地球物理调查任务用时5天,实际在普里兹湾重点调查区完成了地磁和水深有效测线2 443 km,重力测线2 356 km,24道反射地震有效测线450 km,热流测站5个,投放5台长周期宽频OBS。2013/2014年开展的第30次南极科学考察在罗斯海难言岛(Inexpressible Island, Ross Sea)和南极半岛附近海域进行海洋地球物理调查,共计完成了重力和水深测线664 km,地磁测线736 km,热流测站5个,在限定的36个小时内获得反射地震测线320 km,在普里兹湾布放长周期宽频OBS 1套。2014/2015年开展的第31次南极科学考察在罗斯海难言岛附近海域继续开展综合地球物理调查,在给定的45个小时内完成了409 km的综合地球物理测线,测量了7个站位的热流数据,在第二航段中前往普里兹湾回收了第29次和第30次南极科学考察布放的长周期宽频OBS(6台中成功回收3台)。

第29次南极科学考察的普里兹湾附近海域地球物理调查是我国首次进入南极圈的海洋地球物理测线测量,第29次和第30次南极科学考察的罗斯海地球物理调查将我国海洋科学调查推进到了最高纬度,专题组由此培养了一批能够胜任极地海洋地球物理考察的科研队伍,形成了适合于极地海洋地球物理考察的技术方法,为"十三五"极地考察项目的顺利实施奠定了坚实的基础。

1.2 任务内容和分工

"南极周边海域海洋地球物理考察"专题的主要考察内容包括双频GPS、水深、重力

（含码头基点测量）、地磁（包括船载三分量和拖曳式地磁）、反射地震、OBS 和热流测量。该专题由国家海洋局第二海洋研究所牵头，国家海洋局第一海洋研究所、国家海洋局第三海洋研究所、国家海洋局南海分局、武汉大学和同济大学共同合作完成，项目组依据各单位的学科优势进行分工协作。其中国家海洋局第二海洋研究所负责总体的协调、设计与实施，并具体负责双频 GPS、水深、船载三分量地磁、反射地震和热流的测量工作；国家海洋局第一海洋研究所负责海洋重力和 OBS 测量工作；国家海洋局第三海洋研究所提供海面拖曳式地磁和反射地震仪器的备用设备；国家海洋局南海分局负责拖曳式地磁测量；武汉大学负责陆地重力基点测量、地磁日变观测以及卫星测高重力反演工作；同济大学负责南极周边海域地球物理资料收集整编和预研究。具体各承担和参与单位的任务分工情况见表 1-1。

表 1-1　专题任务分工

序号	承担单位	课题名称	外业工作分配	内业工作分配
1	国家海洋局第二海洋研究所	南极周边海域海洋地球物理调查与研究	航次组织，三分量地磁测量、双频定位测量、水深测量、反射地震、OBS 测量、热流测量、SVP 测量	水深、反射地震、热流、OBS 等测量项目的数据处理、成图及解释，地球物理集成研究
2	国家海洋局第一海洋研究所	南极周边海域海洋重力和 OBS 调查	重力测量、OBS 测量	重力和 OBS 的数据处理与解释
3	国家海洋局第三海洋研究所	南极周边海域海洋地球物理调查保障	地磁调查备用设备、反射地震调查备用设备	威德尔海地磁收集整编
4	国家海洋局南海分局	南极周边海域海洋地磁调查	地磁调查、重力调查备用设备	地磁数据处理与解释
5	武汉大学	南极定点地球物理观测	中山站地磁日变观测、中山站重力基点测量	重、磁定点数据处理与解释、卫星测高重力反演
6	同济大学	南极周边海域地球物理预研		南极周边海域地球物理数据搜集与整编以及相关数据处理与解释

1.3　取得的主要成果

"十二五"期间，"南极周边海域海洋地球物理考察"专题在南极半岛附近海域、普里兹湾附近海域和罗斯海进行了地球物理测线及站位测量，包括水深测线 4 891 km、重力测线 4 804 km、拖曳式地磁测线 4 368.1 km、船载三分量地磁测线 2 435.6 km、24 道反射地震剖面 1 179 km、热流站位 17 个、OBS 投放 8 台（回收 5 台）等；此外还收集了水深、重力、地磁测线数据各 5 110 km，反射地震剖面数据约 7 100 km 等。对实测数据进行了室内处理、反演、成图和解释，绘制出了调查海区水深等值线、空间重力异常、布格重力异常、均衡重力异常、地磁（ΔT）异常、化极磁异常等共 15 类成果图件。

实测数据和收集数据纳入统一的地理信息管理平台，通过数据的融合和分析，结合国外资料文献进行综合推断，在南极及周边海域冰川地形重力效应改正计算、南极及周边板块运动和南大洋古水深演化、普里兹湾脊状沉积体的结构和成因、普里兹湾洋陆过渡带地壳结构和热流特征、罗斯海天然气水合物成藏条件和资源量评估、罗斯海重磁异常特征和浅部地层结构、南极半岛布兰斯菲尔德海峡重磁异常特征、威德尔海地形地貌和重磁异常特征、最新卫星测高数据的重力异常反演、中山站重力基点测量、中山站潮汐特征、冰盖高程变化等方面展开了研究并取得一定的成果，共发表（含录用）研究论文 24 篇，其中发表 20 篇，录用 4 篇（参见"附件 2 论文等公开出版物一览表"）。

1.4 存在的主要问题和今后建议

由于我国没有专门的极地海洋地球物理考察船，与其他专业相比，南极周边海域的地球物理考察举步维艰，而且与其他专业在时间、位置上冲突，受海况、冰况严重困扰。为了改变我国在极地海洋地球物理方面的落后状况，"十三五"期间必须执行极地海洋地球物理的专业航次，利用尽可能长的时间窗口获得所需要调查区域的各类地球物理专业数据及样品。

扩展地球物理专业种类，实施多波束海底地形的全覆盖测量，开展多道地震和主动源OBS 的综合地球物理剖面调查，适当多增加热流测站，探索冰架上地震调查方式，获得足够数量和有质量保障的地球物理数据，为油气资源和冰川地质环境评价提供有力的支撑。

海洋地球物理考察区域需要覆盖不同构造类型，如洋盆、陆坡、陆架及冰下区域，加强海陆联合考察研究，较全面和深刻地认识海洋地球物理及海底构造分布变化特征规律。

另外，"十二五"期间也暴露出海洋地球物理专题参加单位多、经费预算分散和海上专业人员名额少的问题。根据"十二五"期间各家单位的投入、产出及其各方面表现，"十三五"期间应该精选优化参加单位及人员组成，经费相对集中，尽可能调动海洋地球物理的人才及设备力量，提高海洋地球物理专题成果的产出率和质量。

第2章 考察意义和目标

2.1 考察背景和意义

1961 年正式生效的《南极条约》确保在 60°S 以南开展的所有科研活动全部服务于自由、和平的科学事业，但同时明确既不支持也不否定任何国家现有的领土要求。1964 年，条约成员国签署了《南极动植物保护议定措施》，其中规定可以指定特别保护区和实行许可证制度，为十分敏感的地区提供特别的环境保护。1991 年签署的《关于环境保护的南极条约议定书》扩大了条约体系的范围，把南极洲当做保护区，要求开展的所有科研活动均需通过环境影响评估，确保对环境影响降到最低。《南极条约》实施 50 多年来，始终坚持南极洲及附近海域为和平科研保护区的基本原则。但是随着全球资源特别是非再生资源日趋枯竭，一些南极条约国着眼于本国的长远利益，既夹持着领土要求的先声，又在高举科学研究和环境保护的大旗下，都心照不宣地在开展与南极领土主权和资源有关的调查，采取各种方式在南极大陆及周边海域划定势力范围，占据最佳战略位置。在南极周边海域，西方发达国家针对海底地质构造已经开展大量基础地球物理调查研究，有些南极条约国的基础地球物理调查研究明显按《联合国海洋法公约》进行，国际上石油公司已经开始进行油气地球物理勘探。为了确保南极周边海域真正成为和平科研保护区以及反制以各种名义排他性占用南极周边海域，特别是回答冈瓦纳古陆建造、破裂和南大洋演化的重大科学问题，海洋地球物理考察与评价方法起着举足轻重的作用。

从地球系统科学角度，来解答全球气候变化的机理，需要了解不同时间尺度的自然环境变化规律。南大洋通道和南极冰盖及自然环境的演变在全球气候变化中起着突出作用，要真正了解它们的变化态势，不仅需要掌握它们目前的变化规律，还要从地质历史中提取它们以前的变化规律。通过海洋地球物理考察与评价，探测南极周围陆架上的地层分布特点，可以解译记录在地层中的以前南极环境变化的信息。

南极自然环境变化，乃至全球气候变化，背后支配性的力量都离不开地球本身的地质演变及其地球内部的动力机理。原先包含南极和各大洲南部各个板块的冈瓦纳古陆的破裂以及南大洋的形成，乃是南极自然环境及其全球气候长期变化的关键性支配力量。通过重、磁、热和地震等的数据采集和积累，探测南极和南大洋的深部构造及动力学特征，将成为回答全球气候及环境长期变化这类重大地球科学问题的有力手段。

2.2 我国南极科学考察的简要历史回顾

我国在南极周边海域的海洋地球物理考察起步于首次南极科学考察，除了 1985 年第二次南极科学考察采用小艇进行长城湾（Great Wall Bay）海底地形测量和1991年的第七次南极科学考察使用"海洋4"号进行布兰斯菲尔德海峡地质地球物理考察外，30年来为数不多的其他5个航次全部随当时的极地科学考察船执行南极周边海域的地球物理考察。其中，"向阳红10"号的首次南极科学考察执行了航渡和德雷克海峡（Drake Passage）的重、磁和水深测量以及布兰斯菲尔德海峡的水深测量；"极地"号的第三次南极科学考察执行了环球重力测量；"雪龙"号的第28次、第29次、第30次和第31次南极科学考察分别主要执行了布兰斯菲尔德海峡的重、磁和水深测量、普里兹湾附加海域和罗斯海的综合地球物理调查。在中断了20年之后，连续4年的"雪龙"号南极周边海域地球物理考察使我国南大洋科学考察真正走向全面综合，而且地球物理考察手段本身也不断趋于全面综合。第28次南极科学考察是"南北极环境综合考察与评估"专项启动前的试验航次，我国首次在普里兹湾成功施放和回收海底地震仪（OBS）。第29次南极科学考察是"南北极环境综合考察与评估"专项启动后的首个正式航次，我国首次在南极圈内的普里兹湾进行综合地球物理调查，新增了海底热流测量和船载地磁三分量观测。第30次南极科学考察是我国首次在罗斯海执行综合地球物理调查，成功采集320 km的24道反射地震资料，并创下了中国南大洋考察最高纬度历史纪录。第31次南极科学考察又在罗斯海完成了409 km的反射地震调查工作量，继续刷新中国南大洋考察最高纬度历史纪录。

2.2.1　德雷克海峡地球物理考察

我国首次南极科学考察就组织了南大洋考察队，执行了海洋水深、重力和地磁调查，共计获得水深46 250 km、重力39 942 km和地磁39 239 km（吴水根和吕文正，1988），这是我国历史上第一次横跨太平洋和南大洋获得完整的地球物理剖面资料，为运用板块构造理论研究解释东南太平洋和南极半岛海域的地质构造提供了第一手科学证据。尤其是，在1985年1—2月，集中对南极半岛西北海域进行了地球物理考察，考察范围为66°00′—66°55′S，55°00′—69°30′W，面积达10×10^4 km^2，重力、地磁和水深有效测线长度达3 115 km，主要分布于南设得兰群岛（South Shetland Islands）周围的布兰斯菲尔德海峡、德雷克海峡及别林斯高晋海（Bellingshausen Sea）。

国家地震局武汉地震研究所的张世照和李树德携带两台自己单位与无锡太湖机械厂共同研制的DZY-2型海洋重力仪（其中稳定平台由九江441厂研制）进行了重力测量，获得了太平洋往返测线、南极半岛西部海域两条测线、德雷克海峡往返测线、大西洋西岸的智利南部测线共7条剖面的重力数据。因几乎没有交叉测线重合点，因此无法估算精度，但两台仪器的一致性较好，互差为（4~8）$\times 10^{-5}$ m/s^2。仪器连续工作150余天，经受了12级以上风暴考验，成为本次考察14项突破性成果之一。

国家海洋局第二海洋研究所的吴水根、沈家法和石祥初携带我国北京地质仪器厂自主研制的CHHK-1型质子旋进式海洋磁力仪，获得了太平洋往返测线、德雷克海峡往返测线（部分覆盖布兰斯菲尔德海峡）和别林斯高晋海区测线，这些测线资料为认识东南太平洋、德雷克海峡和布兰斯菲尔德海峡的形成年代和扩张历史提供了可靠证据。

2.2.2　长城湾水深测量

第二次南极科学考察首次对长城站外的长城湾进行海底地形测量，该项工作由国家海洋局第二海洋研究所宋德康负责，并绘制了该海湾的第一张水深地形图（宋德康，1987）。测区范围北起湾顶，南至半三角岬与阿德雷岛（Ardley Island）上七星岩间的连线，面积约3 km²。测图比例尺为1：5 000，采用WGS-72地心坐标系、1985年长城湾平均海平面。测线布设基本垂直于菲尔德斯半岛（Fildes Peninsula）海岸，测船为"长城一"号水陆两用车和橡皮艇，水深点位由岸上两台经纬仪前方交会法测定，水深由南京航标厂与挪威公司联合组装的162型回声测深仪测量，具有自动记录和数字显示装置，0~50 m深度范围内，测深精度0.1 m。为使用方便，测绘的水深图和海底地形图采用的坐标系统、高程系统及投影方法与陆地地形图完全一致。

2.2.3 环球重力测量

第三次南极科学考察由青岛出发，横跨太平洋到达智利，沿智利海沟南下到达南极长城站，横渡大西洋，绕过好望角，穿过莫桑比克海峡，横跨印度洋，经马六甲海峡，到达新加坡，最后返抵青岛。环球重力测量此项任务由国家海洋局第一海洋研究所承担，项目负责人为吴金龙研究员，海上调查队员为张遴梁（海上负责）和王述功，使用德国生产的KSS-5型海洋重力仪，共获得了52 780 km连续的三大洋重力剖面资料（图2-1）。本次考察使用了全天候单频道卫星导航系统MX-4102型卫星定位仪进行导航定位，卫星过顶时间一般为1~2 h，定位精度为静态均方根误差250 m，动态均方根误差0.7 km。在航途测量中，船速一般保持在14~15 kn，除近岸测线外，船只基本上呈匀速直线航行，重力仪因故障造成的测量中断时间累计不超过2 h，平均月掉格仅为-1.05×10^{-5} m/s²，反映了仪器良好的工作状态和资料的可靠程度。由于当年"极地"号考察船没有万米测深仪，使这次测量没有取得同步水深资料，给后期的资料处理和解释带来一定的困难。这次环球重力测量是我国首次在大西洋和印度洋获得实测重力资料（王述功等，1997），穿切了太平洋、大西洋和印度洋中脊、各种类型的太平洋型活动陆缘和大西洋型被动陆缘、众多的大小洋盆及著名的海岭、海底高原、海山链等构造类型，为我国大洋海底形态和构造方面的研究提供了第一手资料。

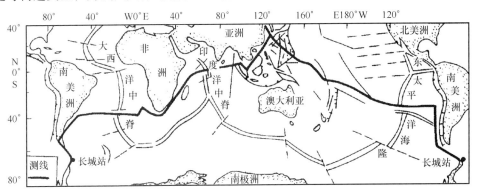

图2-1 环球重力调查路线示意图（王述功等，1997）

2.2.4 布兰斯菲尔德海峡地球物理考察

隶属于第七次南极科学考察的广州海洋地质调查局"海洋4"号考察船HY4-901航次，

航程 54 418.9 km，获取南大洋宝贵的地质地球物理第一手资料。1991 年 1 月 1 日至 2 月 25 日，在南极布兰斯菲尔德海峡开展的水深、重力、地磁、地震及海洋地质的系统综合调查，测网 18 km×36 km，测线方向为 333°及 53°（陈圣源等，1997），共采集水深 5 432 km、重力 4 622.5 km、地磁 2 925.6 km、多道反射地震剖面 2 015 km、地震声呐浮标站 2 个和 43 个地质站位的底质样品（泥样 375.5 kg，柱状样 34.4 m，水样 108 桶）（图 2-2）。原准备了 48 道地震电缆，但电缆下水后，极地冷水使电缆管破裂，于是改用 9 道地震反射剖面，震源采用自制的 EH-4 型气枪，气枪总容积为 24.8 L，压力为 2000 PSI。地震记录系统采用 DFS-IV 型 48 道数字地震仪。在南太平洋海盆 14 个站位调查中采获另一种类型的多金属结核、结壳 192 kg；往返的地球物理走航调查累计得到 105 423 km 的测线资料。南极陆地地质考察在南设得兰群岛 9 个登陆点上完成地质点 339 个，实测剖面 3 713.5 m，地质填图（1∶10 000～1∶25 000）19.2 m，各类岩石、矿石样品 993 件。所有这些资料和样品，经计算处理和分析化验后，得出了较前人更为系统、更为深入的见解。

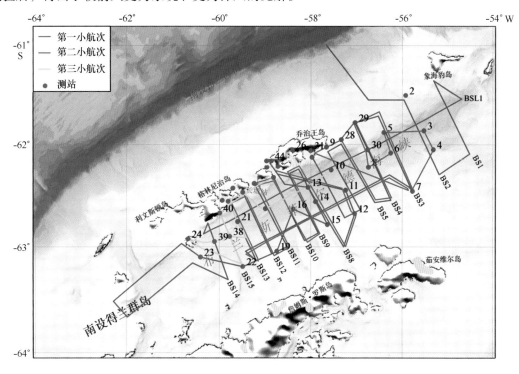

图 2-2　"海洋 4"号布兰斯菲尔德海峡地球物理测线分布

根据姚伯初等（1995）清绘，略有修改

　　第 28 次南极科学考察在南极半岛东北缘海域成功开展了海洋重力、地磁和水深测量以及在普里兹湾进行海底地震仪（OBS）的布放和回收，这是我国在间断了 20 年之后，再次在南极海域进行地球物理调查，是我国"南北极环境综合考察与评估"专项正式启动前的试验航次。该项任务由国家海洋局第一海洋研究所承担，项目负责人为郑彦鹏研究员，海上调查队员主要为裴彦良和阚光明。重力测量使用美国 LaCoste & Romberg 公司生产的 Air-Sea Gravity System II 海洋重力仪系统，仪器的序号为 S-133；拖曳地磁测量使用美国 Geometrics 公司的 G880 铯光泵地磁仪；投放的 OBS 为中国科学院地质与地球物理研究所自主研发生产的 IGG-4C 长周期海底地震仪。

在南极普里兹湾成功投放并回收 2 台海底地震仪（OBS），在南极半岛东北缘完成 8 条重力、地磁和水深测线，其中重力、水深测线 1 375 km，拖曳地磁测线 1 111 km（图 2-3），并完成了贯穿整个第 28 次南极考察航次航渡期间的海洋重力测量。

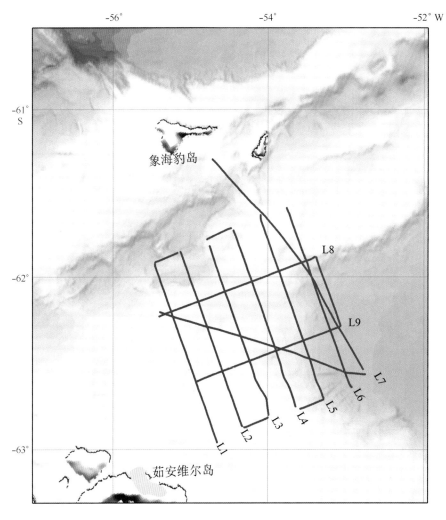

图 2-3　第 28 次南极科学考察南极半岛东北缘海域重、磁测线航迹分布

2.2.5　普里兹湾地球物理考察

第 29 次南极科学考察的南大洋航次是我国"南北极环境综合考察与评估"专项正式启动后的第一个航次，也是我国历次南大洋科学考察中专业门类最全和任务量最重的一个航次。海洋地球物理任务牵头单位是国家海洋局第二海洋研究所，项目负责人为高金耀研究员，来自国家海洋局第二海洋研究所的高金耀、王威和国家海洋局第一海洋研究所的赵强全程参加了南大洋地球物理调查，国家海洋局第一海洋研究所的郑彦鹏、国家海洋局第二海洋研究所的吴招才、国家海洋局第三海洋研究所的胡毅、国家海洋局南海分局的刘强参加了普里兹湾综合地球物理调查，调查内容包括拖曳式地磁，反射地震和船载重力，地磁三分量，单波束测深的走航测量，双频 GPS 数据采集，长周期宽频带 OBS 布放，声速剖面和海底热流测量，船磁八方位测量。测深使用船载的 EA600 万米测深仪，12 kHz 和 200 kHz 两个工作频率，分

别用于深水和浅水测量；重力测量使用美国 LaCoste & Romberg 公司生产的 Air-Sea Gravity System II 海洋重力仪系统，仪器的序号为 S-133；船载地磁三分量测量的地磁传感器由英国 Bartington 公司生产，型号为 Grad-03-500M，运动传感器采用的是法国 IXSEA 公司的 OCTANS-III 运动罗经传感器（水下型）；拖曳地磁测量使用美国 Geometrics 公司的 G880 铯光泵磁力仪；多道地震采用的是海德公司制造的 24 道反射地震接收缆，每道 4 个水听器，单道地震采用的是荷兰 Geo Resources 公司的 Geo-Sense 单道接收缆，是 8 个水听器的接收阵，震源使用浙江大学研制的 PC30000J 等离子体脉冲震源，最大震源能量可达 $3×10^4$ J，导航触发放炮采用国家海洋局第二海洋研究所自编软件 COMRANAV。投放的 OBS 为中国科学院地质与地球物理研究所自主研发生产的 IGG-4C 长周期海底地震仪。热流测量采取台湾大学海洋研究所研制的 OR-166 附着式小型温度计固定于重力柱状取样器的方式，沉积物样品的甲板热导率测量使用德国 Teka 公司的 TK04 热导率测量单元。

在"雪龙"船整个航渡期间，船载测深仪、重力仪和地磁三分量测量系统全程采集了水深、重力和地磁数据，航程约 46 000 km，穿越南海、苏禄海和苏拉威西海，横跨印度洋东北部海域，并四次穿越澳大利亚与南极大陆之间的南大洋洋盆，为我国研究其中的海盆、海沟和洋中脊等重要海底构造单元的地球物理场以及海底地质构造特征增加了第一手数据资料。

在普里兹湾重点调查区，采集了重力、水深有效测线 2 443 km，地磁有效测线 2 356 km，24 道反射地震有效测线 450 km，完成 5 个热流测站，投放 5 台长周期宽频 OBS，均超过计划工作量（图 2-4）。航次严格执行专项技术规程要求，测量每次船只停靠码头和卸装货前后的吃水变化，采集用于水深声速校正的 3 个 CTD 声速剖面，实现船载重力仪与中山站联测的陆地重力仪的比对控制测量，用于海底温度测量的 4 个热流温度计与 CTD 温度计进行比对测量校正，完成用于地磁测量校正的船磁八方位试验测量和中山站同步的地磁日变数据采集。

2.2.6 罗斯海地球物理考察

第 30 次南极科学考察的南大洋航次其他专业考察任务以南极半岛附近海域为主，辅以普里兹湾的观测设备回收及布放，海洋地球物理考察任务则不同，是唯一在罗斯海进行试验调查的专业。

海洋地球物理任务牵头单位是国家海洋局第二海洋研究所，项目负责人为高金耀研究员。来自国家海洋局第一海洋研究所的马龙全程参加了南大洋考察，以获取完整的海洋重力测量数据。国家海洋局第二海洋研究所的高金耀、纪飞参加前半程的南大洋考察，以完成罗斯海综合地球物理考察试验任务；国家海洋局第一海洋研究所的韩国忠、国家海洋局第二海洋研究所的沈中延、卫小冬参加后半程的南大洋考察，以完成南极半岛附近海域热流、声速剖面测量和普里兹湾长周期宽频带 OBS 回收及布放任务。第 30 次南极科学考察使用的仪器设备除反射地震外，其他的沿用了第 29 次南极科学考察的仪器设备。鉴于南极陆架水深，第 29 次南极科学考察使用的 24 道反射地震接收缆无法实现足够的多次覆盖效果，多道地震使用了 6.25 m 道间距的西安虹陆洋机电设备有限公司研制的 24 道反射地震接收缆（每道 8 个水听器）和 12.5 m 道间距的美国 Hydroscience Technologies 公司的 SeaMUX 24 道反射地震固体电缆（每道 16 个水听器），单道地震也使用了西安虹陆洋机电设备有限公司研制的接收缆，共 50 个水听器，间距 1 m。

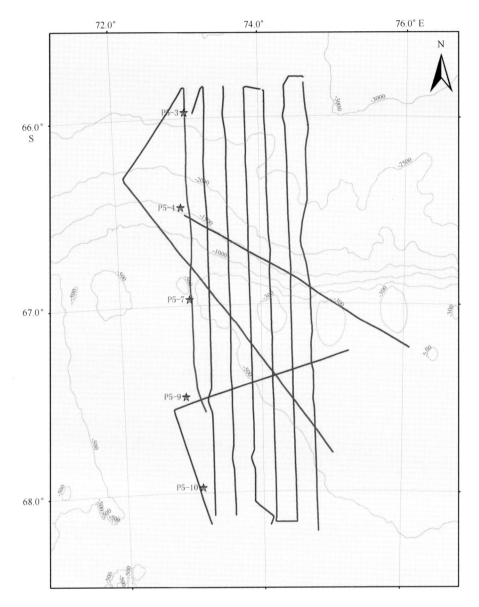

图 2-4　第 29 次南极科学考察普里兹湾附近海域地球物理测线航迹分布

紫线为重、磁、水深测线，红线在紫线基础上增加地震测量，★为 OBS 投放位置

　　在维多利亚地（Victoria land）新建站选址难言岛附近的特拉诺瓦湾（Terra Nova Bay）近海，在"雪龙"船经过救援、被困和突围后时间极其紧张的情况下，整个考察队和"雪龙"船上下大力配合，大洋队充分利用有限的时间窗口，共作业 36 h，按原计划完成地球物理考察项目，进行了拖曳式的 24 道反射地震、海洋地磁、船载重力、地磁三分量、单波束测深、双频 GPS 和陆地的地磁日变观测，在特拉裂谷（Terror Rift）范围获得 320 km 的井字形有效测线覆盖（图 2-5）。

　　在完成罗斯海地球物理考察任务后，考察队领导、船长利用在欺骗岛（Deception Island）避气旋的间隙时间，再次安排重、磁测量任务，额外获得了 420 km 的井字形有效重、磁测线（图 2-6），使整个航次的地球物理测线里程达到 740 km，超出了原先计划的 450 km 工作量。

　　后半程的南大洋考察，在南极半岛附近海区和普里兹湾附近海域共完成 5 个站位的热流测量。由于普里兹湾外冰情特别严重，第 29 次南极科学考察投放的 5 台 OBS 全部不能回收，只在第 29 次南极科学考察的 OBS5 站位附近投放了一台 OBS，这样第 29 次南极科学考察和第 30 次南极科学考察投放的共 6 台 OBS 继续留在海底。

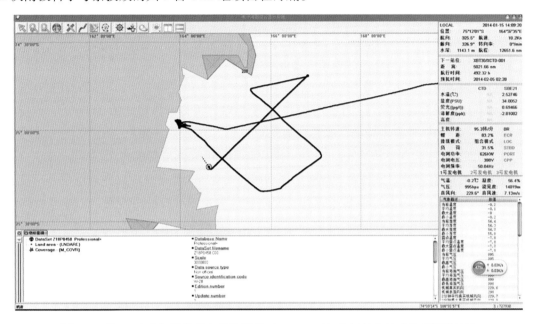

图 2-5　第 30 次南极科学考察特拉裂谷（Terror Rift）海区综合地球物理测线航迹

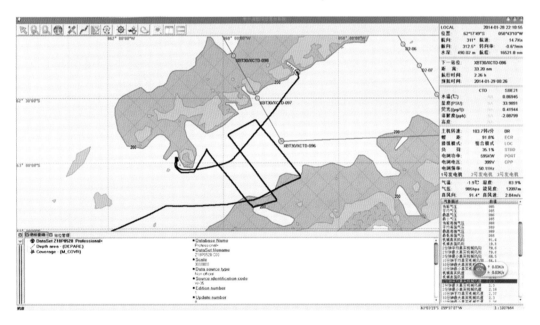

图 2-6　第 30 次南极科学考察欺骗岛附近布兰斯菲尔德海峡重、磁测线航迹

　　第 31 次南极科学考察的海洋地质、地球物理专业与其他专业作业区域不同，是在罗斯海进行作业。另外一项主要任务就是回收在普里兹湾的 6 台 OBS（第 29 次和第 30 次南极科学考察投放）。

　　海洋地球物理任务牵头单位是国家海洋局第二海洋研究所，项目负责人为高金耀研究员。

来自国家海洋局第一海洋研究所的李天光全程参加了南大洋考察，以获取完整的海洋重力测量数据。国家海洋局第二海洋研究所的杨春国、丁维凤、王文健和国家海洋局南海分局的汤民强参加前半程的南大洋考察，以完成罗斯海综合地球物理考察任务；国家海洋局第一海洋研究所的刘晨光、国家海洋局第二海洋研究所的牛雄伟参加后半程的南大洋考察，以完成普里兹湾长周期宽频带 OBS 回收任务。

第 31 次南极考察队海洋地球物理考察区域位于维多利亚地新建站选址难言岛附近的特拉诺瓦湾近海和朱迪斯盆地（JOIDES Basin），在整个考察队和"雪龙"船上下大力配合下，大洋队充分利用有限的时间窗口，作业时间共 45 个小时，进行了拖曳式的 24 道反射地震、海洋地磁、船载重力、地磁三分量、单波束测深和双频 GPS 观测，在第 30 次南极考察的基础上完成了 409 km 的调查工作量（图 2-7），并刷新中国南大洋考察最高纬度历史纪录。另外，经过 14 小时的紧张操作，地球物理作业组顺利回收 5 套（3 套完整）海底地震仪，记录了大于 2 500 个地震信息，证实了在极地进行长期海底地震观测试验的可行性，创造了我国海底地震勘探史上在海底投放时间最长并顺利回收的新纪录，为研究南极普里兹湾的地壳及深部结构提供了宝贵的数据。

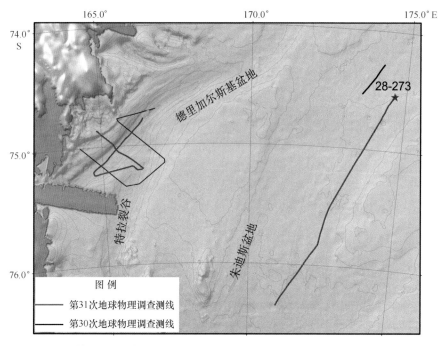

图 2-7　第 30 次和第 31 次南极科学考察在罗斯海的综合地球物理测线分布
黑线为第 30 次南极科学考察的测线，红线为第 31 次南极科学考察的测线

2.3　考察海区概况

2.3.1　普里兹湾附近海域

前人研究表明，普里兹湾外海域是一个典型的陆缘盆地，先后经历了两期陆缘裂谷盆

地—被动陆缘盆地—后期冰川改造的不同阶段，分别与晚古生代的泛大陆裂解、中生代的冈瓦纳大陆裂解、南大洋海底扩张以及新生代以来的冰川作用有关（Cooper et al.，1991b）。

普里兹湾被认为是约 500 Ma 泛非期运动时非洲和南极洲大陆的主要碰撞带所在地（图 2-8）。岩石学的研究显示其下发育着多个不同变质程度的块体，地球物理资料显示其地壳结构仍然保持了碰撞时期的痕迹。古生代期间，普里兹湾位于冈瓦纳大陆内部，总体上构造环境稳定（Boger et al.，2001），接受沉积较少，形成现今普里兹湾的基底。这些古生代沉积均未被钻井钻遇。根据陆上露头，推测其可能为前寒武纪中—低麻粒岩相变质岩。

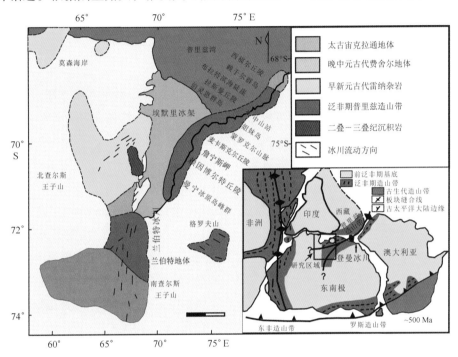

图 2-8 普里兹造山带及相邻区域地质简图及其
在约 500 Ma 冈瓦纳超大陆重建中的位置（刘晓春等，2013）

二叠纪—三叠纪期间，受超级地幔柱的影响，冈瓦纳大陆与劳亚大陆开始裂解，普里兹湾地区受早期裂谷作用的影响并发育有该时期的沉积层序。侏罗纪期间的大火山岩省和地幔柱事件造成印度与澳大利亚和南极洲板块分离。在此构造背景下，普里兹湾在白垩纪经历了第二期裂谷盆地发育演化阶段，形成了断坳结构。沉积中心位于普里兹湾中部，但在外陆架区呈向外缘加深的特征，表明构造环境开始向被动陆缘盆地演化。

在冈瓦纳大陆裂解之前，印度大陆的东部边缘与南极洲埃默里（Amery）地区连为一体。南极洲与印度/斯里兰卡的分离始于 130~118 Ma（Lawver et al.，1991）。普里兹湾盆地 NE—SW 向的走向表明其在后期的演化过程中受到了南极洲与印度/斯里兰卡裂谷作用的影响（Stagg，1985）。印度的马哈那迪（Mhanadi）地堑可能是兰伯特地堑（Lambert graben）的延伸（Fedorov et al.，1982）。印度与埃默里构造作为印度与南极早期分离阶段的响应可能同时发生。马哈那迪地堑早期的充填物主要由二叠纪到晚侏罗世或早白垩世的陆相沉积物组成。在兰伯特地堑西面的一个小的断陷内，发现了晚二叠世—三叠纪陆相含煤层沉积（McLoughlin and Drinnan，1997），推测这些沉积在兰伯特地堑内也存在。

初始裂谷阶段之后，浅海碎屑岩和碳酸盐岩开始在印度边缘沉积。早白垩纪时（115 Ma），印度与南极已完全分开，此后这些大陆边缘的地层进入各自独立的演化阶段。随着晚白垩世以来的南大洋海底扩张（Kanao et al.，2004），普里兹湾开始进入被动大陆边缘盆地的构造环境。基于岩心分析，普里兹湾海区的陆地冰川作用始于晚始新世到早渐新世（ODP Leg 119，Barron et al.，1989）。从此以后，发生了为数众多的幕式冰川活动，并产生了大规模的侵蚀作用，在陆架之下堆积了相互叠加的冰期—间冰期沉积，陆坡峡谷发育并在陆隆上形成复合扇系统。上新世至今以冰川层序为主，沉积厚度薄，在大陆架表现为顶积层的特征，而在大陆坡表现为被动大陆边缘前积层的特征，最终形成现今的构造沉积格局。

2.3.2 南极半岛附近海域

我国首次南大洋考察在德雷克海峡进行重磁调查研究（吕文正和吴水根，1989）表明，德雷克海峡的扩张中心位于海峡中部双峰海山的中央裂谷处，扩张方向为 NW—SE 向，已知较有规律的连续扩张幕开始于 28.5 Ma 前。海峡三个扩张幕的时代分别为 28.5~24 Ma、24~16 Ma 和 16~8 Ma。第一幕半扩张速率通常不大于 2.5 cm/a；第二幕半扩张速率为 1.8 cm/a；第三幕半扩张速率为 1.0 cm/a。沙克尔顿断裂带（Shackleton Fracture Zone）和英雄断裂带（Hero Fracture Zone）之间的海峡扩张速率显然比斯科舍板块（Scotia plate）高，持续时间更长，在 23~21 Ma 前，半扩张速率为 3.2 cm/a；21~10 Ma 前，半扩张速率为 1.5 cm/a；在 10~3.8 Ma 前，半扩张速率又增至 1.7 cm/a。保持较高的扩张速率可能是该区至今仍保留海沟的主要原因（图 2-9 的红框内）。沿沙克尔顿断裂带的海底隆起带，高出周边海底 1 500 m，在德雷克海峡张开早期对南极环流的形成起着天然堤坝作用，直到中新世海峡充分张开以后，隆起带断开和下沉，形成深海槽，才使南极环流得以充分发展，构成了强大的绕极寒流闭合圈。

我国第七次南极科学考察在布兰斯菲尔德海峡的地质地球物理调查（陈圣源等，1997）揭示，海峡具有南北分带、东西分块的构造格局，总体走向呈 NE 向。海峡内是一个年轻的沉积盆地（图 2-9 的红框内），但盆地范围较小，沉积较薄，盆内断层发育，火山活动强烈。盆地地壳厚度 12~20 km，上地壳厚 4~8 km，下地壳厚 3~6 km，属亚大陆壳—过渡壳类型。从三叠纪开始，菲尼克斯板块（Phoenix plate）开始俯冲于南极板块之下，今日的南设得兰群岛和南极半岛当时连在一起，组成火山弧。这个俯冲过程延续到新生代。大约 22 Ma 以前，该火山弧破裂成两部分：南设得兰群岛和南极半岛，其间出现了一个半地堑，这是第一次张裂事件。大约 4 Ma 以前，吐拉断裂带和英雄断裂带之间的菲尼克斯板块已俯冲完毕，其扩张脊与海沟靠近，俯冲活动停止。这样，使得英雄断裂带和沙克尔顿断裂带之间菲尼克斯板块，即南设得兰板块的俯冲速率变慢。由于俯冲速率变慢，使得俯冲于南设得兰海沟之下的大洋岩石圈俯冲角度增大，有利于南设得兰群岛向 NW 向运动，使南设得兰群岛与南极半岛之间的半地堑加宽，形成今日的布兰斯菲尔德海槽，这就是第二次张裂事件。两次张裂事件之后的沉积即为第一张裂沉积系和第二张裂沉积系（姚伯初等，1995）。

2.3.3 罗斯海

西南极玛丽·伯德地（Marie Byrd Land）与东南极维多利亚地之间的罗斯海的形成可能与晚白垩世期间南极大陆及玛丽·伯德地与澳大利亚、新西兰之间分裂时的海底扩张有关。

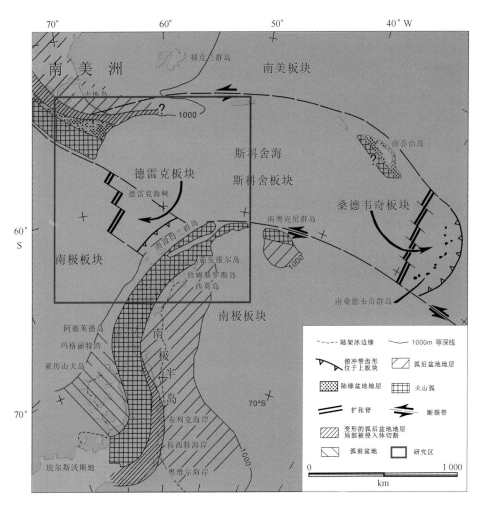

图 2-9　南极半岛区域地质构造略图（Elliot，1988）

罗斯海其实是一处没有完全打开的裂谷。对于罗斯海地区的形成及演化过程，主要可分为早期的地壳减薄和断陷、中期局部盆地沉降和火山活动、晚期的大规模走滑断层运动的叠加三个重要事件（Salvini et al.，1997）。

早期扩张阶段（105～80 Ma），以广泛的非岩浆活动为特点，盆地和山脉型地壳减薄和断陷，以至于罗斯海中四个主要沉积盆地的形成（图 2-10）。这个阶段可能与 80 Ma 前澳大利亚和东南极的分离相关。

中期扩张阶段（80～30 Ma），表现为局部的盆地沉降和火山活动，主要发生在与横贯南极山脉（Transantarctic Mountains）隆起相关联的西罗斯海。这个阶段可能与板块构造格架的重组有关，其以新西兰南部和玛丽·伯德地北部的突然变化的磁异常走向为标志。

晚期扭张阶段（30 Ma 至今），继承了次大陆规模的 NW—SE 向右旋走滑的断层运动，而叠加了后期扭张作用。从罗斯海的中央隆起到维多利亚地北部海岸，这些 NW—SE 走滑断层可以追踪超过 800 km（图 2-10），而与南大洋的活动转换断层相重合。伴随着延长的右旋走滑断裂的活动，30 Ma 以来严重改变了罗斯海地区的构造格局，其原先沿着相对狭窄的 N—S 到 NNW—SSE 向构造再次发展或重新形成新盆地。

罗斯海的地质构造模式包括盆地凹槽、断裂以及火山作用（图 2-10）。沉积盆地以近 N—S 向为主，与其相配合的是一组近 N—S 向断裂，大型走滑断层以 NW—SE 向为主。

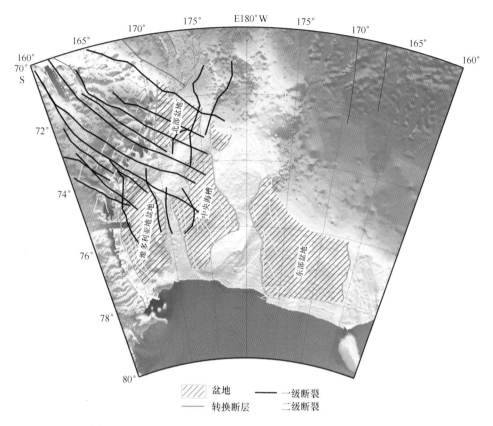

图2-10　罗斯海地区构造要素图（断层据 Salvini et al., 1997）

　　还有一组不明显的 NNE—SSW 向断裂与相邻的 N—S 向断裂构造之间有关联，在特拉诺瓦湾地区比较常见。它们紧邻罗斯海西部陆肩，与横贯南极山脉隆升有关。在维多利亚地盆地前缘，断裂走向基本平行海岸线，朝南继续由 N—S 向转向 NNE—SSW 向。这组断裂体系的一个重要特征是相对于区域上连贯的 NW—SE 向断裂的系统分段（Salvini and Storti, 1999）。

　　NNE—SSW 和 N—S 向的拉张或张扭断裂作用没有切割过 NW—SE 向断裂，显现了 NW—SE 向断裂的相对年轻的活动。NW—SE 向断裂与 N—S 向断裂的相互切割关系、它们运动学上的兼容性和与新生代岩浆活动的相互作用，表明这两组断裂体系存在新近纪构造活动事件。大的火山建造沿 NW—SE 向断裂与 N—S 向构造坳陷相交的地方分布。冰川流动深受 NW—SE 和 N—S 向构造间断存在的影响，沿这两组断裂走向具有鲜明的"之"字形模式。

　　维多利亚地陆上和海里的新生代断裂体系的主走向取 NW-SE 向，大冰河大致平行断裂走向分布，其中 7 条大断裂带构成了北维多利亚地的主要构造格架，几乎连续地切断了从罗斯海到东南极的岩石圈，尽管岩石圈板块有不同的流变强度和厚度，这些断裂带与南大洋中主要的和澳大利亚、新西兰、南极板块相关的转换断层有联系。沿着这些断裂路径，正花和负花构造都会出现，意味着这些断裂经历了右旋走滑运动（Salvini et al., 1997）。

2.4　考察目标

　　普里兹湾陆地地球物理资料显示约 500 Ma 泛非期运动时非洲和南极洲大陆之间的碰撞痕

迹，但是由于缺乏精细的地壳结构特征，对其碰撞方式和碰撞的共轭位置一直缺乏明确的结论。同时，兰伯特裂谷在埃默里冰架下由南往北切割普里兹湾，与印度的马哈那迪（Mhanadi）地堑相对，应该是冈瓦纳古陆早期破裂阶段的残留构造。追溯冈瓦纳古陆张裂和南大洋扩张的历史，可以使普里兹湾陆缘构造与凯尔盖朗（Kerguelen）岩浆省、印度陆缘构造联系起来。国际上的地球物理调查揭示，普里兹湾的构造位置、区域面积、丰富的断陷发育及其上覆的沉积物厚度都很利于油气的发育，被认为是南极最有油气潜力的三大区域之一（另外两个为威德尔海和罗斯海）。

罗斯海和横贯南极山脉地区共同经历了南极大陆拼贴的罗斯造山运动，而目前西南极裂谷体系通过维多利亚盆地与横贯南极山脉相邻，在晚中生代作为南极大陆及玛丽·伯德地与澳大利亚、新西兰之间分裂时三联点的一支残留裂谷构造，成为稳定地盾构造的东南极和活动构造的西南极的分界。维多利亚盆地在新生代伴有大规模的走滑断层作用，盆地内特拉裂谷仍在活动，周边存在一系列火山活动迹象。从油气的角度而言，罗斯海也是南极最有油气潜力的三大区域之一，地震剖面的覆盖率在南极周边海域位于前列。罗斯海作为西南极冰架向海延伸的一个主要区域，冰架在历史上的活动痕迹以及对沉积、地貌等的作用并不是很清楚，有关冰盖在盛冰期到底是在整个陆架还是局部高地接地是地质学家和冰川学家关注的一个重要科学问题。

南极半岛地区在冈瓦纳大陆破裂过程中变动最大，与周边板块接触关系也最复杂，南设得兰群岛北缘是南极陆缘唯一的主动大陆边缘。布兰斯菲尔德海峡是在大型中—新生代大陆基底岩浆弧上发育起来的弧后前陆盆地，其形成与上新世期间南设得兰群岛之下的俯冲作用有关，与南设得兰群岛和南设得兰海沟一同构成南极周缘目前仅有的沟—弧—盆体系，是南极大陆边缘最活跃的火山、地震等新构造运动地区。布兰斯菲尔德海峡目前属于由裂谷向海底扩张构造演变的阶段，海底地形起伏明显，主要受分布广泛的断层所控制，控制盆地发育的断层一直活动至今。盆地内发育三套沉积层序，从沉积地层的厚度变化及火山活动特点表明，从上新世到现在，盆地拉张中心是逐渐北移的，经历了前期对称扩张而发展成如今不对称的构造格局。

专题 3 "南极周边海域海洋地球物理考察" 隶属于极地专项项目——"南极周边海域环境综合考察与评估"，在对南极周边海域海底环境与油气资源的考察与评价中，海洋地球物理考察与评价方法起着举足轻重的作用。专题围绕我国在南极周边海域海底的重大安全战略需求，以了解南极周边海域地质环境特征和构造演化、概查南极大陆架油气资源潜力分布为重点任务，运用海洋地球物理技术方法，开展南极周边海域的地球物理场、地形地貌、沉积地层、地质构造的考察与评价，了解认识普里兹湾附近海域、罗斯海、南极半岛附近海域及威德尔海的地形地貌、地球物理场分布特征及沉积盆地的分布、地层结构及构造演化规律。通过海洋地球物理考察与评价，认知冈瓦纳古陆破裂和南大洋深部构造及地球动力学特征，回答南极冰盖消长及全球气候环境长期变化的地质尺度上的构造驱动力问题；了解南极周围陆架上的地层分布特点，可以解译记录在沉积地层中的以前南极冰川气候环境变化规律；探测南极陆架盆地及油气资源潜力分布特点和南极大陆边缘性质及洋陆分界特性，以确保南极周边海域真正成为和平科研保护区，维护我国南极安全战略需求。

第3章　考察主要任务

3.1　考察区域、测线、站位

从第 28 次至第 31 次南极科学考察，南大洋海洋地球物理考察分别在普里兹湾附近海域、南极半岛附近海域和罗斯海三个海域开展了调查工作。

3.1.1　普里兹湾附近海域

在普里兹湾附近海域，第 28 次、第 29 次和第 30 次南极科学考察完成的地球物理调查测线和站位见图 3-1。

第 28 次南极科学考察在普里兹湾完成了 OBS 的投放与回收，重力航渡测线航迹见图 3-1。

第 29 次南极科学考察是实施"十二五"极地专项的正式航次，在普里兹湾附近海域进行综合地球物理调查（图 3-1）。在普里兹湾中段外侧，跨越陆架、陆坡、陆隆的区域进行了重、磁、水深测线测量，并在重点测线同时进行了反射地震测量；沿着 73°E 经线的剖面上投放了 5 台 OBS，并进行了 5 个热流站位测量。

第 30 次南极科学考察在普里兹湾附近海域地球物理调查任务主要是热流测量和 OBS 收放，在第 29 次南极科学考察的基础上增加了 2 个热流站位的测量。OBS 由于冰情特别严重无法回收，故留待下次科学考察再回收，同时又投放 1 台 OBS（图 3-1）。

第 31 次南极科学考察在普里兹湾最主要的任务就是 OBS 的回收。最终，回收 3 台完整的 OBS，另有 3 台丢失。

3.1.2　罗斯海

第 30 次和第 31 次南极科学考察进行罗斯海综合地球物理调查，主要是水深、重、磁和反射地震测线以及热流站位测量（图 3-2）。调查区域主要是罗斯海陆架西部区域，集中在槽状负地形之中，以了解区域地层结构状况。其中测线调查位于两个槽状负地形中，一个是在西侧的德里加尔斯基（Drygalski）盆地重点区域进行测网加密调查；另一个是在东侧的朱迪斯盆地，以实现 DSDP 273 井位对地层的区域性控制。有 4 个热流站位也集中在朱迪斯盆地，平行于地球物理测线排列，另 4 个热流站位在德里加尔斯基盆地。

3.1.3　南极半岛附近海域

第 28 次和第 30 次南极科学考察在南极半岛附近海域的地球物理调查（图 3-3），主要进行重、磁、水深测量，以扩展第 7 次南极科学考察的地球物理测线，其中第 28 次南极科学考察重

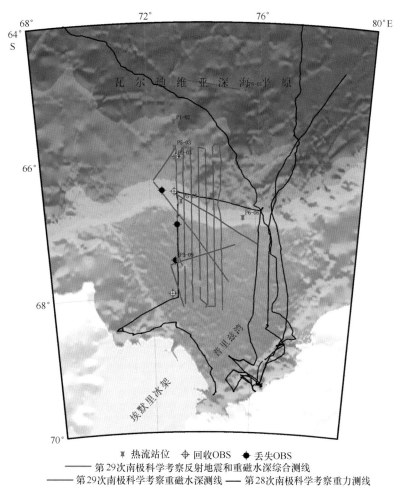

图 3-1 普里兹湾测线及站位图

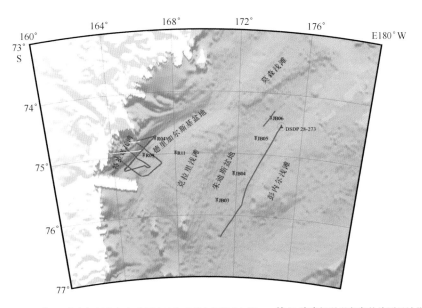

图 3-2 罗斯海测线及站位图

磁测线位于象岛（Elephant Island）南部的布兰斯菲尔德海峡东端，第30次南极科学考察重磁测线位于欺骗岛东侧的布兰斯菲尔德海峡中部。第30次南极科学考察3个热流测站受航次作业时间以及底质的限制，分布比较零散，主要是在南极半岛最东部区域（图3-3）。

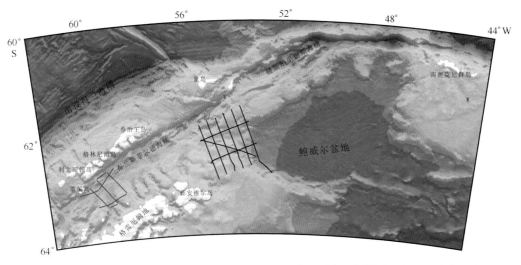

▉热流站位 —— 第28次南极科学考察重力和水深测线 —— 第30次南极科学考察重力、地磁和水深测线

图3-3 南极半岛附近海域测线和站位图

3.2 考察内容

"南极周边海域海洋地球物理考察"专题工作内容包括依托"雪龙"号的现场考察和南极周边海域国外地球物理资料收集整编两个部分。现场调查和室内研究工作的主要内容如下。

3.2.1 调查工作内容

拖曳式地磁、反射地震和船载重力、地磁三分量、单波束测深的走航测量；

DGPS测线导航定位保障和双频GPS数据采集；

中山站地磁日变观测；

中山站重力基点外引、比对；

船磁八方位测量；

声速剖面和海底热流测量；

长周期宽频带OBS布放、观测和回收。

以上每项调查内容包括数据自动采集和班报记录，进行数据和班报记录的初步整理，发现质量问题及时补测，完成海上现场航次报告。

3.2.2 室内工作内容

DGPS定位数据处理、测线航迹图绘制；

潮位、重力基点、船磁、地磁日变、声速剖面和海底热流数据编辑处理、曲线输出和解释；

水深数据处理改正、地形图绘制和地形地貌解释；

重力数据处理改正、误差分析、调差、空间异常和布格异常计算、成图及解释；

地磁数据处理改正、误差分析、调差、ΔT 异常计算、成图及解释；

反射地震剖面数据编辑处理、剖面图输出和解释；

长周期宽频带 OBS 地震波形拾取和正反演解释；

撰写子专题调查研究报告；

原始资料整理和汇交；

成果资料整编和汇交。

然而由于现场环境条件和考察船时限制，大量的工作需要收集、整编国外的调查与研究成果为我所用。除完成上述调查工作之外，专题还设立了 2 个子专题专门负责卫星测高重力反演和南极周边航磁、船磁资料的收集整编工作：

（1）收集、整编南极周边海域国外地球物理数据；

（2）南极周边海域卫星测高重力反演及与船测重力融合。

3.3 考察设备

3.3.1 测深仪

测深数据采集由"雪龙"号实验室提供的 EA600 万米测深仪承担。EA600 万米测深仪由显示终端、处理器、收发控制器和传感器 4 个工作单元构成内部网络（图 3-4）。双频声学信号发射和接收的传感器安装于船中部的龙骨下，电源和收发控制单元位于生物实验室的无菌操作间内，信号处理、采集和显示终端位于物理海洋实验室内。

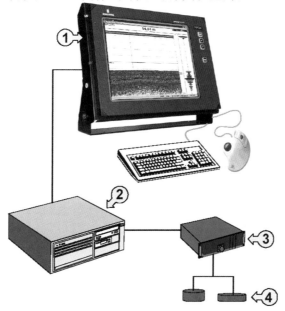

图 3-4　EA600 测深仪的组成部件

①显示终端；②处理器；③收发控制器；④传感器

EA600 测深仪是双频测深仪，两个工作频率为 12 kHz 和 200 kHz。200 kHz 声波信号的探测深度小于 500 m，而南极陆架普遍深于 500 m，故各航次测深数据采集主要依靠 12 kHz 声波信号。

3.3.2 海洋重力仪

海洋重力测量共使用两套海洋重力仪。其中第 28 次、第 29 次和第 30 次南极科学考察使用美国 LaCoste & Romberg 公司的 Air-Sea Gravity System Ⅱ 海洋重力仪系统（图 3-5），仪器的序号为 S-133。该系统采用零长弹簧/摆移动速率的重力测量原理，其主要性能指标列于表 3-1。

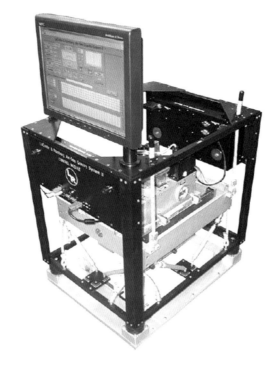

图 3-5　Air-Sea System Ⅱ 海洋重力仪（S-133）

表 3-1　L&R Air-Sea Gravity System 海洋重力仪性能参数

名称	参数
海上测量精度	交点差小于 1×10^{-5} m/s^2
仪器灵敏度	0.01×10^{-5} m/s^2
静态重复精度	0.05×10^{-5} m/s^2
$< 50\,000\times10^{-5}$ m/s^2 水平加速度下实验室精度	0.25×10^{-5} m/s^2
$(50\,000\sim100\,000)\times10^{-5}$ m/s^2 水平加速度下实验室精度	0.50×10^{-5} m/s^2
$< 100\,000\times10^{-5}$ m/s^2 垂直加速度下实验室精度	0.25×10^{-5} m/s^2
测量范围	$12\,000\times10^{-5}$ m/s^2
线性漂移率	$<3\times10^{-5}$ m/($s^2\cdot$月)
数据记录速率	1 Hz，提供 RS-232 串行接口输出
仪器温度设定	46～55℃
工作室温	0～40℃
储存温度	−30～50℃

续表

名称	参数
陀螺	2个光纤陀螺
陀螺寿命	>50 000 h
有效平台纵摇控制	±22°
有效平台横摇控制	±25°
平台最大稳定周期	4~4.5 min

第31次南极科学考察使用德国 Bodensee Gravity Geosystem 公司生产的 KSS-31M 型重力仪（图3-6）。该型号的重力仪具有操作简单、性能稳定、仪器掉格小的优点。通过采用直立直线式弹簧测量系统，并结合高精度机械系统和软件控制电路消除了交叉耦合效应。该系统的主要性能指标列于表3-2。

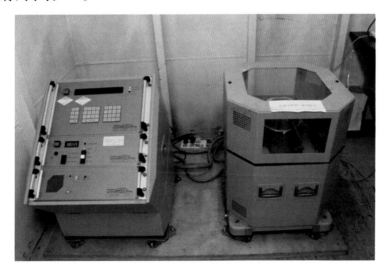

图 3-6 KSS-31M 海洋重力仪

表 3-2 KSS-31M 型重力仪技术参数表

灵敏度	0.01×10^{-5} m/s^2
测量范围	$10\ 000 \times 10^{-5}$ m/s^2
漂移	$<3 \times 10^{-5}$ m/（s^2·月）
平台自由度	横纵摇±40°
实时采样数据滤波	5.2~75 s 可选
$<15\ 000 \times 10^{-5}$ m/s^2 垂直加速度下实验室精度	0.2×10^{-5} m/s^2
$(15\ 000 \sim 80\ 000) \times 10^{-5}$ m/s^2 垂直加速度下实验室精度	1.0×10^{-5} m/s^2
$(80\ 000 \sim 200\ 000) \times 10^{-5}$ m/s^2 垂直加速度下实验室精度	2.0×10^{-5} m/s^2
系统恒温	仪器工作时的环境温度为 10~35℃，且每小时的温度变化率小于2℃
断电保护	不要求断电保护，内置供电电池，切断外部电力供应后至少工作 30 min
重量	平台部分（含传感器和陀螺）72 kg；数据处理部分 45 kg

上海极地码头重力基点联测采用 LaCoste & Romberg G 型相对重力仪，如图 3-7 所示。

主要技术指标：

测程：$7\ 000 \times 10^{-5}\ \mathrm{m/s^2}$

最小刻划：$10 \times 10^{-8}\ \mathrm{m/s^2}$

配置：光学读数装置、CPI 电容位置指示器、检流计、电子输出、电子水准器、电压表、电子温度计。

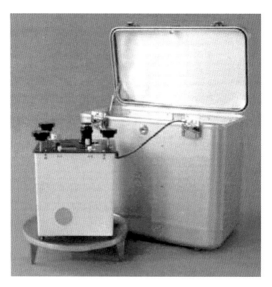

图 3-7　LaCoste & Romberg G 型相对重力仪

3.3.3　船载三分量磁力仪

船载海洋地磁三分量测量系统主要由两部分组成：一部分是三分量磁力传感器，主要负责测量地磁场；另一部分是运动传感器，主要负责测量磁力传感器姿态变化。

磁通门磁力仪可以测定恒定和低频弱磁场，其基本原理是利用高磁导率、低矫顽力的软磁材料磁芯在激磁作用下，感应线圈出现随环境磁场而变的偶次谐波分量的电势特性，通过高性能的磁通门调理电路测量偶次谐波分量，从而测得环境磁场的大小。磁通门磁力仪体积小、重量轻、电路简单、功耗低（0.2 W）、温度范围宽（-70 ~ 180℃）、稳定性好、方向性强、灵敏度高、可连续读数，尤其适合在零磁场附近和弱磁场条件下应用。

采用的三分量磁力传感器是英国 Bartington 公司生产的三轴磁力梯度仪 Grad-03-500M，如图 3-8 所示。该系统有两个磁通门式三轴磁力仪，布置于长度为 500 mm，直径为 50 mm 的碳纤维压力舱两端，因此也可以进行分量的梯度测量，其主要性能参数见表 3-3。运动传感器是采用法国 IXSEA 公司的 OCTANS-Ⅲ 运动罗经传感器（水下型），其主要工作性能见表 3-4。

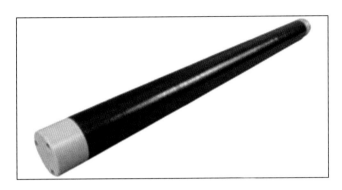

图 3-8 Grad-03-500M 三轴磁力梯度仪

表 3-3 Grad-03-500M 三轴磁力梯度仪主要参数

传感器	两个三轴磁通门探头	功耗	1W〔+50 mA，−11 mA〕
传感器间距	500 mm	封装材料	玻璃纤维 & P. E. E. K
量程	±100 μT	连接器	SEACON XSEE-12-BCR
比例−总场	10 μT/V	匹配连接器	SEACON XSEE-12-CCP
模拟输出电压	±10 V	电缆直径	17.5 mm
模拟信号带宽	−1.5 dB @ >2 kHz	工作深度	5 000 m
探头噪声水平	11~20 pTrms/Hz at 1 Hz	工作温度	0~35℃
通带纹波	0~−3 dB	储存温度	−50~70℃
线性误差	<0.001%	尺寸	738 mm×Ø50 mm
零场偏移误差	±5 nT	启动时间	15 min
比例误差	±0.25%	电源	最小±12 VDC 最大 ±15 VDC
温度漂移	<10^{-5}/℃	重量	1.7 kg（空气），0.1 kg（水中）

表 3-4 OCTANS-Ⅲ运动传感器主要参数

	精度	0.1°（与纬线正交）
航向动态	分辨率	0.01°
	稳定时间（静态）	<1 min
	稳定时间（各种条件）	<5 min
升沉 横摆 纵摆	精度	5 cm 或 5%，取大者 无须设置（SAFE-HEAVE 自适应升沉预测滤波器）
横滚 俯仰	动态精度	0.01°（±90°）
	量程	无限制（±180°）
	分辨率	0.001°

3.3.4 海面拖曳式磁力仪

第 28 次南极科学考察使用美国 Geometrics 公司生产的 G-880 铯光泵磁力仪；第 29 次和

第 30 次南极科学考察使用该公司生产的拖曳式 G-880 和 G-882 铯光泵磁力仪（图 3-9）。该系统由磁力探头、漂浮电缆、甲板电缆和采集计算机组成，实测磁力值为地磁总场值。系统技术指标如下。

分辨率：0.001 nT；

灵敏度：0.01 nT；

采样时间：0.1 ~ 10 s；

电缆长度：600 m；

测量精度：±3 nT；

工作温度：-30~122 °F（-35~50℃）；

记录方式：计算机实时采集磁力数据及定位数据。

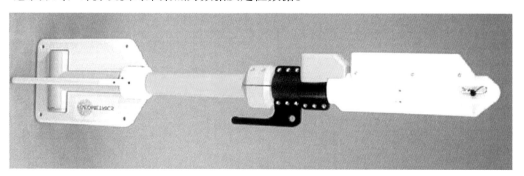

图 3-9　G-882 铯光泵磁力仪

第 31 次南极科学考察使用的拖曳式 SeaSpy 磁力仪由加拿大 Marine Magnetics 公司研制（图 3-10），其基本性能指标如下。

工作区域范围：全球地表范围内能够进行地磁探测，无盲区；

地磁探测范围：18 000~120 000 nT；

绝对精度：0.2 nT；传感器灵敏度：0.01 nT；计数器灵敏度：0.001 nT；系统分辨率：0.001 nT；

采样量程：4~0.1 Hz；

外部触发器：通过 RS232 串口；

通讯：RS232 串口，9 600 bps；

电源：15-35 VDC 或 100-240 VAC。

图 3-10　SeaSpy 海洋磁力仪

3.3.5 反射地震设备

反射地震设备分为采集系统、震源和 GPS 导航控制系统三部分，由触发器统一控制三者之间的同步。震源收放使用"雪龙"号上的折臂吊。

第 29 次南极科学考察采用由美国 Geometrics 公司生产的 R24 高分辨率数字地震仪和天津海德公司制造的道间距 2 m、24 道地震接收电缆。接收缆由甲板电缆、前导段、前部弹性段、工作段、尾部弹性段、尾绳及尾标等构成，每一道由 4 个水听器组成，总长度 100 m，配有深度显示器（图 3-11）。

图 3-11 天津海德公司的 R24 型 24 道地震接收电缆

第 30 次和第 31 次南极科学考察使用 Hydroscience Technologies 公司生产的 24 道 12.5 m 道间距 SeaMUX 固体电缆进行数据采集（图 3-12），采用 NTRS 软件进行数据记录。电缆由甲板电缆、前导段、前部弹性段、工作段、尾部弹性段、尾绳等构成，总长度 420 m。具体分段长度见表 3-5。每道 15 个水听器组合，主频最佳响应范围 10~2 000 Hz，可适合电火花和气枪震源（具体参数见表 3-6）。

图 3-12 Hydroscience 24 道固体接收电缆

表 3-5　**Hydroscience Technologies 公司 SeaMUX 多道电缆组成结构**

名称	工作段	数字包	前弹性段	前导段	甲板缆	尾段
型号和规格	150 m	SeaMUX3	10 m	100 m	50 m	10 m
数量	2 段	1	1	1	1	1

表 3-6　**Hydroscience Technologies 公司 SeaMUX 多道地震电缆技术参数**

工作温度	−20~60 ℃
存储温度	−40~60 ℃
最大抗拉强度	6 140 kg
工作最大拉力强度	2 631 kg
主频响应范围	10~2 000 Hz
最大记录长度	45 s

　　备用的多道地震设备使用了西安虹陆洋机电设备有限公司研制的 6.25 m 道间距、24 道反射地震接收缆（每道 8 个水听器）和单道地震接收缆（共 50 个水听器，间距 1 m）以及该公司提供的反射地震数据采集终端和软件。

　　震源使用浙江大学自主研发的 PC30000J 等离子体脉冲震源，采用阴极放电，最大震源能量可达 $3×10^4$ J。震源系统由电容及控制柜（图 3-13）、连接电缆（图 3-14）和震源电极组成（图 3-15）。离子体脉冲震源在海水中放电情况如图 3-16 所示。与传统的电火花震源相比，等离子体脉冲震源是一种新型的脉冲地震波生成系统，它具有运行稳定、工作可靠、性能优异和使用维护方便等优点。其连续重复充电可达 100 万次。

图 3-13　等离子体脉冲震源电容柜和控制柜

图 3-14　等离子体脉冲震源电极拖曳缆

图 3-15　等离子体脉冲震源电极

图 3-16　等离子体脉冲震源拖曳放电

序号	姓名	职称/职务	从事专业	所在单位	在项目中分工
15	孙运凡	硕士生	海洋地球物理	国家海洋局第二海洋研究所	数据处理和报告编写
16	肖文涛	硕士生	海洋地球物理	国家海洋局第二海洋研究所	热流数据处理和报告编写
17	杨春国	助研/博士生	海洋 GIS	国家海洋局第二海洋研究所	地球物理数据管理与成图，参加第 31 次南极科学考察
18	李守军	高工/博士	海洋测绘	国家海洋局第二海洋研究所	水深数据处理
19	卫小冬	助研/博士	海洋地球物理	国家海洋局第二海洋研究所	OBS 测量及数据处理，参加第 30 次南极科学考察
20	牛雄伟	助研/博士	海洋地球物理	国家海洋局第二海洋研究所	OBS 测量及数据处理，参加第 31 次南极科学考察
21	董崇志	助研/博士	海洋地球物理	国家海洋局第二海洋研究所	地震资料处理
22	郑彦鹏	研究员/博士	海洋地球物理	国家海洋局第一海洋研究所	子专题负责，参加第 29 次南极科学考察
23	赵强	助研/博士	海洋地质	国家海洋局第一海洋研究所	重力、OBS 考察，参加第 29 次南极科学考察，报告编写
24	阚光明	助研/博士	海洋地球物理	国家海洋局第一海洋研究所	OBS 测量及数据处理
25	韩国忠	研究员/学士	地球物理	国家海洋局第一海洋研究所	重力、OBS 考察，参加第 30 次南极科学考察
26	马龙	硕士生	地球物理	国家海洋局第一海洋研究所	重力、OBS 考察，参加第 30 次南极科学考察
27	刘晨光	副研/博士	海洋地球物理	国家海洋局第一海洋研究所	重力、OBS 技术负责，参加第 31 次南极科学考察，重力数据处理
28	李天光	硕士生	地球物理	国家海洋局第一海洋研究所	重力、OBS 考察，参加第 31 次南极科学考察
29	解秋红	助研/博士	海洋地球物理	国家海洋局第一海洋研究所	资料收集，图件绘制
30	胡毅	高工/博士	地球物理	国家海洋局第三海洋研究所	子专题负责，参加第 29 次南极科学考察
31	王立明	工程师	地球物理	国家海洋局第三海洋研究所	数据搜集与整理
32	李海东	工程师	地球物理	国家海洋局第三海洋研究所	数据处理
33	钟贵才	工程师	应用物理	国家海洋局第三海洋研究所	数据处理
34	房旭东	工程师	环境工程	国家海洋局第三海洋研究所	数据搜集与整理
35	黄贤招	高工	电子	国家海洋局第三海洋研究所	数据搜集与整理
36	陈振超	助理工程师	环境工程	国家海洋局第三海洋研究所	数据搜集与整理
37	汤民强	高级工程师	海洋地球物理	国家海洋局南海分局	子专题负责，参加第 31 次南极科学考察
38	周普志	工程师	海洋地球物理	国家海洋局南海分局	地磁数据处理
39	刘强	工程师	海洋地球物理	国家海洋局南海分局	报告编写
40	鄂栋臣	教授	大地测量与极地测绘工程	武汉大学中国南极测绘研究中心	子专题负责
41	杨元德	博后、讲师	物理大地测量	武汉大学中国南极测绘研究中心	数据处理
42	柯灏	博后	海洋测绘	武汉大学中国南极测绘研究中心	数据处理
43	黄继锋	博士生	测绘工程	武汉大学中国南极测绘研究中心	数据处理
44	徐优伟	硕士生	卫星导航与定位	武汉大学中国南极测绘研究中心	数据处理
45	陈华根	副教授/博士	地球物理	同济大学	子专题负责
46	许惠平	教授/博士	地球物理、遥感技术	同济大学	报告编写
47	于鹏	教授/博士	地球物理	同济大学	报告编写

3.5 考察完成工作量

各次南极科学考察完成工作量与设计工作量的对比见表3-10。

表3-10 第28次至第31次南极科学考察地球物理专业完成工作量和设计工作量对比表

	第28次		第29次		第30次		第31次	
	设计	完成	设计	完成	设计	完成	设计	完成
水深（km）	1080	1375	2000	2443	1800	664	1900	409
重力（km）	1080	1375	2000	2356	1800	664	1900	409
拖曳地磁（km）	1080	1111	2000	2443.1	1800	736	1900	78
三分量地磁（km）	—	—	2000	1290.6	1800	736	1900	409
反射地震（km）	—	—	611	450	450	320	350	409
热流（个）	—	—	4	5	3	5	0	7
OBS（台）	2	2	5	5	4	1	0	0

以下按各专业进行分述。

3.5.1 水深测量

各次南极科学考察的测深数据完成工作量统计列于表3-11。第28次至第31次南极科学考察共4个航次，采集了4 891 km水深测线数据。水深测量使用固定在船底的Simrad EA600万米测深仪，实时记录原始格式数据（.raw）和文本数据，并与导航GPS信号同步记录。

表3-11 测深数据采集里程统计

航次	完成工作量（km）
第28次南极科学考察	1 375
第29次南极科学考察	2 443
第30次南极科学考察	664
第31次南极科学考察	409
合计	4 891

3.5.2 重力测量

各次南极科学考察完成的重力测量任务列于表3-12。第28次至第31次南极科学考察共4个航次，在普里兹湾附近海域、南极半岛附近海域和罗斯海累计采集了4 804 km的重力测线数据，完成重力数据处理，编制了调查区的空间重力异常和布格重力异常图，并在南大洋附近海域累积了超过55 000 km的走航重力数据资料。

表 3-12 重力数据采集里程统计

航次	完成工作量（km）
第 28 次南极科学考察	1 375
第 29 次南极科学考察	2 356
第 30 次南极科学考察	664
第 31 次南极科学考察	409
合计	4 804

3.5.3 地磁测量

各次南极科学考察完成的拖曳式地磁测量和船载三分量地磁测量任务列于表 3-13。第 28 次至第 31 次南极科学考察共 4 个航次，在普里兹湾附近海域、南极半岛附近海域和罗斯海累计采集了 4 368.1 km 的拖曳式地磁测线数据，完成地磁数据处理，编制了调查区的地磁（ΔT）异常图；在普里兹湾附近海域、南极半岛附近海域和罗斯海累计采集了 2 435.6 km 的船载三分量地磁测线数据。

表 3-13 拖曳式和船载三分量地磁数据采集里程统计

航次	拖曳地磁完成工作量（km）	三分量地磁完成工作量（km）
第 28 次南极科学考察	1 111	—
第 29 次南极科学考察	2 443.1	1 290.6
第 30 次南极科学考察	736	736
第 31 次南极科学考察	78	409
合计	4 368.1	2 435.6

3.5.4 反射地震测量

反射地震测量实际完成工作量列于表 3-14。第 29 次南极科学考察普里兹湾附近海域反射地震测量是"雪龙"号首次进行反射地震作业，在该次考察中共采集 450 km 的反射地震剖面数据。针对第 29 次南极科学考察反射地震测量中遇到的问题，专题组及时更新了设备，总结经验，在第 30 次南极科学考察中采用了固体缆和胶体缆两套方案进行同步采集，在罗斯海难言岛周边冰间湖中采集了 320 km 的高分辨率反射地震剖面数据。第 31 次南极科学考察延续第 30 次南极科学考察的作业方案，在罗斯海获得了 409 km 的高分辨率反射地震剖面数据。这三次南极科学考察总计获得 1 179 km 反射地震剖面数据。

表 3-14 反射地震数据采集里程统计

航次	完成工作量（km）
第 29 次南极科学考察	450
第 30 次南极科学考察	320
第 31 次南极科学考察	409
总计	1 179

3.5.5 海底热流测量

第 29 次至第 31 次南极科学考察均开展了海底热流测量，共完成 17 个站位测量，测站统计列于表 3-15。第 29 次南极科学考察在普里兹湾附近海域进行了 5 个站位的测量，第 30 次南极科学考察在南极半岛附近海域进行了 3 个站位测量，又在普里兹湾附近海域进行了 2 个站位测量。第 31 次南极科学考察在罗斯海进行了 7 个站位的测量。

表 3-15　热流测站统计

航次	完成工作量（个）
第 29 次南极科学考察	5
第 30 次南极科学考察	5
第 31 次南极科学考察	7
合计	17

3.5.6 海底地震观测

海底地震仪投放/回收情况列于表 3-16。第 28 次南极科学考察在普里兹湾顺利投放并回收 2 台 OBS。根据任务合同书和实施方案的要求，后面的航次在一切顺利的情况下计划投放 11 台 OBS。由于冰情不允许，第 30 次南极科学考察未能回收第 29 次南极科学考察投放的 5 台 OBS，为了安全起见，只投放了 1 台 OBS。第 31 次南极科学考察将前面投放的 6 台 OBS 的回收作为首要任务，第 29 次投放的 5 台双球 OBS 中 3 台成功回收，2 台回收了释放器，而第 30 次投放的单球 OBS 无法释放回收。

表 3-16　海底地震仪投放/回收情况

航次	实际投放（台）	实际回收（台）
第 28 次南极科学考察	2	2
第 29 次南极科学考察	5	0
第 30 次南极科学考察	1	0
第 31 次南极科学考察	0	3
合计	8	5

3.6 考察航次及考察亮点事件介绍

3.6.1 第 28 次南极科学考察

在"十二五"极地专项正式航次之前，第 28 次南极科学考察实施了"雪龙"号的首次海洋地球物理试验航次，这是我国在间断了 20 年之后，再次在南极周边海域进行地球物理考察。该航次在上海极地中心码头完成了重力基点的引测，在布兰斯菲尔德海峡东端完成 8 条水深、重力、地磁测线，其中重力、水深测线 1 375 km，拖曳地磁测线 1 111 km，扩展了第 7 次南极科学考察的地球物理测线覆盖范围。在南大洋考察开始时，在普里兹湾投放 2 台 OBS，又在当年考察结束前回收了这 2 台 OBS，首次实现了中国南极考察的 OBS 观测。采用的 OBS 为中国科学院地质与地球物理研究所自主研发生产的 IGG-4C 长周期宽频海底地震仪。另外，在整个航次期间共采集了近 20 000 km 的走航重力数据。

3.6.2　第 29 次南极科学考察

第 29 次南极科学考察实施"十二五"极地专项正式启动后的第一个航次，也是我国历次南大洋科学考察中专业门类最全和任务量最重的一个航次，综合地球物理调查集中在普里兹湾附近海域。在普里兹湾中段外侧，跨越陆架、陆坡、陆隆的区域完成了 12 条水深、重、磁测线，其中水深、重力测线 2 443 km，拖曳地磁测线 2 356 km；并在其中的 3 条重点测线上同步进行了反射地震剖面测量，总计 450 km；还沿着 73°E 经线的剖面上投放了 5 台 OBS，进行了 5 个热流站位测量。另外，在整个航次期间共采集了近 16 000 km 的走航重力数据。这个航次的海底热流测量、三分量地磁测量和浅层高分辨率多道地震调查是我国南大洋科学考察新增的项目，在时间紧、受气旋和冰况影响严重的情况下，是我国首次在极圈以内成功开展综合地球物理测线调查，实现了我国南大洋海洋科学综合考察的新突破，也为普里兹湾海底构造演化和油气资源潜力研究取得了宝贵的第一手资料。

3.6.3　第 30 次南极科学考察

第 30 次南极科学考察的南大洋航次其他专业考察任务以南极半岛附近海域为主，海洋地球物理考察任务则是在罗斯海进行试验调查的唯一专业。第 30 次南极科学考察除反射地震外，其他的沿用了第 29 次南极科学考察使用的仪器设备。反射地震使用了西安虹陆洋机电设备有限公司研制的 6.25 m 道间距、24 道反射地震接收缆（每道 8 个水听器）和美国 Hydroscience Technologies 公司的 12.5 m 道间距、24 道 SeaMUX 反射地震固体电缆（每道 16 个水听器），单道地震也使用了西安虹陆洋机电设备有限公司研制的接收缆，共 50 个水听器，间距 1 m。在罗斯海特拉诺瓦湾（Terra Nova Bay）附近完成 5 条水深、重力、地磁和地震测线，计 285.2 km，少于设计的 450 km；在进入布兰斯菲尔德海峡到达长城站途中，利用气旋影响的空当时间，在欺骗岛附近又完成 5 条水深、重力、地磁测线，计 378.8 km。这样，共完成 664 km 的水深、重、磁测线，总体来说完成设计的考察工作量。这个航次是在"雪龙"号经过救援、被困和突围后时间极其紧张的情况下，大洋队充分利用有限的 36 个小时作业窗口，在罗斯海实施综合地球物理测线调查；充分利用气旋影响的空当和航渡时间，在欺骗岛附近增补约 19 个小时的水深、重、磁测线测量。这是国内首次进行极圈以内的罗斯海地球物理考察，并创造中国南大洋考察最高纬度历史纪录（75°20′18″S）。首次为我国了解特拉裂谷的深部构造、浅部地层的基本特征和油气资源潜力提供了第一手科学证据，也为以后我国对罗斯海的系统地球物理及其他专业调查积累了有益的经验教训。欺骗岛附近获得的海洋重、磁测线数据和在磁南极附近获得的地磁三分量数据对构建南极地磁场模型、研究地磁场倒转及极移变化和南极大陆边缘海底构造演化，具有重要的科学价值。

由于普里兹湾外冰情特别严重，第29次南极科学考察投放的5台OBS全部不能回收，只在第29次南极科学考察的OBS5站位附近投放了1台OBS，这样第29次和第30次南极科学考察投放的共6台OBS继续留在海底，并在第29次南极科学考察的基础上增加了2个热流站位的测量。另外3个热流测站受航次作业时间以及底质的限制，分布比较零散，主要是在南极半岛最东部区域。在整个航次期间共采集了近25 000 km的走航重力数据。

3.6.4 第31次南极科学考察

在第30次南极考察的基础上，第31次南极考察继续在罗斯海进行地球物理作业，主要是水深、重、磁和反射地震测线测量，并增加了地质取样作业，实现国内首次在罗斯海的地质考察和热流测量，再次刷新中国南大洋考察最高纬度历史纪录（76°21′0″S，171°1′0″E）。考察区域主要是罗斯海陆架西部区域，集中在槽状负地形之中，以了解区域地层结构状况和南极冰盖消长记录。一个是在西侧的德里加尔斯基盆地重点区域进行测网加密调查，完成3条水深、重力和地震测线，计180 km；另一个是在东侧的朱迪斯盆地，完成1条长229 km的水深、重力和地震测线，以实现DSDP 273井位地层的区域性控制。大洋队充分利用有限的45个小时作业窗口，合计采集409 km的水深、重力和地震剖面数据。有4个热流站位也集中在朱迪斯盆地，平行于地球物理测线排列，另3个热流站位在德里加尔斯基盆地。特别是，经过14小时的紧张操作，回收了沉放两年之久的5套（3套完整）海底地震仪，记录了大于2 500个地震信息，创造了我国海底地震仪在海底投放时间最长并顺利回收的新纪录，为研究南极普里兹湾的地壳及深部结构提供了宝贵的数据，也为在极地进行长期海底地震观测积累了宝贵的经验教训。在整个航次期间共采集了近19 000 km的走航重力数据。

第4章 考察主要数据与样品

4.1 数据采集的方式

4.1.1 水深

EA600万米测深仪对前面获得的水深值有记忆功能，可以保证连续追踪可靠的水深值，但前提是该水深值必须落在Bottom Detector对话框口设置的Minimum Depth和Maximum Depth之间的阈值范围内，在Surface Echogram对话框中选择Bottom Detection Lines则在水深跟踪界面上显示Minimum Depth和Maximum Depth的门限直线。无论在Surface Echogram，还是在Bottom Echogram的水深跟踪界面上，选择TVG（时变增益）等于20logR为宜，判断水深跟踪可靠性的依据就是Surface Echogram中的海底信号强度是最强的，而不是水体中反射界面或海底反射的多次波，而且在Bottom Echogram中海底面上下信号强度反差大，海底以下也具有较强反射信号（图4-1）。

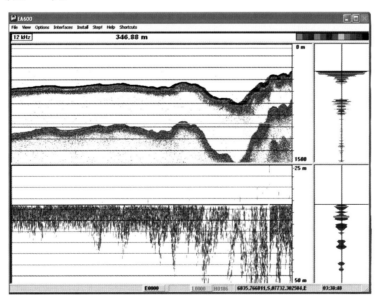

图4-1　EA600万米测深仪工作界面

GPS信号由"雪龙"号局域网传输的串口信号接入测深仪。该GPS的天线相对于测深仪传感器的位置偏差、测深仪传感器的吃水深度在测深数据采集和显示终端中设置为零，需要量取、推算这些水平和垂直位置偏差，在后处理中予以改正。由声学信号双程走时推算实时水深依据的声速取常数值，为 1 500 m/s，则在后处理过程中需要进行声速改正。

4.1.2　重力

4.1.2.1　中山站重力基点布测

现场执行主要分为重力测量的前期准备、重力测量的实施等，具体如下所示。

重力测量的前期准备：在第29次南极考察出发前，收集了南极中山站重力点位分布和已有重力值，这些资料均为武汉大学在第25次南极考察时实施重力观测获得的，其点位分布如图4-2。实施这一重力测量的目的在于获取基础数据，为获取该区域的大地水准面等信息，为后期的重力观测网扩展提供重力基准以及和后期的重复重力观测一起获得该区域的重力变化信息等。

此外，到达南极中山站后，在实施重力观测前，首先按相对重力测量的规范，需要对仪器进行先期维护，待仪器工作稳定后，进行简单重力测量。当该过程中出现问题时及时和国内沟通，直到仪器稳定，做好重力测量的前期准备工作。然后根据已有重力基准网提供的基准点位信息，利用 GPS 导航仪，寻找中山站附近的重力基准点。考虑到第29次南极考察队只携带了一台相对重力仪的实际情况，并结合已有重力点位分析，最后选取 Z001 和大地原点 lsm01 作为此次重力观测的重力基点（图4-2）。

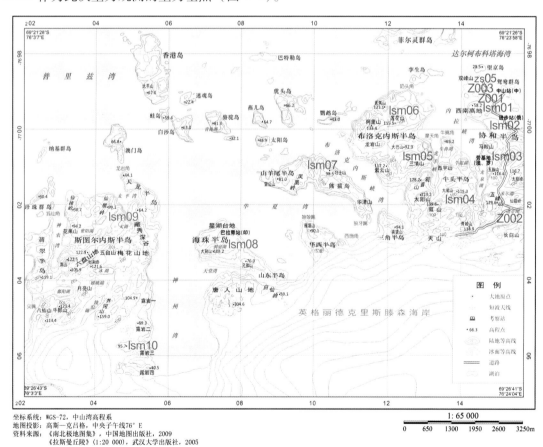

坐标系统：WGS-72，中山湾高程系
地图投影：高斯—克吕格，中央子午线76°E
资料来源：《南北极地图集》，中国地图出版社，2009
　　　　　《拉斯曼丘陵》(1:20 000)，武汉大学出版社，2005

图4-2　中山站区重力基准网分布

重力测量的实施：分为两部分，一为中山站重力基点与船测重力联测，二为中山站区的重力联测。中山站与船测重力联测的目的是为船测重力传递重力基准，该任务在赴昆仑站之前实施。到达中山站后，迅速对重力仪 ZLS 进行维护，在确认重力仪可靠的情况下，选用 Z001 作为重力基点。在"雪龙"号向中山站卸货期间，进行了 Z001 与船测重力之间的重力观测，重力观测方案为 Z001→"雪龙"号→Z001。在 Z001 点处按照相对重力测量规范，进行了多次重力观测，选取变化相对较小的重力值进行记录。在到达"雪龙"号后，在重力仪室和海冰上进行了多组观测，现场观测发现观测值变化很大，相对稳定观测值较少。在此期间，记录了相对稳定的重力观测值，并记录当时的气压和温度。最终鉴于"雪龙"号观测的不稳定，证明在海冰上或嵌入海冰中的考察船上无法进行常规静态重力测量，故没有回程至 Z001 进行重复重力观测，实际的重力测量仅为 Z001→"雪龙"号。

中山站区的重力联测，在 2013 年 1 月执行，于昆仑站返回中山站后实施。实施前，制定了不同的观测方案，考虑到运输实际状况，并考虑到后期中山站区大地测量精化研究的需要，最后确定了中山站重力联测的观测方案为 lsm01→Z001→zs05→水准原点→zs05→Z001→lsm01，其中 zs05 为水准点，该方案能获得水准点处的重力值。

实施前，对重力仪进行维护，直到仪器稳定才进行，具体观测直到天气状况较好时进行，现场观测情况如图 4-3 所示。观测过程中，严格按相对重力测量规范实施，记录点位、时间、气压、温度和重力观测量等。一般等待重力仪器稳定后，记录多组相近的观测数据。

图 4-3　中山站现场重力观测

4.1.2.2　海洋重力测量

海洋重力仪安装于船体舯部且离海平面较近的底舱重力仪室，这里相对平稳。重力仪底座与实验室地板粘结在一起，周围杂物清空，重力仪室内部的桌子和仪器配件箱与工具箱都用绳索固定，以防止船舶启动和航行过程中发生平移和倾倒。实验室安装了专用的空调，以保持恒温（19℃左右）、干燥的环境。因实验室位置较低，空调出水口安装在中部大舱，需定时倾倒空调排出的水。配置了专用备份计算机，通过串口线连接，实时备份测量数据。重力仪连接了"雪龙"号上的 GPS 信号线，以记录航行定位数据。重力数据处理所用的水深数据采用船载测深仪数据。

在码头备航期间，保证所有电源电压为 110 V，确保实验室内恒温。首先在仪器通电恒温 24 h 后进行压力平衡。然后对本体通电恒温 4 d 以上，使仪器内部温度和压力稳定。重力仪开机后，自动调平、开摆、测量，并将软件上 Tracking on 改为 Tracking off。检查 ST 的软件读数和机械读数是否一致，如果不一致，则在软件中通过 ST 的控制程序输入需要的值来拉动弹簧。若摆的值向大（小）的方向偏，则需要调小（大）ST 值，等摆恢复到平衡位置时 Tracking on。在离开码头前或靠码头后，确保仪器每天掉格不超过 0.1×10^{-5} m/s^2，并进行基点比对工作。每次船靠码头或锚泊前后，都要量取船吃水和记录重力仪读数，以便重力数据后处理进行高度改正，并检查重力仪稳定状况。

在进行测线测量过程中，密切注意终端记录和显示状况（图 4-4），不要让屏幕出现保护状态；每条测线的开始和终止都要填写在值班报表中，中间每半小时填写一次值班报表，避船和急转弯也须注明；更换测线时，应在笔记本终端输入测线标设，再按扭更新。

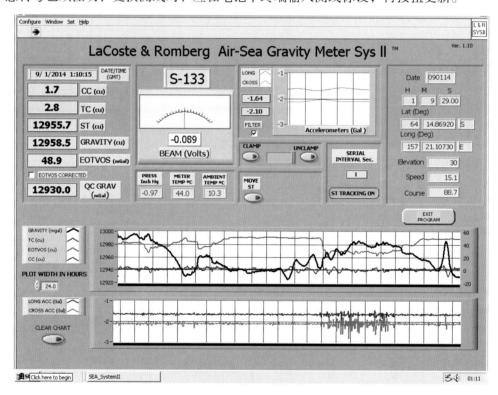

图 4-4　L&R SII 海洋重力仪控制及数据采集界面

在只考虑摆杆速率前提下，SII 型海洋重力仪的观测读数（g_s）的基本计算公式可表示为：

$$g_s = CS + kB' + CC \tag{4-1}$$

式中，g 为重力读数；C 为弹簧张力和重力观测值的转换系数（SII 型海洋重力仪 C 值为 0.997 8）；S 为弹簧张力；k 为摆杆平均灵敏度和阻尼作用的比例因子系数；B'（$= \mathrm{d}B/\mathrm{d}t$）为摆杆的运动速度；*CC* 则为交叉耦合改正值。LaCoste 在 1973 年推导出 S 型海洋重力仪的交叉耦合改正公式时，同时指出当海况较差时，需要进行进一步的改正。试验测量结果表明，SII 型海洋重力仪自带的改正方法和改正系数能够满足海况平稳时的测量要求，但是当海况变差时，这种固定参数的改正就显现出不足。这时，只能通过现场试验和实际标定的方式重新修正交叉耦合系数，使计算结果无限趋近于综合考虑七组系数的情况（张涛等，2007）。

4.1.3 地磁

4.1.3.1 拖曳式地磁

在正式测量之前，拖曳式海洋磁力仪需要试验。第 29 次南极科学考察是国内第一次在南大洋使用 G882 铯光泵磁力仪，带上去的两套 G882 铯光泵磁力仪均表现为信号过低，即使将传感器调整到最佳位置，信号强度也才偶尔达到 500 左右，测得的地磁场总强度也不超过 40 000 nT，远低于实际地磁场总强度值。在中、低纬度及北极航次都没有出现过这种情况，这是在南极特有的，因此在南大洋考察中基本上排除了使用 G882 铯光泵磁力仪的可能性。第 29 次南极科学考察带上去的两套 G880 铯光泵海洋磁力仪的信号强度和测得的地磁场总强度都比较正常，只是接近正北向时信号低，在南段接近一半的数据无效，但越往北情形越有改善，能保证整条测线数据有效。因此，第 28 次、第 29 次、第 30 次南极科学考察最终都使用 G880 铯光泵磁力仪采集数据。

磁力测量时拖缆大部分时间绕在大的船桩上，采用人工收放方式，同时拖缆释放 450 m，以消除船磁影响。每次收、放拖缆时先关闭磁力仪机柜最下面的电源，再断开甲板电缆与绞车拖缆的联结头并使用保护插头，保持接头清洁、不进水和不腐蚀；探头下水前，应认真检查探头各联结处螺丝及插销的固定情况，拧紧松动或更换老化的螺丝。测量过程中专人在后甲板瞭望，与驾驶台和水深实验室保持密切联系，及时了解海面浮冰状况，如果海面情况复杂或一旦信号出现异常，随时准备收取拖缆。但由于船时紧张，冰况严重时只能偏离设计测线，躲避浮冰不中断测量。

测量前，把 GPS 天线相对于磁力仪拖曳点的距离输入到采集软件中，并设定相应的磁力仪电缆拖曳长度，采集软件将根据导航天线的经纬度换算水下探头的位置。值班人员要时刻核实 MagLog 软件是否处于绿灯打开的采集数据状态（图 4-5），磁力仪机柜上电压、电流显示是否正常，磁力信号、探头沉放深度是否适当。磁力仪传感器通过拖缆与 DGPS 系统联机同步记录。采集计算机记录要素包括日期、时间、地磁场总量值、信号强度和 GPS 等数据。

此外，第 29 次南极科学考察还进行了船磁八方位试验。由于在普里兹湾海域冰情严重，作业时间窗口限制，只能在 2013 年 3 月 18 日夜，"雪龙"号航行出西风带后，根据航行计划安排了船磁八方位试验（图 4-5），用时 3 h 时，航行 32 km，以便室内处理磁力数据时扣除船磁。

第 31 次南极科学考察海洋地磁测量使用 Marine Magnetics 公司的 SEASPY 海洋磁力仪，并特意调配了一台轻便液压绞车，免去了以往收放磁力探头耗费的大量人工。但是在正式地球物理测线测量期间，拖曳式磁力仪出现故障。由于在极地海上通信不畅，故障期间，与厂商沟通的时间中转延迟，拿到维修说明时已经完成设计测线测量。尽管如此，拆解探头后，

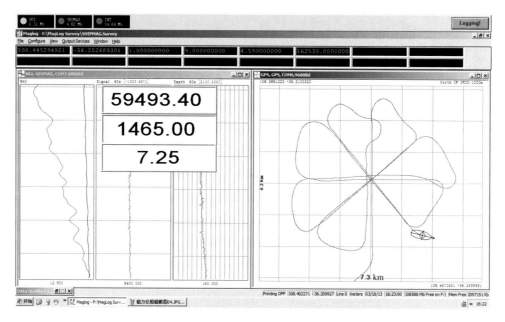

图 4-5 船磁八方位试验数据采集界面

还是排除了故障，在新建站选址近岸采集到了 78 km 的地磁数据。

4.1.3.2 三分量地磁

磁力三分量传感器安装于船体艉部风廓仪平台的桅杆上，平台距二层甲板 15 m 高，为了进一步减小船体影响，磁力传感器下方加装了 2 m 长的铝合金杆（图 4-6）。安装时磁力传感器的 X 分量和船艏向一致，Y 分量指向右舷，Z 分量垂直向下。OCTANS 姿态传感器安装于风廓仪平台上的仪器室内，两者之间距离仅 10 m 左右，可忽略之间的弹性变形，姿态视为同步变化（图 4-7）。

图 4-6 三分量磁力仪在"雪龙"号上的安装位置

图 4-7　船载地磁三分量测量系统的数据采集终端界面

与船载地磁三分量测量系统相配套的有 OCTANS 运动传感器，可以观测船舶航行过程中的横摇、纵摇、航向和船速变化等，还有为测量提供多天线的双频 GPS 定位信号，也可以推断三分量的姿态变化，并可以与 OCTANS 提供的动态参数进行对照。在航行过程中，由于偶尔风浪较大，曾造成 GPS 接收机无法读取信号，致使个别时段数据丢失，但现场执行人员能够通过第一时间完成修复，并做到每天值班检查。

4.1.4　反射地震

反射地震设备的采集系统、震源以及 GPS 导航控制系统分别安装，但又要考虑三者的位置关系及与船的相对位置关系。由于"雪龙"号船体较大，船舷相比一般船只要高，因此给地震仪器安装带来相应的困难。在仪器安装时，需要考虑仪器释放与回收的便捷性，又要考虑仪器受船体的影响。按照安装位置，主要分为甲板部分与室内部分（图 4-8）。

甲板部分："雪龙"号船体较大，发动机震动以及尾流也相应比较剧烈，对地震这种与声学相关的仪器带来的影响非常大，船体中间不适合拖曳任何地震相关设备。同时，与震源电极相比接收缆更不易收放，因此震源安装在有折臂吊的左舷，而接收电缆安装在船的左右舷靠近船边的地方，通过增长前导段来减小尾流对水听器的影响（图 4-9）。

室内部分：电容柜对温度、湿度的要求比较高，因此安装在室内。对于最大能量 30 kJ 的等离子体震源，最高电压达到 8 kV，需要与其他仪器保持一定距离，同时电源的接地线与电容本身的接地线都必须保证接好。震源拖缆通过甲板缆与电容柜连接。接收电缆也通过甲板缆与采集仪连接，为了减小电磁干扰，采集仪必须接地。触发控制电脑通过触发器控制震源与采集仪，使接收计时与放炮计时同步。

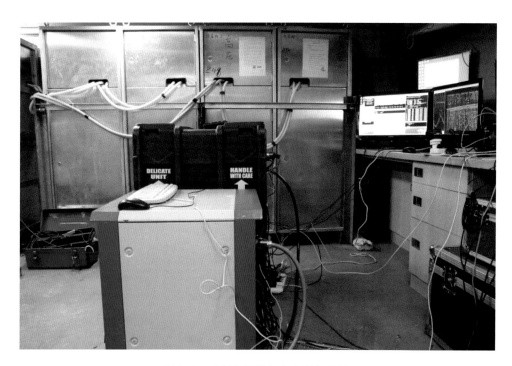

图 4-8　反射地震设备室内操作现场

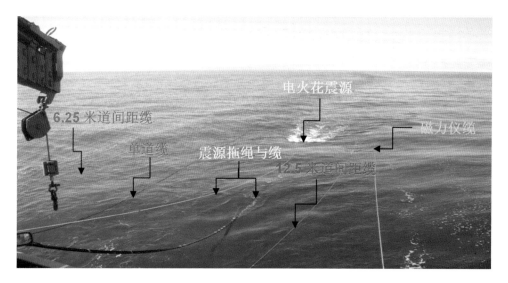

图 4-9　地球物理拖曳设备布放位置

　　三部分可以独立检测各自的系统情况,检测仪器是否正常,采集系统与震源可以分别与 GPS 导航系统连接进行检测,后者是整个地震系统设备的控制触发与接收的设备。三者通过触发器连接。

　　地震震源触发的炮间距一般设定在 12.5 m,以 5 kn 航速计,时间间隔是 4.86 s,以便有较好的叠加效果,在后续数据处理中保证数据质量。记录文件尽量不加滤波,记录频带范围内的所有信号,文件格式选择 SEG-Y。在海况比较差时,船只航行不稳定,使导航软件难以进行等距放炮,则改为等时放炮,并在班报中详细记录。当水深超过 1 000 m 时,放炮能量需要加大到 10 kJ 以上,电容柜充电速率不能够满足 12.5 m 的放炮间距,应改为 25 m 放炮间距。

随水深增大适当增加记录的时间延迟，水体信号的80%左右不记录，采样间隔尽可能密些，根据地层厚薄设定记录长度和采样间隔，选择如下三档：0.768 s的记录长度，采样间隔为0.062 ms；1.536 s的记录长度，采样间隔为0.125 ms；3.072 s的记录长度，采样间隔为0.250 ms。接收道的显示时间窗口可限制在0.5~1.0 s长度内，选择合适的滤波和增益方式及参数，跟踪海底及主要地层的反射同相轴。对应相应的水深和地层探测深度，接收参数确定后，不要随意改变，如记录长度，采样率等。

4.1.5 海底热流

在做海底温度梯度测量前，我们在重力取样柱上由下端刀口到上部铅块隔一定距离安装数个温度探针。温度探针被固定在半圆形钢板上，由两块半圆形钢板合起来固定在重力取样柱的各个位置上。安装时每个探针依次错开了一定角度，以免入泥时相互影响导致温度探针与周围介质接触不良，同时又都在180°范围内（图4-10），以便从船尾外侧入水、出水时不受损伤。为了对温度探针进行校正，除了在实验室内进行标定外，我们还将温度探针与CTD一起下水进行比对。

图4-10 温度探针在重力取样柱上的安装位置

海底原位温度测量需要温度探针在海底沉积物中停留一段时间以释放摩擦热和取得热平衡，除了要求常规的重力柱取样流程之外，还须额外增加一个流程。在重力柱触底后，温度探针在海底停留时间均在15 min左右，需要继续放缆，放缆速度根据当时"雪龙"号的漂移速度、缆绳的垂向偏角等估算，收揽时也应先慢速收，在确定离底后再加大速度，以避免缆绳在海底打结的情况出现。

甲板热导率测量要求样品尽量处于热平衡。考虑到海底沉积物温度一般在0℃附近，比较接近极区温度，可以选择第一时间在甲板上测量（图4-11）。若由于环境温度变化过快等原因导致甲板测量一直无法取得热平衡而无法测得热导率数据，则可等沉积柱状样品在恒温样品库中达到温度平衡后在样品库中测量。

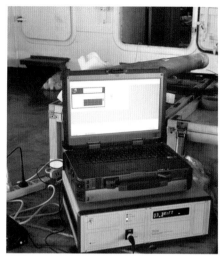 

a. 热导率测量全貌　　　　　　　　　　　　　b. 热导率测量探针以及样品细节

图4-11　柱状样热导率甲板测量现场

4.1.6　海底地震

OBS的海上数据采集作业主要分5步：测线设计和震源设计（指主动观测；而被动观测则需要根据探测目标和海底条件设计投放点）；OBS参数设置；OBS投放；炸测作业（指主动观测；而被动观测则需要确定观测时间的长短）和OBS回收。

OBS投放前要进行充电、参数设置、密封和上浮系统测试。实践中设数据采样频率为100~500 Hz，其他参数包括开始记录时间、终止记录时间和自动上浮时间。自动上浮设置是在正常的声学释放系统因各种原因失效时，采用的补救手段。另外，需要配置罗经用于确定OBS水平分量在海底的方位，配置闪光灯和旗子，以便在夜间和阳光强烈的条件下寻找在海面上漂浮的OBS。

OBS投放是根据事先设定的点位，利用GPS定位来进行，要求提前降低船速，投放时船速不得高于2 kn，使OBS以较小的水平速度平稳入水。同时要及时记录实际投放点的坐标（由于船在运动，投放点与设计点之间总是有偏差），其重要性在于实际投放点对后面的回收意义重大，而且常作为数据处理的初始坐标。

OBS回收作业：正常情况下船开到投放点上风向1 km处，关闭船舶的螺旋桨和主机（防止螺旋桨搅住释放器探头和噪声对声学释放的干扰），把声学释放器探头放入水中（保证深过船底），发送声学释放命令。仪器接到信号后，开始熔断钢丝，约5 min仪器舱与沉耦架脱离，自动上浮至水面，释放后OBS内部灯亮，便于夜间搜索。浮出海面后（图4-12）通过无线电波发送其所在的位置信息，根据该信息或目测方式确定仪器方位，进行打捞上船。然后提取所记录的数据供分析和研究，控制界面见图4-13。可以灵活设计回收路线，尽可能使每个站位有2次以上的回收机会。发现目标和打捞上船时要分别记录坐标，这有利于判断海流方向，为后续工作中的目标搜索提供参考。

图 4-12 OBS 浮出水面时的姿态

（左侧为空球和外置释放器，右侧为单球 OBS）

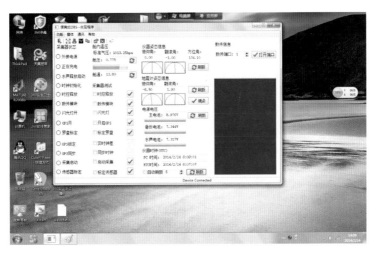

图 4-13 OBS 交互设置程序界面（OBS 正在充电）

第 31 次南极考察 OBS 回收工作面临的主要困难包括仪器投放时间已超过设计时限，大面积浮冰（图 4-14）及船舷高、机动性差等不利于打捞的情况等。船上领导与现场负责人经过分析讨论，决定在海况允许的情况下，使用橡皮艇进行打捞，克服从"雪龙"号上打捞的不利条件，并通过"雪龙"号与橡皮艇多点持续测距，监测 OBS 上浮过程并预测出水位置，增大了在大面积浮冰区成功回收的可能性。

图 4-14 回收浮冰区 OBS 站位时的冰情

4.2 数据处理的标准与方法

4.2.1 水深

水深数据处理主要有水深数据抽取与时空同步、声速剖面处理与声速改正等步骤。下面以第29次南极科学考察普里兹湾外调查区块（图4-15）水深数据处理过程为例进行说明。

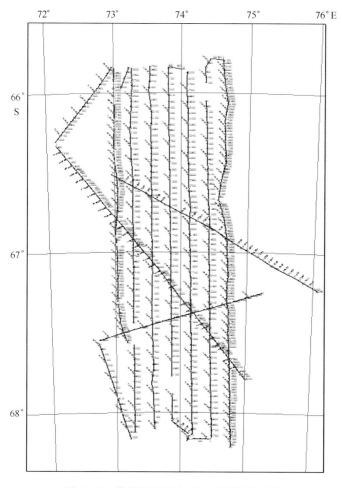

图4-15 普里兹湾外地球物理测线航迹图

4.2.1.1 水深数据抽取与时空同步

水深数据采用文本格式的水深与GPS信号同步记录进行处理，针对航次的原始水深数据进行的编辑和精细处理，采取两个步骤来完成：①对每条测线采用软阈值小波收缩消噪，再进行3次样条光滑拟合，将偏离光滑曲线的误差大或无效的水深值删除。在噪声较大、信号较弱或信号的高频成分和噪声有重叠时效果比较明显，在两种情况均出现时，效果最为明显。②为了检验数学方法去噪效果，对航次区块去噪数据进行水深剖面成图，对比相邻测线，人工判断、剔除可能遗漏删除的出错数据和个别突跳点，确保数据质量的可靠性。

船上定位的位置以 GPS 天线为基准点，最终的水深测量数据整理时所需的时间、经纬度（图 4-15）等均根据 GPS 定位数据提供的船只航速做相应的距离校正。

4.2.1.2 声速剖面处理与声速改正

第 29 次南极科学考察利用 SeaBird 911 Plus 温盐深剖面仪（CTD）采集了 3 个站位（表 4-1）声速剖面，其中 PA-03 和 P5-07 站位处于普里兹湾的陆架上，海水的温盐特性主要受该海域的陆架水控制，P6-06 站位位于陆坡上，温跃层之上表现为陆架水特征，而温跃层之下受深层水控制（图 4-16）。

表 4-1　第 29 次南极科学考察声速剖面站位信息

序号	站位	起始深度（m）	到达深度（m）	经度（°）	纬度（°）
1	P5-07	12	493	73.021 114	-66.970 797
2	P6-06	3	1 027	75.531 931	-66.869 861
3	PA-03	11	462	73.827 250	-67.248 483

由于 3 个 SVP 都没有采到表层声速，先用每个声速剖面的平均声速对周围的数据进行声速改正，同时采用查表法对同一水深数据进行比对。平均声速计算公式为：

$$average\ sound\ velocity = \frac{\sum\limits_{p=\min}^{p=p} d_i}{\sum\limits_{p=\min}^{p=p} \dfrac{d_i}{v_i}} \tag{4-2}$$

平均声速改正和查表法改正结果对比见表 4-2。

表 4-2　平均声速改正和查表法改正结果对比表

站位	原始水深（m）	平均声速（m/s）	平均声速改正水深（m）	查表法改正水深（m）	平均声速和查表法改正水深差（m）
P5-07	509	1 447.3814	491.14	490.82	0.32
PA-03	489	1 446.1059	471.43	471.33	0.10
P6-06	1 108	1 455.4824	1075.12	1 075.80	-0.68

上述对比结果表明，利用全球海域声速表进行声速改正与实测 SVP 的平均声速改正的结果非常接近，最终采用的声速改正以实测声速剖面为控制，利用查表法对测区的水深数据进行声速改正。

4.2.2 重力

4.2.2.1 重力基点测量数据处理

第 29 次南极科学考察在中山站进行了 Z001→"雪龙"号、lsm01→Z001→zs05→水准原点→zs05→Z001→lsm01 的现场重力观测，其中"雪龙"号观测了 3 个点位，这些重力点位信息见表 4-3。

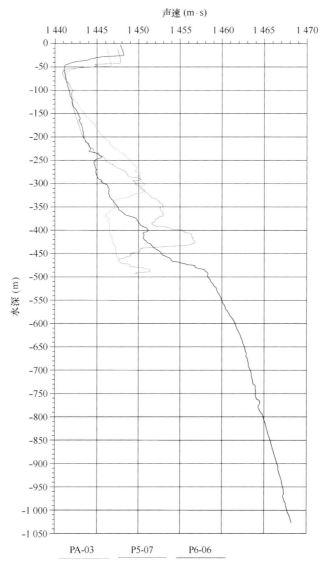

图 4-16 第 29 次南极科学考察普里兹湾 3 个站位声速剖面曲线

表 4-3 中山站及 "雪龙" 号重力测量点位信息

点号	点名	经度 (°)	纬度 (°)
lsm01	大地原点	76.372 9	−69.374 6
Z001	重力基点	76.368 4	−69.371 2
zs05	码头 (验潮仪山头)	76.371 5	−69.370 3
水准原点	水准原点	76.378 4	−69.373 1
XL01	"雪龙" 号	76.113 0	−69.330 0
XL02	"雪龙" 号附近海冰	76.113 0	−69.330 0
XL03	"雪龙" 号附近海冰	76.113 0	−69.330 0

相对重力观测的记录数据列于表 4-4，由于在较短时间段内完成观测，每个点的温度和气压基本一致，对于每个重力基点，均记录了 3 组观测值，从这 3 组观测值可以得到初步的

观测精度。将各点坐标、重力观测信息、温度和气压输入后，进行数据处理。处理时，设定单位权中误差（先验，定权用）为 $0.010\,0\times10^{-5}\,\text{m/s}^2$，计算时，考虑到仪器线性漂移率以及仪器格值的一次项、二次项及三次项系数、仪器的周期误差参数，并对仪器进行周期误差改正，然后采用数据处理软件，平差获得了相应观测结果。

表 4-4 中山站重力仪观测表

点位	时间	观测值（10^{-5} m/s^2）	温度（℃）	气压（hPa）
lsm01	18：38	6 001.371	-0.1	981.7
	18：39	6 001.371		
	18：39	6 001.368		
Z001	19：01	6 002.456		
	19：01	6 002.456		
	19：02	6 002.453		
zs05	19：22	6 005.891		
	19：22	6 005.887		
	19：23	6 005.887		
水准原点	19：45	6 005.266		
	19：46	6 005.267		
	19：46	6 005.265		
Zs05	20：01	6 005.902		
	20：02	6 005.906		
	20：02	6 005.906		
z001	20：11	6 002.466		
	20：12	6 002.463		
	20：12	6 002.463		
lsm01	20：25	6 001.391		
	20：25	6 001.389		
	20：26	6 001.393		

通过计算，获得了绝对重力值或其间联测值的单位权中误差为 $0.005\,0\times10^{-5}$ m/s^2。将其中一点设定为已知固定值，通过重力观测资料的经典网平差，设定 Z001 为已知点（表 4-5），其中先验中误差为 $0.010\,0\times10^{-5}$ m/s^2，后验中误差为 $0.000\,0\times10^{-5}$ m/s^2。平差点位信息列于表 4-6，各台仪器段差值的改正列于表 4-7，其中先验中误差为 $0.010\,0\times10^{-5}$ m/s^2，后验中误差为 $0.008\,7\times10^{-5}$ m/s^2。平差结果信息列于表 4-8。

表 4-5 已知重力值点的改正

点号	重力值（10^{-5} m/s^2）	改正数（10^{-5} m/s^2）	权系数
Z001	982 571.495 3	0.000 0	4.000 0

表4-6 平差点位信息

绝对点数	1
各台重力仪联测的测段数	
C049 lcr-049	6
已知重力值的测点个数	1
重力段差的个数	6
未知数的个数	5
平差后的改正数	6

表4-7 各台仪器段差值的改正

序号	段差值（10^{-5} m/s²）	时间（h）	权系数	改正数（10^{-5} m/s²）
1	1.081 9	0.366 7	1	−0.002 2
2	3.429 9	0.350 0	1	0.007 5
3	−0.625 6	0.400 0	1	−0.003 9
4	0.636 6	0.266 7	1	−0.003 9
5	−3.442 4	0.166 7	1	0.007 5
6	−1.074 8	0.216 7	1	−0.002 2

表4-8 平差后输出信息

线性漂移计算结果	0.004 796±0.012 051×10^{-5} m/s²
各台仪器段差改正数间的相关系数	−0.512
改正数绝对值与运输时间的相关性	−0.221
改正数绝对值与重力段差值间的相关性	0.887

利用相对重力测量，通过 lsm01、Z001、zs05 和水准原点的重力联测，根据 lsm01、Z001 这些已知点信息，获得了 zs05 和水准原点的绝对重力值（表4-9）。lsm01、Z001、zs05 和水准原点这4个观测点中，最好精度为大地原点的 0.004 4×10^{-5} m/s²，最差精度为水准原点的 0.011 9×10^{-5} m/s²，平均精度指标达到 0.008 9×10^{-5} m/s²，这些精度指标远优于三等重力观测规定的 0.025×10^{-5} m/s²。

表4-9 平差后各重力点的重力值

点号	纬度（°）	经度（°）	重力值（10^{-5} m/s²）	精度（10^{-5} m/s²）	联测次数
lsm001	−69.375	76.373	982 571.495 3	0.004 4	2
Z001	−69.371	76.368	982 572.573 3	0.007 6	4
zs05	−69.370	76.372	982 576.009 1	0.010 0	4
水准原点	−69.373	76.378	982 575.377 6	0.011 9	2

4.2.2.2 海洋重力数据处理

数据处理方法主要依据国标《GB/T 12763.8—2007 海洋调查规范 第8部分：海洋地

质地球物理调查》和行业标准《极地地质与地球物理考察技术规程：第一部分 海洋考察》。
重力测线数据处理流程如图4-17所示。

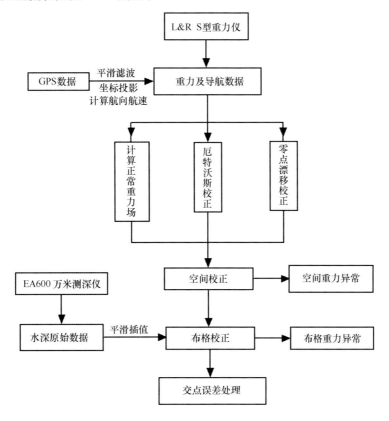

图4-17 重力数据处理流程

重力数据处理流程包括异常数据检查、正常场计算、厄特沃斯改正、空间改正、零点漂移改正、空间重力和布格重力改正以及最后交点平差处理等。

（1）时间、坐标配准

由重力仪滤波时间常数归算出重力测量时间，并由重力测量时间通过GPS天线位置换算出重力测量坐标。

（2）正常场计算

重力正常场的计算采用1985年国际正常场公式：

$$\gamma_0 = 978\ 032.677\ 14 \times \frac{1 + 0.001\ 931\ 851\ 386\ 39 \times \sin^2\phi}{\sqrt{(1 - 0.006\ 694\ 379\ 990\ 13 \times \sin^2\phi)}} \tag{4-3}$$

式中，γ_0 为正常重力场（$\times 10^{-5}$ m/s^2）；

φ 为测点地理纬度（°）。

（3）厄特沃斯改正

计算公式为：

$$\delta_{ge} = 7.499 \times V \times \sin A \cos\varphi + 0.004 \times V^2 \tag{4-4}$$

式中，V 为航速（kn）；

φ 为测点地理纬度（°）；

A 为航迹真方位角（°）。

由于重力仪采集的数据实际为一段时间的滤波平均，如果厄特沃斯校正值是瞬间计算值，会严重影响重力异常的计算精度。我们采用与重力仪采集系统一样的 Exact Blackman 滤波器进行滤波，滤波长度为 2 倍时间常数（一般 4~5 min），滤波后的航速、航向和厄特沃斯校正值更接近于记录的真实值（张涛等，2005）。

（4）空间改正

计算公式为：

$$\delta_{gf} = 0.308\ 6 \times H \tag{4-5}$$

式中，H 为重力仪弹性系统至平均海面的高度（m）。

（5）零点漂移改正

$$\delta R = (\delta R_1 - \delta R_2)/Ds \tag{4-6}$$

式中，δR 为日掉格值（$\times 10^{-5}$ m/s^2）；

δR_1 为出航时基点的重力值（$\times 10^{-5}$ m/s^2）；

δR_2 为返航时基点的重力值（$\times 10^{-5}$ m/s^2）；

Ds 为总天数。

（6）空间重力异常计算

空间重力异常计算公式为：

$$\Delta_{gf} = g + \delta_{gf} - \gamma s_0 \tag{4-7}$$

式中，g 为测点的绝对重力值（$\times 10^{-5}$ m/s^2）；

δ_{gf} 为空间校正值（$\times 10^{-5}$ m/s^2）；

γ_0 为正常重力场值（$\times 10^{-5}$ m/s^2）。

其中：

$$g = g_0 + C \times \Delta s + \delta R + \delta g_e \tag{4-8}$$

式中，g_0 为基点绝对重力值（$\times 10^{-5}$ m/s^2）；

C 为重力仪格值（10^{-5} m/（s^2·cu），1cu = 0.971 341 8$\times 10^{-5}$ m/s^2）；

Δs 为测点与基点之间的重力仪读数差（cu）；

δR 为零点漂移改正值 [$\times 10^{-5}$ m/（s^2·d）]；

δg_e 为厄特沃斯改正值（$\times 10^{-5}$ m/s^2）。

（7）布格重力改正

用同步测量的水深数据计算简单布格校正值。

简单布格校正公式：

$$\delta gb = 0.041\ 9 \times (\sigma - 1.03) \times H \tag{4-9}$$

式中，H 为水深（m）；

σ 为地层密度（2.67$\times 10^3$ kg/m^3）。

（8）交点平差处理

第 28 次至第 30 次南极科学考察的海洋重力测线数据都构成了有效测网，每个测网都整理主测线和副测线，制成各自的列表文件（*.lst），由交点差计算程序输出交点差文件（*.err）和交点差统计排序文件（*.std）。由交点差平差程序依次输入各个参数，输出主、副测线的调差系数文件（*.cof）（高金耀等，2006）。碰到交点值大的测线，要查找原因，若不合理的可以考虑删除测线，保证调差后的交点差均方根值满足精度要求。测量误差计算中，允许舍去少数特殊交点值，但舍点率不得超过总交点数的3%。

平差前后重力测量准确度，由它们的主测线和副测线交点差的均方根来测算：

$$\varepsilon = \pm \sqrt{\frac{\sum_{i=1}^{n} \delta_i^2}{2n}}$$

式中，δ_i 为主测线与联络测线第 i 个交点的空间重力异常（$\times 10^{-5}$ m/s^2）差值；

n 为统计的交点数。

4.2.3　地磁

4.2.3.1　拖曳式地磁

拖曳式地磁数据处理分析方法主要依据国标《GB/T 12763.8—2007　海洋调查规范　第8部分　海洋地质地球物理调查》和行业标准《极地地质与地球物理考察技术规程：第一部分　海洋考察》。地磁测线数据处理流程如图4-18所示。

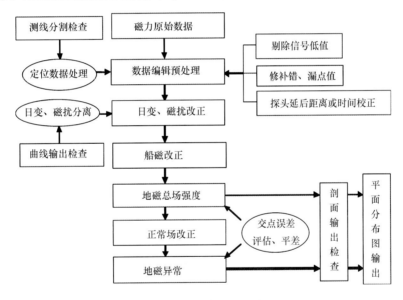

图4-18　地磁数据处理流程

（1）定位点与探头距离校正

船上定位的位置以卫星导航系统天线为基准点。测量前，把GPS天线相对于探头的位置参数输入采集软件中，采集软件自动将最终的探头位置根据船上GPS换算得到，具体参数登记在《地球物理传感器在船坐标系中的位置》表中。磁力测量数据整理时所需要的日期、时间等均来自GPS。调查数据和班报填写时间统一采用GPS时间。

（2）地磁正常场改正

海洋地磁测量的正常场计算采用国际高空物理和地磁协会（IAGA）2010年公布的国际地磁参考场（IGRF）球谐系数计算。地磁场总强度的3个分量分别为：

$$X(t) = \frac{1}{r}\frac{\partial u}{\partial \theta} = \sum_{n=1}^{n=N}\sum_{m=0}^{m=n}\left(\frac{a}{r}\right)^{n+2}\left[g_n^m(t)\cos m\lambda + h_n^m(t)\sin m\lambda\right] \cdot \frac{\mathrm{d}}{\mathrm{d}\theta}P_n^m(\cos\theta) \Bigg\}$$

$$Y(t) = \frac{-1}{r\sin\theta}\frac{\partial u}{\partial \lambda} = \sum_{n=1}^{n=N}\sum_{m=0}^{m=n}\left(\frac{a}{r}\right)^{n+2} \cdot \frac{m}{\sin\theta}\left[g_n^m(t)\sin m\lambda - h_n^m(t)\cos m\lambda\right]P_n^m(\cos\theta)$$

$$Z(t) = \frac{\partial u}{\partial r} = \sum_{n=1}^{n=N}\sum_{m=0}^{m=n} -(n+1) \cdot \left(\frac{a}{r}\right)^{n+2}\left[g_n^m(t)\cos m\lambda + h_n^m(t)\sin m\lambda\right]P_n^m(\cos\theta)$$

$$(4-10)$$

式中，u 代表地磁位；（r、θ、λ）代表地心球坐标；a 为参考球体的平均半径；$P_n^m(\cos\theta)$ 是 n 阶 m 次施米特正交型伴随勒让德函数；N 是最高的阶次；$g_n^m(t)$ 和 $h_n^m(t)$ 是相应的高斯球谐系数；$X(t)$、$Y(t)$、$Z(t)$ 分别代表地心坐标地磁总强度的北向分量、东向分量和垂直分量。采用最新公布的 2010—2015 年的 13 阶、次系数，并做相应的年变改正，相应的地磁场总强度模 $\mid T(t) \mid = \left[X^2(t) + Y^2(t) + Z^2(t)\right]^{1/2}$ 包含了地磁场长期变化（高金耀等，2009）。

球谐系数和时间的关系为：

$$\left.\begin{array}{l}g_n^m(t) = g_n^m(t_0) + \delta g_n^m \cdot (t - t_0)\\ h_n^m(t) = h_n^m(t_0) + \delta h_n^m \cdot (t - t_0)\end{array}\right\}$$

$$(4-11)$$

式中，$g_n^m(t_0)$ 和 $h_n^m(t_0)$ 为基本场系数（nT）；δg_n^m 和 δh_n^m 为年变系数（nT/a）。

（3）日变改正

由于测区附近没有我国的固定地磁台站，第 28 次南极科学考察的地磁资料的初步处理未进行日变改正。

第 29 次南极科学考察在中山站、第 30 次南极科学考察分别在维多利亚地新建站选址和长城站进行了地磁日变观测。第 29 次南极科学考察普里兹湾外的地磁日变改正使用中山站的地磁日变观测数据。第 30 次南极科学考察在罗斯海，我们设置了 OBM 地磁日变站，但由于在岸上的时间受限，数据记录长度不足于判断地磁日变是否正常（图 4-19）；而长城站地磁日变观测滞后于欺骗岛附近的地磁测量，无法采用我们自己观测的地磁日变数据。最终我们采用国际地磁参考台网的 AIA 台站的共享数据作为日变改正的数据。日变观测时间系统与海上采用的 GPS 时间系统一致，采样间隔为 1 min。日变基值取区块工作期间平静日每天 23 点的平均值作为全区日变改正的基值。做日变改正时，磁暴日的日变为对应时间的前后 1 天平静日变值的平均值，实测日变值减去平静日变平均值作为磁暴校正值，同时保证磁扰初动和消失的自然过渡（高金耀等，2009），这样不致造成磁扰阶段前后日变改正的畸变。图 4-20 和图 4-21 是第 30 次南极科学考察期间的地磁日变（蓝色）和磁扰（红色）曲线。

（4）船磁影响校正

通过分析船磁随方位变化的特点，发现东西向测线之间船磁影响差异最小，而南北向测线之间正好相反，而且磁正北西-南东向和南西-北东方向的测线网受船的感应磁性变化的影响最小。第 29 次南极科学考察获得的"雪龙"号船磁八方位变化曲线表明，船磁效应能带来±10 nT 的测量误差（图 4-22），而这个仅随测线方向变化的船磁影响通过测线网交点差平差可以很好地消除，所以传统的船磁八方位试验本身并不能提供测量精度。解决这个问题，可以在通过不同拖缆长度的主、副测线形成测网交点，采用完备船磁模型进行测网交点差平差，实现随方位和位置变化的船磁效应可靠改正，特别是排除船体固有磁性的影响，并且实

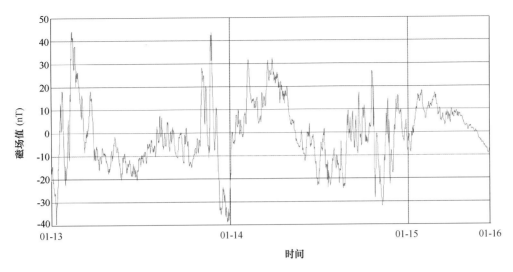

图 4-19　罗斯海设置的 OBM 采集的地磁数据

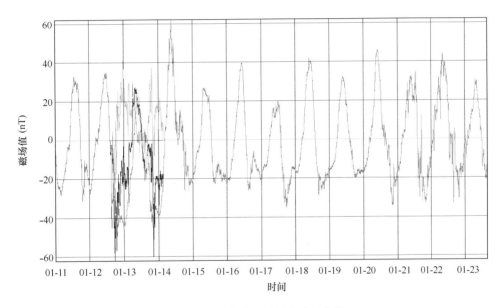

图 4-20　罗斯海地磁日变改正曲线

现船磁改正基准统一（高金耀等，2008）。

（5）交点平差处理

与重力测线交点平差处理原理、方法一致（高金耀等，2006）

（6）地磁异常值的计算

$$\Delta T = T - T_d - T_o - T_t \tag{4-12}$$

式中，ΔT 为地磁异常值（nT）；T 为地磁场总磁场测量值（nT）；T_d 为地磁日变和磁扰偏差值（nT）；T_o 为地磁正常场改正值（nT）；T_t 为各测线综合调差值（nT）。

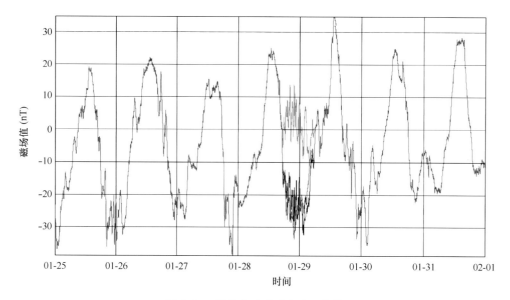

图 4-21　欺骗岛地磁日变改正曲线

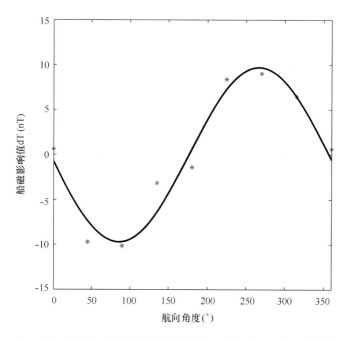

图 4-22　第 29 次南极科学考察"雪龙"号船磁八方位变化曲线

4.2.3.2　三分量地磁

（1）参考坐标系统

在船载地磁三分量测量中，涉及 3 个参考坐标系，一是三分量传感器三轴正交的坐标系，二是船体坐标系，三是地理坐标系。在实测中，首先假定前两者是一致的，表示为（X_s，Y_s，Z_s）；地理坐标系表示为（X_e，Y_e，Z_e），两者之间的关系如图 4-23、图 4-24 和表 4-10、表 4-11 所示。

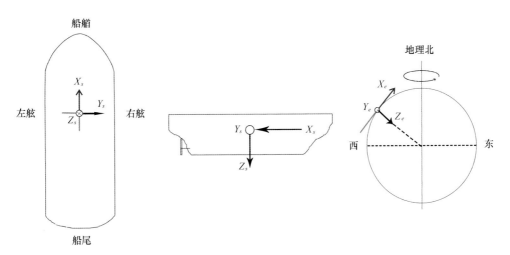

图 4-23 船体坐标系（a）和地理坐标系（b）示意图

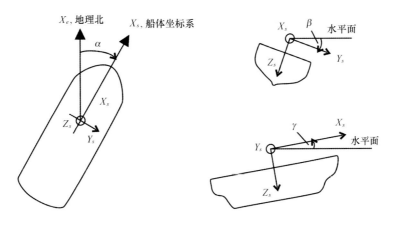

图 4-24 船体姿态角度的定义

表 4-10 两种坐标系的说明

	X_s	朝艏向为正，纵向分量
船体坐标系	Y_s	朝右舷为正，横向分量
	Z_s	向下为正，垂向分量
	X_e	正北方向
地理坐标系	Y_e	正东方向
	Z_e	向下指向地心方向

表 4-11 船坐标系中的姿态角

α（heading）	绕垂向轴（Z_s）旋转，向东为正
β（roll）	绕纵向轴（X_s）旋转，向右下正
γ（pitch）	绕横向轴（Y_s）旋转，船艏向上为正

（2）船体中测量的磁场

假定地理坐标系中的地磁场矢量为 $\vec{B}_e^E$，则船体坐标系中的地磁场矢量 $\vec{B}_s^E$ 可表示为：

$$\vec{B}_s^E = \underline{D} \cdot \vec{B}_e^E \tag{4-13}$$

式中，$\underline{D}$ 为地理坐标系与船体坐标系之间的变换矩阵，由船的艏向角 α、横摇角 β 和纵倾角 γ 给出，其表达式如下：

$$\underline{D} = \begin{pmatrix} \cos\alpha\cos\gamma - \sin\alpha\sin\gamma\sin\beta & \sin\alpha\cos\gamma + \cos\alpha\sin\gamma\sin\beta & -\sin\gamma\cos\beta \\ -\sin\alpha\cos\beta & \cos\alpha\cos\beta & \sin\beta \\ \cos\alpha\sin\gamma + \sin\alpha\cos\gamma\sin\beta & \sin\alpha\sin\gamma - \cos\alpha\cos\gamma\sin\beta & \cos\gamma\cos\beta \end{pmatrix} \tag{4-14}$$

假定船体的船磁感应矩阵为 $\underline{A}$，固有磁场为 $\vec{K}_s$，两者即为船磁模型系数。那么船坐标系中测量的磁场 $\vec{B}_s^M$ 可表示为：

$$\vec{B}_s^M = \underline{A} \cdot \vec{B}_s^E + \vec{B}_s^E + \vec{K}_s \tag{4-15}$$

将式（4-13）代入式（4-15）可得：

$$\vec{B}_s^M = \underline{A} \cdot \underline{D} \cdot \vec{B}_e^E + \underline{D} \cdot \vec{B}_e^E + \vec{K}_s = (\underline{A} + \underline{I}) \cdot \underline{D} \cdot \vec{B}_e^E + \vec{K}_s \tag{4-16}$$

式中，I 为单位矩阵，该方程中共有 12 个系数（船体感应系数矩阵 $\underline{A}$ 的 9 个元素和固有磁场 $\vec{K}_s$ 的 3 个分量）。将船体在一个已知 $\vec{B}_e^E$ 的点上做 360° 旋转测量，以产生多于 12 个观测值的线性方程，利用最小二乘法来求解船磁系数。这种测量方法中，首先要求一个已知的地磁场值，这在实际测量过程中是难以得到的，通常是在地磁平静地区用 IGFR 计算的正常场近似代替；并通过"8"字形或"O"字形航行来得到正北或正东等特定方位或横摇和纵倾均为零等特定条件下的样本数据来解算船磁系数。

针对式（4-16），以 X 分量为例可展开为：

$$X_s^M = (a_{11} + 1) \cdot X_s^E + a_{12} \cdot Y_s^E + a_{13} \cdot Z_s^E + K_{1s} \tag{4-17}$$

式中，K_{1s} 为船体固有磁场中与 X 分量平行的分量，按照最小二乘方法，式（4-17）可进一步写为：

$$\frac{\partial}{\partial\,(a_{1j},\,K_{1s})} \left\{ \sum_{p=1}^N \left[(a_{11} + 1) \cdot X_s^E + a_{12} \cdot Y_s^E + a_{13} \cdot Z_s^E + K_{1s} - X_s^M \right]_p^2 \right\} = 0 \tag{4-18}$$

这样，对于 $a_{1j}(j = 1,\,2,\,3)$ 和 K_{1s} 4 个未知数的方程可写为：

$$\underline{M} \cdot s\vec{C} = \vec{S} \tag{4-19}$$

其中：

$$\underline{M} = \begin{pmatrix} \sum X_s^E X_s^E & \sum X_s^E Y_s^E & \sum X_s^E Z_s^E & \sum X_s^E \\ \sum X_s^E Y_s^E & \sum Y_s^E Y_s^E & \sum Y_s^E Z_s^E & \sum Y_s^E \\ \sum X_s^E Z_s^E & \sum Y_s^E Z_s^E & \sum Z_s^E Z_s^E & \sum Z_s^E \\ \sum X_s^E & \sum Y_s^E & \sum Z_s^E & N \end{pmatrix}$$

$$\vec{C} = \begin{pmatrix} a_{11} + 1 \\ a_{12} \\ a_{13} \\ K_{1s} \end{pmatrix}, \qquad \vec{S} = \begin{pmatrix} \sum X_s^E X_s^M \\ \sum Y_s^E X_s^M \\ \sum Z_s^E X_s^M \\ \sum X_s^M \end{pmatrix}$$

对于 Y 分量和 Z 分量，可以建立类似的方程。3 组方程一起就可以求解 12 个船磁系数。

第 29 次南极科学考察在普里兹湾外获得船磁三分量校正"O"形航迹试验数据，用以补偿船磁影响，其航迹线数据如图4-25所示。为了更好地显示其形态，对经纬度进行了极地正交投影，中央经度为75°E，原点纬度为90°S，时间为2013年2月19日9∶11∶04至9∶22∶43（GMT时间），直径为0.5 km。磁场测量数据如图4-26所示，一至三行分别为X分量，Y分量和Z分量，最后一行为3个分量合成的总场。姿态测量数据如图4-27所示，一至三行分别为航向角、横摇角和纵倾角。

按照式（4-19）分别求解船磁模型系数，可得船磁感应矩阵为$\underline{A}$，固有磁场为$\vec{K}_s$分别为：

$$\underline{A} = \begin{bmatrix} -1.9379 & 0.3128 & -0.4428 \\ -0.3346 & -1.8995 & -0.0988 \\ -0.0446 & -0.2076 & -0.6955 \end{bmatrix}, \vec{K}_s = \begin{bmatrix} -19755.109 \\ -11405.022 \\ -37805.790 \end{bmatrix}$$

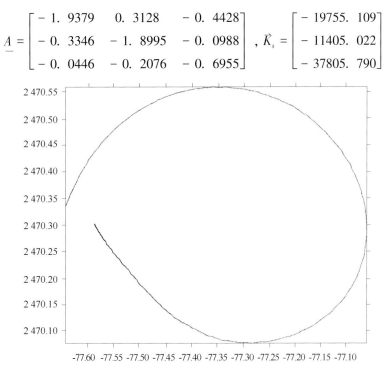

图4-25 第29次南极科学考察船磁校正试验时的"O"形航迹

这样，将已知的船磁感应矩阵$\underline{A}$和固有磁场$\vec{K}_s$代入式（4-16），就可由各条测线上测量的船坐标系下的三分量地磁场$\vec{B}_s^M$得到地理坐标系下的三分量地磁场$\vec{B}_e^E$。图4-28为船磁校正试验三分量合成总场数据船磁补偿前后曲线。可以看到，船磁补偿后总场基本为直线，其中的抖动是其他因素，如船体震动等引起的高频噪声。在实际数据处理时需要进行低通滤波，低通滤波器的截止频率与数据质量及船速等因素有关，一般选为0.0015 Hz（约660s）。

4.2.4 反射地震

传统的海上多道反射地震资料处理分为数据预处理、常规处理与特殊处理三部分。数据预处理主要解编磁盘记录数据的二进制排列顺序、存储格式转换、废炮与废道切除等；常规处理包括野外观测系统定义、抽道集、速度分析、动校正、叠加等处理过程，各处理过程又包括一维二维滤波、能量均衡、数据切除等常规处理手段；特殊处理包括偏移归位、时深转换处理等。

高分辨率反射地震资料处理不仅要满足常规的处理成果要求，还须遵循地震资料的"三

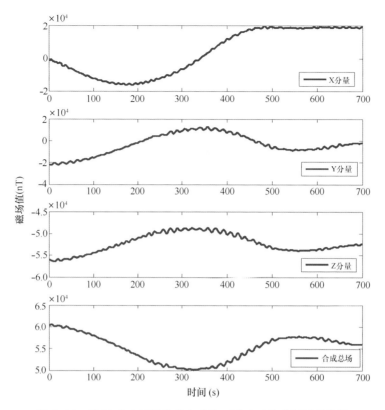

图 4-26　第 29 次南极科学考察磁校正试验时的磁场测量数据

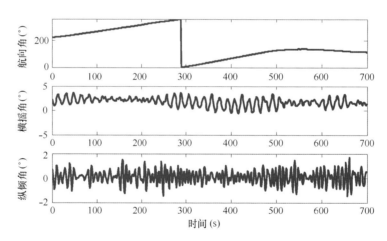

图 4-27　第 29 次南极科学考察磁校正试验时的船体姿态测量数据

高"（高分辨率、高信噪比、高保真度）处理目标。高分辨率与高信噪比是相互依赖又相互对立的技术要求，高信噪比资料是高分辨率剖面的基础，但在处理过程中，采用过度的滤波技术来提高资料的信噪比势必会影响资料剖面的纵横向分辨率。同样，多次采用提高分辨率的处理手段（如预测反褶积等）肯定会带入噪音水平从而减低资料的信噪比，实际处理过程中需要根据资料特点采用适度的处理手段。高保真度处理是比较难以实现的要求，因为任何数字处理方法都会对原始输入信号振幅进行改造，从而破坏了原始信号的绝对振幅（原始值）大小。为了保证后续的岩性岩相属性分析以及地震资料的反演处理有着可靠的数据基

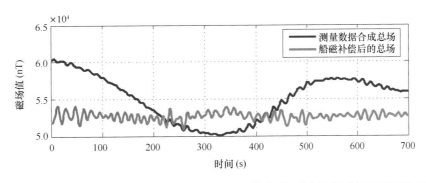

图4-28 第29次南极科学考察磁校正试验三分量合成总场数据与船磁补偿后总场对比

础，如今的高保真处理只能做到相对的保真处理，即要求各种数字处理方法能够保证振幅信号间的相对大小关系，绝对大小（即原始值大小）关系不做要求，这样，高保真处理才能实现。

第29次、第30次和第31次南极科学考察都使用等离子体电火花震源，中心频率约在450 Hz，采集记录的是浅层高分辨率地震剖面数据。以第30次南极科学考察为例，为充分利用电火花震源信号，便于不同接收缆间的资料对比，工作中采用了同一震源，多条缆（1条6.25 m道间距的西安24道缆、1条12.5 m道间距的海德24道缆、1条12单元组合的单道缆）接收的工作方式。处理前通过对不同接收缆间的资料对比以及为达到横向高覆盖率的勘探要求，实际处理时重点分析并处理了西安24道缆的多道数据，而其他缆的数据在西安多道缆接收的资料信噪比较低时，用于对比分析资料情况，特别是单道剖面数据，利用无人工改造处理的简单连续单道数据剖面，可以指导多道数据的最终处理成果。

（1）处理流程

地震剖面数据处理以Sun工作站Linux操作系统为平台，采用公开的SU（Seismid Unix）地震处理模块为常规方法处理工具，兼用自主研发的SeisImage软件和免费软件SeiSee辅助处理。对24道缆接收的单炮记录进行了详细的资料分析与处理，处理所采用的通用流程如图4-29所示。

以上处理流程未按预处理、常规处理等分类，而是在传统处理基本过程的基础上，采用适合实际地震剖面的数据处理流程模块。在实现了高信噪比处理要求的条件下，为满足高保真度处理需求，处理中所采用的各模块除保证振幅间的相对大小关系外，部分处理模块只服务于显示的需要，采用了单对动态内存数据进行处理，而不改变原始数据振幅的大小，这样就可以做到振幅数据的绝对保真处理。所以图4-29中的一维带通滤波在直达波拾取、能量均衡、速度分析与动校叠加等处理中都使用，因为它属动态处理方法，不改变原始振幅大小而只服务于特定处理功能的显示需要。

图4-29中未列出提高纵向分辨率的处理模块，因电火花震源激发的高频带子波，从下面的剖面分析图中可以明显看出，采集的原始炮记录有效频带范围宽，中心频率超过450 Hz，分辨率很高，提高信噪比处理时若没有明显地破坏原始数据高频带信息，提高分辨率的反褶积等处理就显得没必要进行。另外，图4-29中未列出偏移归位与时深转换等特殊处理。偏移归位处理需要准确的偏移速度，在完成了动校叠加后，还需要对剖面进行高精度的噪音压制处理，如随机噪音衰减、多次波压制等，在此基础上再做准确的速度分析处理，此时获得的

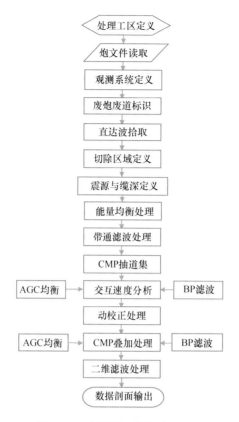

图 4-29　地震剖面数据处理流程

速度资料才可以用作偏移归位处理时的速度场，偏移处理需要根据后续地质解释任务的需要进行。时深转换需要勘探海域的钻孔声速测定资料，若不能获得精准的速度资料与钻孔层位比对信息，时深转换就很难获得准确的结果，因此本次处理就未做时深转换特殊处理。

（2）剖面分析

地震剖面数据处理是以野外采集的原始剖面特点来进行的，即根据原始剖面的有效频带分布范围、剖面信噪比高低等情况采取相应的处理模块和处理参数。若原始剖面存在特殊的干扰噪音，还需单独开发相应模块或应用特殊的处理手段。

图 4-30 是第 30 次南极科学考察多道地震测线部分炮集记录的交互频谱分析，显示该炮集有效频带范围在 120~780 Hz，中心频率 480 Hz 左右。如此高的频带范围，若以半个波长计算纵向分辨率，能够分辨 2 m 内的薄层反射。所以剖面处理中未对剖面做反褶积等提高分辨率的处理。

图 4-30 中的原始炮集记录经频谱分析后，有效频带的带通滤波前、后结果分别显示在图 4-31 和图 4-32 中。通过两图对比发现，滤波前，炮集记录上低频的背景噪音比较强，掩盖了中深部的有效反射同相轴；滤波后，剖面的信噪比有了明显的提高，有效反射能量突出，波组分布明显。滤波后的剖面上存在多层沉积物反射同相轴，而且同相轴的层位信息规整连续，相比滤波前数据质量得到很大提高，为后续处理奠定了很好的基础。

图 4-33 是抽道后 CMP 道集交互速度拾取图，显示高信噪比的 CMP 道集有效反射速度谱能量集中，不同深度范围的反射波组能量团分离明显，这非常便于速度的拾取，拾取后的速度值可以直接用于后续的动校叠加处理。

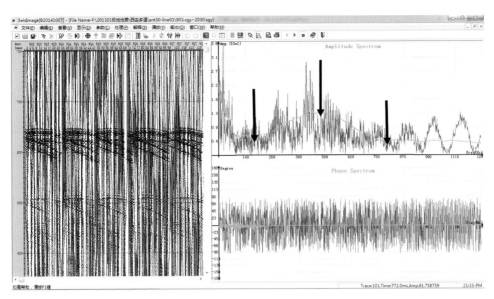

图 4-30　第 30 次南极科学考察典型地震剖面原始炮集记录交互频谱分析

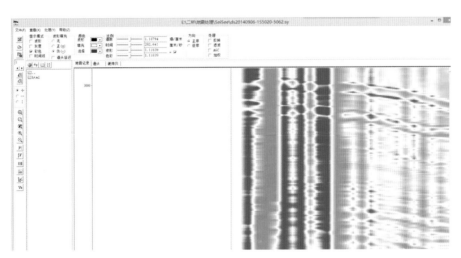

图 4-31　带通滤波前的有效反射波组分布

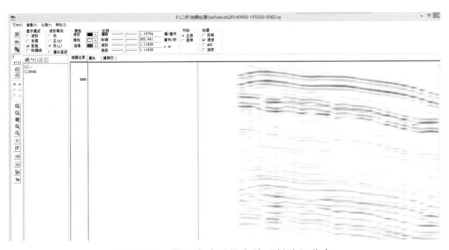

图 4-32　带通滤波后的有效反射波组分布

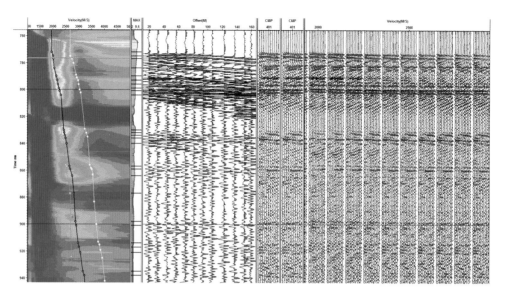

图 4-33　高信噪比 CMP 道集速度分析与交互速度拾取图

图 4-34 是部分叠加剖面结果，剖面上反射层位同相轴连续性很好，不同深度范围的反射层位信息丰富，层理清晰，层位形态与走向清楚，剖面信噪比与地层分辨率都很高，可以直接提供给后续的地质解释人员使用。剖面上存在海底面与其下不同深度范围内的四类波组反射，在第一、第二波组下还存在明显的高斜率低速反射波组。该低速反射波组有可能是不同历史时期的冰川运移与消融时堆积下的松散冰碛物反射，这可以从共反射点叠加剖面上进一步验证。

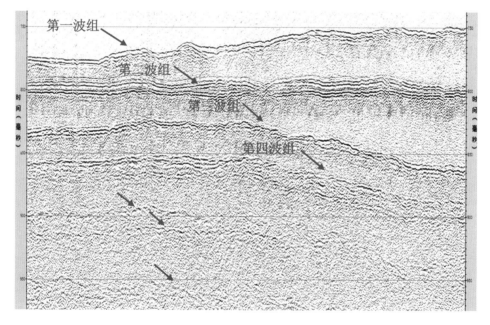

图 4-34　经速度分析拾取后通过动校叠加获得的剖面

4.2.5 海底热流

海底热流数据的处理分为温度数据处理和热导率数据处理，热流值由温度梯度和热导率相乘得到（图4-35）。

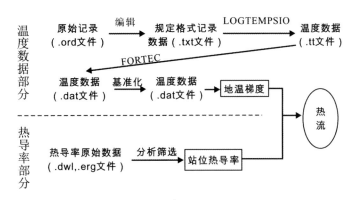

图4-35 热流数据处理流程

4.2.5.1 温度数据处理

温度数据的处理包括以下几个步骤。

（1）电阻值转化为温度值

原始数据文件包含的是随时间变化的电阻值，通过台湾大学海洋研究所提供的温度与电阻转换关系程序（图4-35中LOGTEMPSIO）将数据转换为温度值。用绘图软件（如TEC-PLOT）显示时间与温度关系。

（2）有效温度曲线截取

有效温度曲线指重力柱插入前至拔出后这段时间的温度曲线，是每次热流站位作业时小型温度探针所记录的全部温度数据中的有效部分。对某个站位而言，须把该站位的不同温度探针的曲线进行时间调平，即保证 X 轴（时间轴）一致。同时，也须改正不同温度探针的仪器差，即保证在插入前探针所记录的温度是一致的。

（3）平衡温度的获取和温度梯度的计算

平衡温度的获得有直接读数和线性回归两种方法，我们采用第一种方法获得平衡温度。

利用各探针的平衡温度及其相对位置，可以获得地温梯度。具体操作是通过平衡温度与位置（距刀口距离）的线性回归分析（图4-36），回归系数即斜率就是所求的地温梯度。

4.2.5.2 热导率数据处理

沉积物样品的热导率由TK04型热导率仪测量。热导率的计算采用TK04软件自带的SAM算法进行，部分测量结果经软件自动评估未能得到热导率值，可修改其中一个评估参数LET（从4改为3.5）。

4.2.5.3 热流计算

一般采用Bullard（1954）的方法计算热流值（热流密度）。假定测温段的热流保持不变，

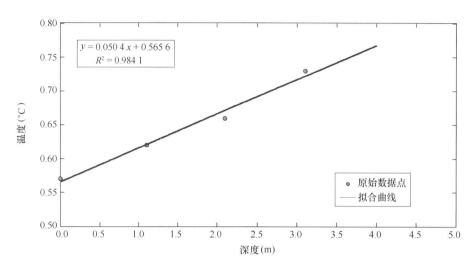

图 4-36　第 29 次南极科学考察 P601 站位平衡温度与深度的线性回归

温度 $T(z)$ 与热阻 $R(z)$ 满足线性关系。

$$T(z) = T_0 + q \times R(z)$$

式中：z 为深度（m）；T_0 为海底温度（℃）；q 为热流密度（mW/m²）。

　　根据以上公式，所得站位的热流密度的计算可以简化为平均地温梯度和平均热导率的乘积（即傅立叶定理）。对所有的测量数据进行数据作图进一步分析数据质量后，挑选可靠热流值，多次测量求平均值作为站位热流值。

4.2.6　海底地震

4.2.6.1　预处理及波形拾取

　　海底地震仪（OBS）记录的原始数据采用每个采样点为 3 个字节的二进制文件格式记录。每个文件大小为 24 576 KB 字节，记录时长为 16 777.216 s，文件名即为该文件开始记录的时刻。

　　对海底地震仪观测数据进行格式转换、震相识别等处理，处理结果显示回收的第 28 次、第 29 次南极科学考察投放的 OBS 观测记录到了清晰的地震信号，数据质量较好。采用 SAC 软件对 OBS 数据进行处理和震相拾取。在处理过程中，首先将原始数据转换成 SAC 格式，然后对照世界地震目录（IRIS 地震目录），对远阵震相进行识别。第 29 次南极科学考察投放的 OBS 记录了超过 7 个月的连续地震波形。通过基本的地震波形分析，对 3 台 OBS 所记录的地震波形进行挑选，图 4-37 给出了挑选后的不同震级和震中距的地震波形实例。可以看出，OBS 记录到的大震数据震相清晰。

4.2.6.2　SKS 波分裂参数测量

　　传统的穿过地球外核和地幔的 SKS 波分裂参数测量分为两个步骤：首先计算海底地震仪的水平分量方位，然后再进行 SKS 波分裂参数测量。OBS 在投放过程中是自由式的，因此其两个水平分量在海底的方位是不确定的。而接收函数、各向异性以及面波频散等研究都需要确切的 OBS 水平分量方位。虽然目前有些 OBS 已安装磁力仪来定位水平分量，但其可能受到地磁偏角或者局部磁场影响。

最常用的 SKS 波分裂参数的测量有三种方法，包括：基于切向能量最小化的最小能量法（SC）、基于快慢波波形相似的旋转相关法（RC）以及协方差矩阵最小特征值法（EV）。其思路分别在于通过网格搜索寻找分裂参数（φ，δt），使得切向能量最小、快慢波的相关系数最大以及快慢波分量协方差矩阵的特征值最小。

由于求取 OBS 水平分量方位的各种方法都存在着一定的局限，而且先获取 OBS 水平分量方位，再进行 SKS 波分裂参数测量，会产生累积误差，降低最终 SKS 波分裂结果的可靠性。

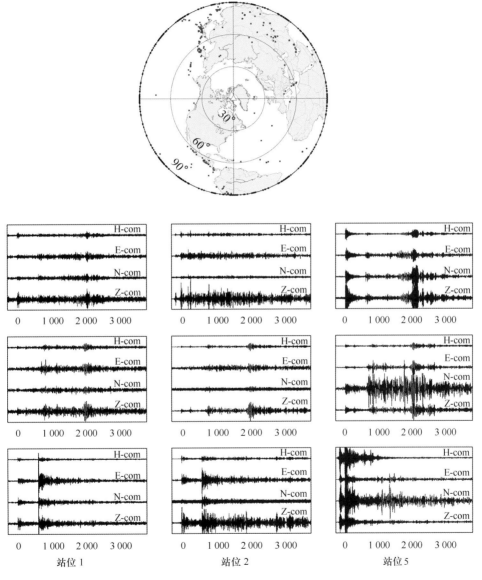

图 4-37　第 29 次南极科学考察投放的 3 台 OBS 地震波形实例

（站位 1，站位 2 和站位 5 分别对应表 4-24 中 OBS1、OBS2 和 OBS5）

在对第 29 次南极科学考察 3 台 OBS 数据处理时，我们将上面两个过程缩减为一个过程，即同时获得 OBS 水平分量方位和 SKS 波分裂参数。用不同的水平分量方位（在 −180°~180°

内扫描）进行多次 SKS 波分裂。根据快慢波运动学特性，当水平分量方位与实际情况相符时，3 种方法得到的 SKS 波分裂参数将满足以下两个条件：①用最小切向能量方法求取 SKS 波分裂得到的切向能量具有全局能量最小；②用最小切向能量方法和最小特征值方法所获得的 SKS 波分裂结果相同。这样，OBS 水平分量方位下的 SKS 分裂参数为所求的结果，OBS 水平方位和 SKS 分裂结果互相约束，提高了所求结果的可靠性，如图 4-38 所示。

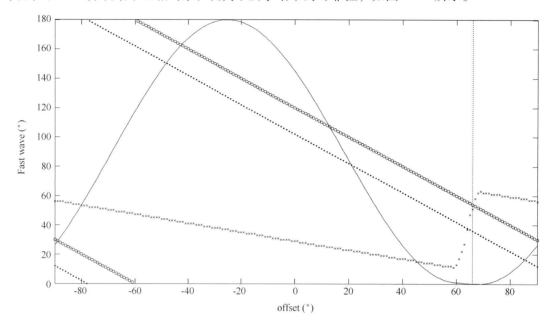

图 4-38　OBS-站位 1 水平分量方位和 SKS 波分裂参数求取实例

（横坐标为快波方向，纵坐标为 OBS 水平方位）

从图 4-38 中可以看出，OBS 水平分量方位与真北方向的夹角为 66°，快波方向为 56°。采取上述方法，我们获得了第 29 次南极科学考察 3 台 OBS 的水平分量方位及上地幔各向异性参数。

4.3　质量控制与监督管理

根据从外业到内业的质量控制总纲，下面简述各个专业在外业采集和内业处理方面的质量控制过程。

4.3.1　定位与水深

GPS 定位关键要保证天线没有物体遮挡，能够接收到卫星信号，特别是在极地，卫星覆盖本来就相对较少，物体遮挡导致不稳定情况的出现。经综合考虑，后甲板磁力、反射地震和 OBS 设备所用的 GPS 天线安装在直升机起降平台下到后甲板的梯口，为了避免机库遮挡，GPS 天线适当靠近尾部区域，并根据接收到的卫星数，调整位置。

在整个航渡过程中，尽可能使测深仪保持正常工作状态。偶尔，生物实验室断电、无菌操作间人为干扰或采集和显示终端自动退出，会造成水深数据采集中断，但由于水深数据能实时上传至"雪龙"号局域网，通过航行动态页面可实时监控测深仪工作状态；又因物理海洋实验室内有专人照看 EA600 采集和显示终端，水深数据采集中断会得到及时纠正，各航次水深数据遗漏的比例均不足 0.5%。

测深数据追踪出错的可能性主要有三种情形：一是水深变化快，实际水深已不在原先设置的 Minimum Depth 和 Maximum Depth 的门限范围内，这时采集的水深可能为零或变为不正常，可及时调整门限范围纠错；二是在西风带等极差海况或冰区破冰航行时，噪声信号掩盖水深信号而严重影响测深数据质量，受影响的程度正比于海况或冰况的级别，这种情况下只能收缩 Minimum Depth 和 Maximum Depth 的门限范围，尽可能聚焦实际水深；三是南极陆架水体界面明显或水浅时出现海底多次波，Minimum Depth 和 Maximum Depth 的门限范围过大有可能出现假水深（水体界面或海底多次波），通过收缩 Minimum Depth 和 Maximum Depth 的门限范围，聚焦实际水深就可消除这种情形，即使没有及时纠正，由于保存的水深数据除了 TXT 文本文件外，还有 Echogram 格式的原始数据和界面追踪位图，后处理重追踪仍能恢复实际水深。这三种情形导致水深数据出错的比例不足 4.5%。

综上，各次考察整个测线测量及航渡有效水深数据达到 95%。

由于每次靠码头或锚泊前、后都进行吃水量取，并从考察区块 CTD 中抽取声速剖面，水深数据处理步骤包括编辑删除错误及跳点数据、吃水改正和声速剖面改正，有效保障了水深数据的精度。同时，编辑抽取的测线水深数据与测线重力异常、国际上共享的 GEBCO 或针对南极的 IBCSO 网格水深数据对照，水深数据的可靠性得到充分保障。

4.3.2 重力

（1）基点比对

2011 年 10 月 28 日，在第 28 次南极科学考察起航前，在上海极地码头建立了重力基点。在第 28 次至第 31 次南极科学考察的起航、返航、中途停靠与补给时，均认真测量与填写基点比对日志，表 4-12 列出各航次的重力基点比对情况。第 28 次南极科学考察，重力仪月均掉格 2.96 cu（$1cu = 0.971\,341\,8 \times 10^{-5}$ m/s²）；第 29 次南极科学考察，重力仪月均掉格 0.43 cu；第 30 次南极科学考察，重力仪月均掉格 -2.98 cu；第 31 次南极科学考察，重力仪月均掉格 4.32 cu。此 4 个航次的重力仪月均掉格均小于 5×10^{-5} m/s²，符合相关标准要求，调查数据有效。

表 4-12 各次南极科学考察重力基点比对表

航次	时间（上海极地中心码头）	重力格值（cu）	差值（cu）	月均掉格（cu）
第 28 次	2011 年 10 月 29 日	10216.52	15.80	2.96
	2012 年 4 月 8 日	10200.32		
第 29 次	2012 年 10 月 30 日	10232.20	2.30	0.43
	2013 年 4 月 8 日	10229.90		
第 30 次	2013 年 11 月 4 日	10197.90	-16.20	-2.98
	2014 年 4 月 13 日	10213.70		
第 31 次	2014 年 10 月 30 日	568.37	-23.48	-4.32
	2015 年 4 月 9 日	541.88		

（2）仪器操作和数据采集要求

重力仪实验室位于"雪龙"号中部底舱，这是"雪龙"号晃动相对最轻的位置。为了满足重力仪对环境温度和湿度的要求，特地在重力仪实验室安装了空调，以控制实验室的温度和湿度。重力仪固定于实验室中部，实验室禁止堆放杂物，相关设备及桌椅均用绳索牢牢绑定，以免过西风带时倒塌。重力仪要在起航前一周开机运行，在正常工作期间尽量不执行其他操作，以免干扰数据的正常采集与记录。

在整个航次中，重力仪实验室均由专人负责，每日定时查看并记录班报。仪器操作规程及注意事项均贴于实验室明显处，严格按照操作规程进行仪器的操作，严格实行班报记录，并由技术负责人签字。

设置备份电脑，进行重力数据的实时备份。重力数据每隔几日定时拷入硬盘保存。

（3）数据质量检查

由于在测量过程中经常出现停船、船加速或减速、避障或测线更换转向等现象，重力的测量受到一定的影响，为消除这些影响，需要对所计算的重力异常进行重新检查。通过绘制测线航迹图和平面剖面图，对照重力原始模拟记录、重力值班日志以及定位值班日志检查，将停船、船加速或减速、避障或测线更换转向线段予以删除。

由于"雪龙"船吨位较重，具备较好的抗浪能力，即便海面可见少量浪花但没有涌浪的情况下，"雪龙"船仍感觉不到明显的晃动。这时，交叉耦合校正（CC）在零值附近小幅变化，厄特沃斯校正（EC）和总校正（TC）也相对平滑，重力数据的波动也较小，重力数据随时间的变化曲线较为平滑，如第29次南极科学考察"雪龙"号第四次穿越西风带后的情况比较理想（图4-39）。南大洋大部分的走航过程主要是在穿越西风带，这里一般是Ⅳ级海况，浪花飞卷，风速较高，且涌浪较大，船舶晃动明显。受此影响，重力数据变幅较大，其时间曲线呈起伏波状，数据质量无法保证，不能使用。

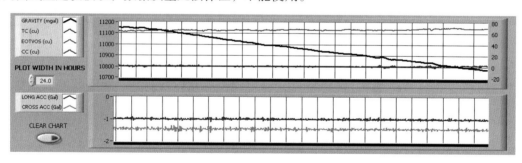

图4-39 第29次南极科学考察穿越西风带后良好海况下的重力数据变化曲线

在浮冰区内，由于船舶不断受到浮冰的猛烈撞击，船体震动剧烈，数据质量相对最差，重力数据随时间呈陡峭的锯齿状变化（图4-40）。在由中山站到罗斯海新站选址点的走航过程中，"雪龙"船在浮冰区外缘航行，基本上沿冰间水道航行，航向依据水道走向不断调整，并且不时受到浮冰撞击，导致观测数据波动明显，数据也是无法使用。

第28次至第31次南极科学考察海洋重力仪在船坐标系中和相对GPS天线的位置在测量前后都固定不变，便于重力仪位置校正。航次期间每次靠码头或锚泊前、后都进行重力比对测量、记录班报，同步量取吃水，监测仪器掉格情况，便于后处理高程改正。针对航次海况和仪器型号不同，设置和记录了相应的重力仪的QC滤波重力值的滤波时间窗口大小，后处

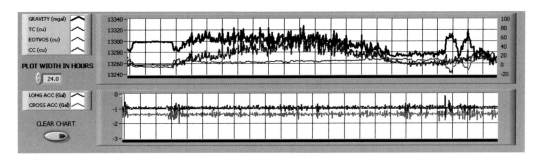

图 4-40 第 29 次南极科学考察进入浮冰区躲避气旋时重力变化曲线

理采用其 1/2 的延迟时间常数。

4.3.3 地磁

4.3.3.1 拖曳式地磁

携带的磁力仪在每次出海前均经过了仪器设备检定，海上使用期限符合检定有效期。并且在实验室对设备进行了通电测试和调试，以满足设备在南极较大的磁倾角地区的调查工作。"雪龙"号船长 167 m，而且本身又是一个较强的电磁干扰源，根据国家标准和极地调查规程的要求，需要磁力仪拖曳缆在 3 倍船长以上，因此每次南极航次配备至少 600 m 长的海洋磁力拖曳缆，并在测量班报中记录下每次拖曳长度的变化情况。第 29 次南极科学考察获得的"雪龙"号船磁八方位变化曲线表明，船磁影响基本在 ±10 nT 以内（图 4-22），满足了地磁测量的要求。

由于船尾拖曳测量设备中，磁力仪是拖曳长度最大的，因此受海冰和其他设备干扰也是最大的。为了了解探头的拖曳深度和保证安全，要正确输入探头深度的比例和偏差系数。特别在拖曳测量过程中，专人在后甲板瞭望，与驾驶台、地球物理实验室和物理海洋实验室保持密切联系，及时了解船只停机降速、海面周围目标和水深变化情况，如果海面情况复杂或一旦信号出现异常，随时准备收取拖缆。

专业组长在每个航次前对全部作业人员进行现场技术培训，每一条测线结束后，及时检查数据资料质量和备份原始数据。为了严格推算磁力数据采样点的位置，量取拖缆的释放长度和船尾拖曳点相对于 GPS 天线的纵、横向距离，定期进行磁力仪与 GPS 时间的比对登记。值班人员严格按仪器设备操作步骤、值班注意事项进行值班和填写值班报表。

测量过程中船只尽量沿布设测线呈匀速航行，保持 5 kn 或 10 kn 速度，偏线基本在 20 m 以内。上线时提前 20 min 对准测线，下线时沿测线延长 5 min，当船只遇障碍转向、变速航行时，只能做缓慢修正，值班人员做好记录。

4.3.3.2 三分量地磁

在第 29 次南极科学考察中，前期船载地磁三分量采用全程记录的测量方式，后期因开机时间长，由赤道到极地地区气温变化大，磁力传感器出现不稳定的情况，数据跳点较多，停机一段时间后再开始记录会有改善。

在第30次南极科学考察中，为了有效发挥船载地磁三分量测量系统的效能，在来回南极的航渡过程中不工作，仅在执行海洋地球物理测线调查、综合海洋考察、冰区边缘和内部的绕南极航渡中进行测量，以对照拖曳地磁测量数据、弥补冰区边缘和内部地磁场数据缺乏的问题。

在第29次南极科学考察正式测量开始前，我们对船载地磁三分量传感器和总场测量传感器进行了对比测试（图4-41）。黑线表示总场测量传感器测量的总场结果，蓝线表示船载地磁三分量传感器测量合成的总场，共在晚上11时至第二天凌晨6时地磁场较为平静期间进行7 h对比测量。可以看到，两条观测曲线基本同步变化，在7 h内漂移不超过1 nT。但三分量合成的总场高频信号比总场测量传感器测量的总场偏多，表明其更容易受外界的环境噪声扰动。

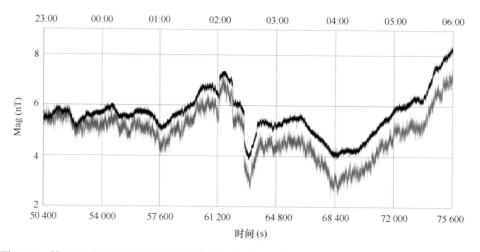

图4-41　第29次南极科学考察正式测量前船载地磁三分量传感器和总场测量传感器对比曲线

黑线为总场测量传感器测量的总场结果

4.3.4　反射地震

地震系统是一个复杂易损耗的系统，在极地又受低温、浮冰影响，而且一旦出现问题无法及时由服务商提供技术支撑，在硬件维护和质量控制方面，给现场考察队员带来了更大的挑战。第29次南极科学考察使用了一套单道地震接收缆和一套多道地震接收缆的备份方案，第30次、第31次南极科学考察使用了一套单道地震接收缆和两套多道地震接收缆的备份方案。在此基础上，第32次南极科学考察准备增加气枪震源替代等离子体电火花震源，等离子体电火花震源成为备份方案。每次在确保震源万无一失的前提下，总有地震接收缆不是在水下、就是在甲板上出现问题，但是总有一套电缆在采集数据，保证了数据的完整采集，证明备份方案的考虑是正确的。

每次作业前，检查甲板缆与接收终端、接收拖缆之间的连接状况，防止因漏电或其他原因造成的干扰，并防止导航计算机与触发器串口可能带来的电磁干扰。在每条测线开始和结束时都要在无震源发射情况下，接收一段数据，以便测试船震动和各种干扰信号的频谱范围，便于在后处理滤波时更合适地去除这些噪音和船上50 Hz的电源干扰。

地震数据受海况、水深和船速的影响较大。海况越好，对接收电缆的扰动越小，越有利于地震数据的接收，噪音也相应更小。船速对地震电缆的影响是多方面的，船速越快，尾流越大，螺旋桨噪音也越大，地震电缆的姿态更难保证，因此为确保地震数据质量，船速越慢越好。在保证数据质量的前提下，考虑经济性，地震作业速度应不大于 5 kn。水深对地震数据影响也是多方面的，水深越深，地震波衰减就越厉害，地震电缆接收的反射信号就越弱，这时电火花震源的发射功率相应加大，而为了保证电容柜充电时间，炮间距也相应增大。另一方面水深越深，对地震电缆的灵敏度要求、长度要求也相应地提高，使得 24 道地震接收缆数据质量明显优于单道地震接收缆。电火花震源的发射功率在陆架上保持在 6 000 J 左右，在陆坡上保持在 10 000 J 左右，在海盆内保持在 15 000 J 左右。

相比于其他区域进行地震作业，在极地还面临海冰的威胁。为保证数据质量和仪器的安全，在地震作业前设计多种预案。如遇密集海冰，则在确保航向的基础上适当偏离避开海冰。

在实际工作过程中，为确保地震数据采集的质量，在地震作业过程中，所有地震相关仪器都采用 24 小时值班制，且必须半小时记录一次班报表，确保所有仪器记录数据真实有效。班组长定时对班报进行检查，并记录好工作日志，对出现的问题进行记录，为后续地震数据处理提供参考。实时监控（图 4-42）也能够在仪器出现问题时，第一时间解决问题，节省船时。在出现某种干扰、漏炮或一些需要处理解释注意的现象，把实时监控界面抓图保存下来，抓图文件一一编号、登记和注明现象，便于现场和室内的处理解释。

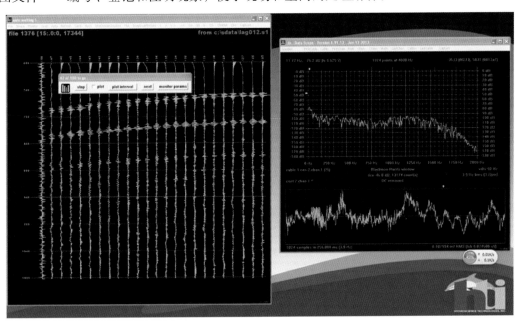

图 4-42　第 30 次南极科学考察 24 道反射地震数据质量监控软件界面

4.3.5　海底热流

对于单个站位的温度测量，温度探针记录的温度曲线可能受到诸多因素的干扰而不足以给出合格的温度曲线。这个测量过程是不可重复的，并且造成不成功的很多因素往往是不可见的（如插入角度不合适，放缆不够和船移动导致的提前拔出和松动等）。因此，在实际作业中，我们对温度测量的质量控制分为两个方面：一是严格按照操作规程，在现有海况和底质情况下作出最合理的操作；二是对单次测量数据，下水前进行温度探针的通讯和记录试验，出水后立刻进行数据下载，并对不同温度探针记录的数据质量进行初步比较以便排查温度探针是否出现故障。

热导率测量的质量控制主要是对环境温度的控制，注意避免环境温度的干扰。对每个样品的多次测量，可以通过软件界面监控每次测量的 TC、LET、CV 等值。如发现不能测得热导率的情况，可以更换到环境温度变化更小的地方进行测量。

对于一个热流测站，在不少于两个温度探针获得合格的温度曲线和几次热导率测量值稳定且接近的情况下，就可以由温度梯度和热导率的平均值乘积得出该测站的热流值。

4.3.6 海底地震

每台 OBS 在登船之前都经过了安装及各项功能的检测，OBS 的安装严格按照设计方案进行，并特别在释放器及浮球上加装了牺牲阳极。投放前两到三天进行安装、检测和充电。投放前还要对 OBS 的内部电池及工作情况进行检测。

（1）投放前测试检查

声学释放检测应最先进行，收到释放指令的应答信号后即测量两组电极。确认每组释放指令对应的电极都能加电。

在关闭蓝牙设备，进入工作模式之前，将充电控制线拔去。充电控制线拔去后及时插上盲头。

发送交互指令后，刷新"实时状态"确认。

同步时钟后，不要再做"初始化时钟操作"。仔细确认时控释放时间。

舱压如果在 0.9 大气压以上，说明舱球已漏气不能投放。

启动采集前先打开 GPS，待 GPS 锁定后再同步时钟，若数分钟后未跳出"GPS 锁定"对话框则可刷新"实时状态"；如还没锁定，可以关掉 GPS 再重新打开。

启动采集后确认检波器已经开启。

特别注意，OBS 在海底要停留一年以上，因此在交互设置程序的采集器参数设置中，将宽频采样率 125 Hz 调为 50 Hz，以延长设备工作时间。OBS 自动释放时间设置在两年以上，保留两次南极科学考察主动回收的机会。

（2）投放安装

首先确认仪器已关掉了蓝牙设备。

注意 OBS 安放到架子上的方向。

每条系缆的松紧程度要尽量一致。

有缆释放时要经常测距，确认水声通讯有效。

投放后，最好多点测距，并估算仪器着地坐标。详细记录释放时间、释放码、测距码、入水位置坐标和水深等信息（表 4-13）。

表 4-13　第 29 次南极考察投 OBS 基本信息表

释放序号	释放时间（GMT）	入水点坐标	释放码			测距码			附近站位	水深（m）
			双码（AR8XX）		单码	双码（AR8XX）		单码		
			前导码	释放码	AR6XX	前导码	释放码	AR6XX		
1	2013-02-14 03：20	72°59′46.78″E 65°58′5.105″S	09FA	0955	38B3、38B4	09FA	0949	38B1	P5-3	2600
2	2013-02-16 17：09：30	72°46′49.070″E 67°58′20.630″S	09FB	0955	3877、3878	09FB	0949	3875	P5-10	676.5
3	2013-02-17 18：39：30	72°54′23.380″E 67°29′08.277″S	09FD	0955	3807、3808	09FD	0949	3805	P5-9	600
4	2013-02-18 09：46：30	72°59′54.052″E 66°57′59.669″S	0806	0855	38D7、38D8	0806	0849	38D5	P5-7	506.9
5	2013-02-18 10：48：23	72°54′40.155″E 66°28′28.607″S	09FC	0955	383D、383E	09FC	0949	383B	P5-4	1536.2

（3）回收步骤

为了尽可能回收第 29 次、第 30 次南极科学考察投放的 OBS，特制定了以下回收步骤：

当船到达 OBS 投放点上风向 1 km 处，停车，关闭发动机、螺旋桨及其他一切声学设备（如多波束、ADCP 等）。确认停车并关闭螺旋桨后，在无螺旋桨一侧放甲板单元探头，深度保证应深过船底 2 m 以上。

按甲板单元操作说明发送对应台站的释放命令和测距命令，并记录下释放时间。多次测距，确认 OBS 开始上浮后，计算出上浮速度和到达水面的时间，收起甲板单元探头至室内（防止冻结）。

在 OBS 到达水面前 10 min，全组人员分别到船最高甲板、船尾进行瞭望，寻找 OBS。找到 OBS 后，通知驾驶台，动车前往打捞，借助风速和流速的差异，让船切向 OBS，完成打捞。OBS 到甲板后，记录回收点坐标，通知开船至下一站位，完成 OBS 冲淡水，拆卸白板等，等待下一个台站的打捞工作。

对一台 OBS 的打捞工作大于 12 h 且尝试尽一切能做的方法后未成功，放弃打捞（如有需要，与国内联系并商讨是否放弃），并做好记录。

4.4　数据量统计与总体评价

4.4.1　水深

每个航次测深仪全程采集数据。由于航渡过程中船速较快（通常达 16～18 kn），不时会出现水深跟踪出错的情形，在破冰的过程中水深信号易被噪声信号掩盖，因此有效测深数据的连续性受到影响，但总体缺失不会超过 5%。为此，我们只统计地球物理测线作业时的有效测深数据，测线公里数和数据量列于表 4-14。

表 4-14　各次南极科学考察测深数据量统计

南极科学考察	原始数据量（MB）	测线长度（km）	成果数据量（MB）
第 28 次	242	1375	13.1
第 29 次	457	2443	22.5
第 30 次	215	664	13.4
第 31 次	317	409	14.2

我们把各次南极科学考察的水深测线数据按不同调查区域分别绘制了平面剖面图（图 4-43、图 4-44 和图 4-45），显示数据质量较好。

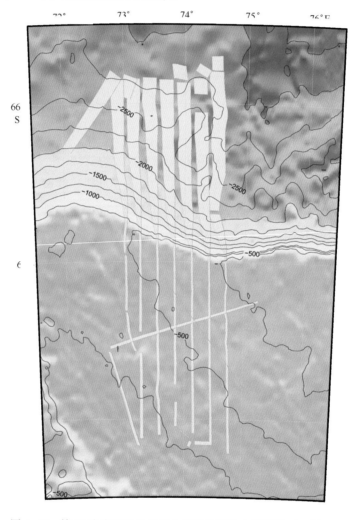

图 4-43　第 29 次南极科学考察在普里兹湾的水深测线平面剖面图

在 4 个航次中，第 28 次、第 29 次南极科学考察由于获得相对多的船时，完成完整的测网测量，水深数据比较规则，能够制作水深平面图，而第 30 次、第 31 次南极科学考察船时不够，实测数据不足以制作水深平面图。为研究需要，专题组只能收集整合了重点考察区及周边更多的公开水深数据。水深数据主要来源于南大洋国际水深图（IBCSO），这是第一套环整个南极的无缝南大洋水深网格数据（Arndt et al., 2013）。IBCSO 的网格间距为 500 m×500

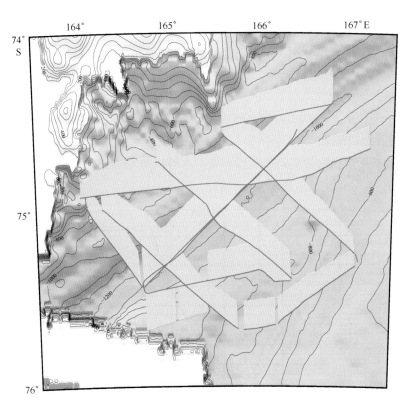

图 4-44　第 30 次、第 31 次南极科学考察在罗斯海特拉诺瓦湾的水深测线平面剖面图

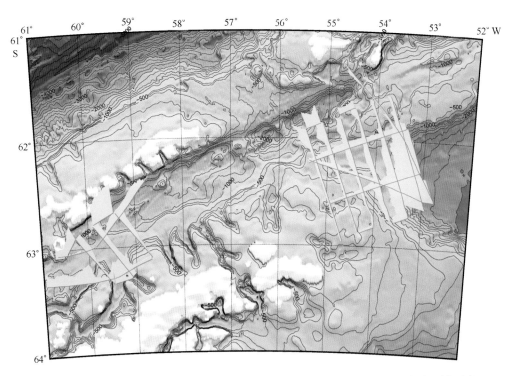

图 4-45　第 28 次、第 30 次南极科学考察在南极半岛附近海域的水深测线平面剖面图

m，WGS84 椭球，其中约 98% 是多波束数据，剩余的 2% 是来自单波束、海图的数字化数据，或包含多种来源的数据集，大约 17% 的多波束网格单元是有真实水深数据作为控制。沿测线进行二维解释推断时，水深数据是采用航次实测的，如沿测线计算布格重力异常完全使用测线上的实测水深数据；而进行区域性解释推断时，我们只能使用 IBCSO 网格水深数据。为了确保两者之间解释推断不矛盾，沿所有测线抽取 IBCSO 水深数据进行实测与 IBCSO 水深数据之间的对比，一则验证 IBCSO 水深数据的可靠性，二则确保实测水深数据没有错误数据。如由图 4-46 可以看到，第 29 次南极科学考察获得的 PL04 测线实测水深具有明显、可靠的细节特征。IBCSO 水深数据的变化趋势基本可靠，在坡折带和坡脚带有所偏离，相差约 100 m，为总水深的 4%；在陆架浅水区两者基本一致。

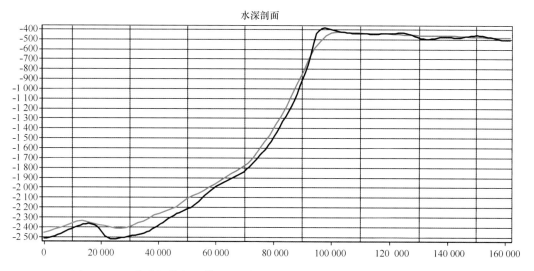

图 4-46　网格水深数据和第 29 次南极科学考察 PL04 测线实测水深数据对比

（红线为网格数据，黑线为实测数据）

4.4.2　重力

通过第 28 次、第 29 次、第 30 次和第 31 次南极科学考察的执行，在南极周边海域共采集了 4 804 km 的重力测线（表 4-15），另外在南大洋附近海域共采集了超过 55 000 km 的航渡走航重力数据。

表 4-15　各次南极科学考察重力调查数据量统计

南极科学考察	测量仪器	记录天数（d）	数据量（GB）	月均掉格（10^{-5} m/s^2）	测线里程（km）
第 28 次	L&R-S133	163	2.61	2.96	1 375
第 29 次	L&R-S133	166	2.64	0.43	2 356
第 30 次	L&R-S133	160	2.58	-2.98	664
第 31 次	KSS31M	163	2.61	-4.32	409

通过基点比对及交点误差分析（表 4-16 至表 4-18），第 28 次、第 29 次、第 30 次南极

科学考察的重力数据均为有效数据。我们把各个航次的水深测线数据按不同调查区域分别绘制了平面剖面图（图 4-47、图 4-48 和图 4-49），显示数据质量较好。

表 4-16 第 28 次南极科学考察南极半岛附近海域重力测量交点误差统计表 10^{-5} m/s^2

	L10	L11	L11X
L1	-10.45	-12.9	—
L2	-7.57	-7.43	-7.62
L3	-4.43	-15.99	-9.53
L4	3.31	-0.58	0.89
L5	0.74	0.73	-1.46
L6	-0.03	-1.84	-1.66

注："—"表示无交点；标准方差：5.50×10^{-5} m/s^2。

表 4-17 第 29 次南极科学考察普里兹湾附近海域重力测量交点误差统计表（平差后）

10^{-5} m/s^2

	PL12	L1	PL11	PL13
PL06	0.2	—	-0.4	0.1
PL01	0.6	-0.4	-0.5	0.3
PL02	-0.5	0.3	0.4	-0.1
PL03	0.5	-0.1	-0.1	-0.4
PL04	0.1	-0.3	-0.3	0.1
PL05	—	—	0.2	0.1
PL07	-0.2		0.2	-0.3

注："—"表示无交点；标准方差：0.32×10^{-5} m/s^2。

表 4-18 第 30 次、第 31 次南极科学考察罗斯海重力测量交点误差统计表 10^{-5} m/s^2

	L1	L2	L3	L4	L5	L6
C1	-5.25	7.16	5.58	0.44	4.62	—
C2	-0.31	7.76	9.25	9.24	-3.88	-1.28
C3	7.95	0.07	3.10			0.62
C4	1.10	-1.78	-0.10	2.69	-0.95	-2.47
C5	6.29		1.75	-1.61		

注："—"表示无交点；标准方差：4.23×10^{-5} m/s^2。

L&R SII 型海洋重力仪具有数据精度高且保证自动采集的优点，然而实测数据质量的好坏还受海况、浮冰、导航等客观因素的影响。在"雪龙"号受南极浮冰或大风大浪影响剧烈震动时，数据会随时间呈陡峭的锯齿状变化，这部分数据需要从有效测线数据中剔除。

4.4.3 地磁

4.4.3.1 拖曳式地磁

第 28 次至第 31 次南极科学考察获得的拖曳式地磁测量数据统计列于表 4-19。

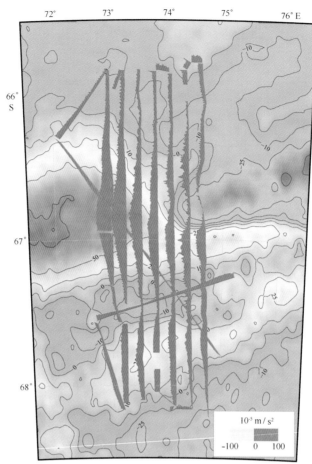

图 4-47　第 29 次南极科学考察在普里兹湾的重力测线平面剖面图

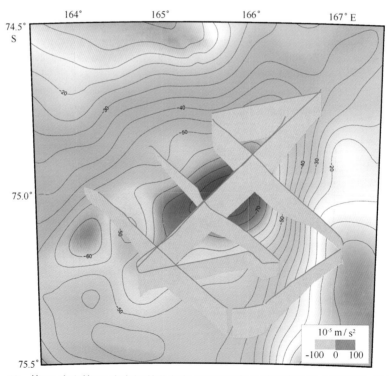

图 4-48　第 30 次和第 31 次南极科学考察在罗斯海特拉诺瓦湾的重力测线平面剖面图

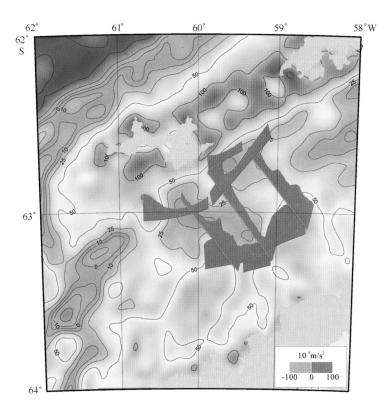

图 4-49　第 30 次南极科学考察在南极半岛附近海域的重力测线平面剖面图

表 4-19　各次南极科学考察拖曳式地磁测量数据量统计

南极科学考察	原始数据量（MB）	测线长度（km）	成果数据量（MB）
第 28 次	360	1111	23.8
第 29 次	764	2443.1	49.5
第 30 次	252	736	18.3
第 31 次	27.8	78	1.2

　　第 28 次南极科学考察测量记录数据采样时间间隔为 1s，共获得地磁调查数据点 222 353 个，删除信号值低于 400 的数据点以及删除避船、船只转弯时的资料，有效数据为 208 788 个，占总数据的 93.9%。第 28 次南极科学考察拖曳地磁数据未进行日变改正。

　　由于极地恶劣的气候环境，如低温、暴雪、海面浮冰等因素，增加了第 29 次南极科学考察普里兹湾附近海域海洋拖曳地磁测量的风险系数。排缆绞车受恶劣天气影响出现故障，给后续的收、放缆带来很多麻烦。另外，"雪龙"号安排的海洋考察时间不足。尽管如此，第 29 次南极科学考察地磁测量记录的数据采样时间间隔为 0.2 s，共获得地磁数据测点 2 405 053 个，删除信号值低于 400 的数据点以及删除避船、船只转弯时的资料，有效点数为 2 213 892，占总数据的 92.05%。总测线长度为 2 443.1 km，成果数据容量为 49.5 MB，采用中山站地磁观测数据进行日变校正。

　　第 30 次南极科学考察地磁测量记录数据采样时间间隔为 0.2 s，共获得磁力调查数据 258 117 个，删除信号值低于 400 的数据点以及删除避船、船只转弯时的资料，有效数据为

256 097，占总数据的 99.2%。在罗斯海地区有 6 条测线，总长度为 319 km；在长城站欺骗岛附近海域有 7 条测线，总长度为 417 km。两个区域的测线均只有 3 个交点。第 30 次南极科学考察分别在维多利亚地新建站选址和长城站进行了地磁日变观测。在罗斯海，我们设置了 OBM 地磁日变站，但由于在岸上的时间受限，数据记录长度不足以判断地磁日变是否正常；而长城站地磁日变观测滞后于欺骗岛附近的地磁测量，无法采用我们自己观测的地磁日变数据。最终我们采用乌克兰设置于南极半岛的维尔纳茨基（Vernadsky）台站（IAGA 代码为 AIA，纬度：64.3°S，经度：65.3°W，海拔：11 m）的数据进行日变改正。

第 31 次南极科学考察地磁测量记录数据采样时间间隔为 1 s，共获得磁力测线 2 条，总长度为 78 km，两条测线无交点。地磁日变采用新西兰设置于罗斯岛附近的斯科特基地（Scott Base）的网络数据，台站 IAGA 代码为 SBA（166.800°E，77.800°S），其数据未经过质量控制，噪声较大。通过网络下载了 SBA 台站 2015 年 1 月 1 日至 1 月 20 日共 21 天的日变数据，去除了日变数据跳点和空白点。日变基值取测区工作期间平静日每天 23 时的平均值作为全区日变改正的基值，并对正常日变及磁扰进行了分离。地磁日变幅度在该时间区间内一般超过 120 nT，本次项目外业数据采集期间无磁暴发生，测量数据有效。

我们把各个航次的水深测线数据按不同调查区域分别绘制了平面剖面图（图 4-50、图 4-51 和图 4-52），显示数据质量较好。

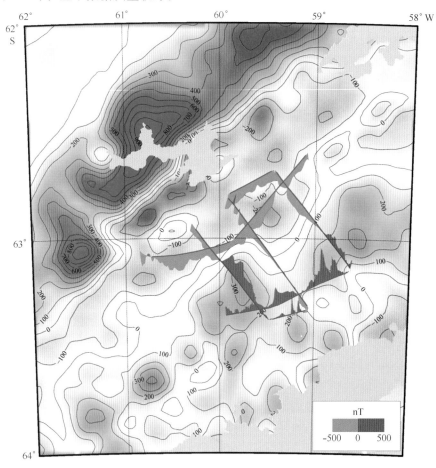

图 4-50　第 28 次南极科学考察在南极半岛附近海域的拖曳地磁测线平面剖面图

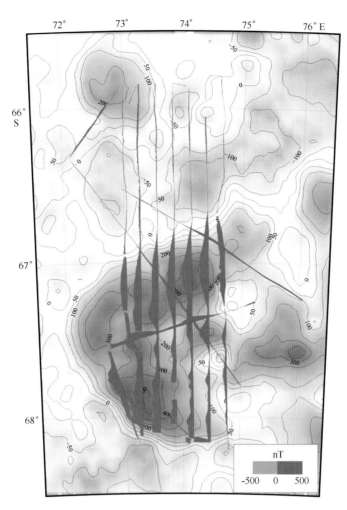

图 4-51　第 29 次南极科学考察在普里兹湾的拖曳地磁测线平面剖面图

4.4.3.2　三分量地磁

第 29 次至第 31 次南极科学考察获得的地磁三分量数据统计列于表 4-20。

表 4-20　各次南极科学考察地磁三分量采集数据量统计

南极科学考察	原始数据量（GB）	测线长度（km）	成果数据量（MB）
第 29 次	1.17	1290.6	21
第 30 次	1.4	736	24
第 31 次	3.7	409	20.4

在第 29 次南极科学考察中，船载地磁三分量采用全程记录的测量方式，从 2012 年 10 月 30 日出港后的 5 个月内共采集了 1.17 GB 的数据，总长度约 2.8×10^4 km。其中在普里兹湾外海域完成综合地球物理测线 2 443.1 km，由于在航次测线期间，部分地磁三分量数据丢失，获得地磁三分量数据 1 290.6 km，数据成果量 21 MB。

在第 30 次南极科学考察中，为了有效发挥船载地磁三分量测量系统的效能，在来回南极的航渡过程中不工作，从进入极圈开始观测，到离开南极圈的 3 个多月的时间里，完成环南极走航地磁三分量数据采集 17 000 km。其中，在 2013 年 12 月 25 日至 2014 年 1 月 7 日的救

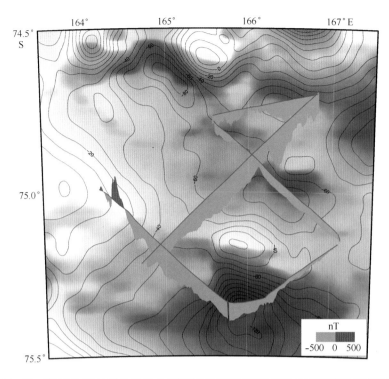

图 4-52　第 30 次南极科学考察在罗斯海特拉诺瓦湾的拖曳地磁测线平面剖面图

援及被困的这个阶段，是历次南极考察最接近南磁极的一次机会，船载地磁三分量测量系统全程观测记录了这个阶段的地磁场三分量数据，南磁极附近的垂直分量明显增大，超过 70 000 nT，在这里获得了这次环南极航渡过程中最强的地磁场数据，成为被困期间科学考察的一个"意外收获"；在 2014 年 1 月 26—28 日欺骗岛附近记录到地磁场垂直分量下降到 35 000 nT 以下，在极区附近海域获得了少有的极低地磁场数据。

在第 30 次南极科学考察中，从 2013 年 12 月 22 日到 2014 年 3 月 6 日 3 个多月的时间内共采集了 1.4 GB 的数据，其中在南极半岛附近海域和罗斯海完成 736 km 的测线工作量，对测线部分数据进行处理，获得 24 MB 的成果数据。

在第 31 次南极科学考察中，从 2014 年 10 月 28 日"雪龙"号极地科学考察船从上海出港后到 2015 年 1 月 15 日两个半月的时间内共采集了 3.7 GB 的数据量，其中在罗斯海完成了 409 km 的测线工作量，完成了对测线数据的处理，获得 20.4 MB 的成果数据。

图 4-53 为第 29 次南极科学考察中 PL03 测线船载地磁三分量合成总场与拖曳磁力测量总场的比较，两者之差在 ±200 nT 之内，标准差为 50.89 nT。

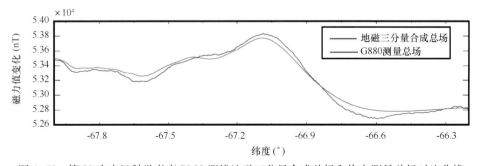

图 4-53　第 29 次南极科学考察 PL03 测线地磁三分量合成总场和拖曳测量总场对比曲线

图 4-54 为第 30 次南极科学考察中 Lin03-DI03-04 测线船载地磁三分量合成总场与拖曳磁力测量总场的比较，由于地磁三分量记录含有较多的高频干扰，根据地磁场的变化进行了滤波处理，两者之差在大部分区块都在 ±50 nT 之内，在极值区在 ±100 nT 之内。

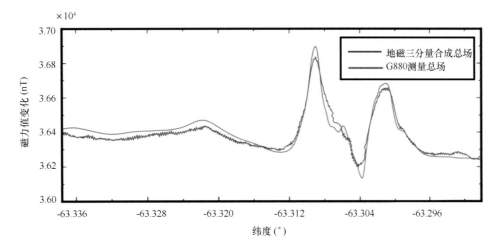

图 4-54　第 30 次南极科学考察 Lin03-DI03-04 测线地磁三分量合成总场和拖曳测量总场对比曲线

图 4-55 为第 31 次南极科学考察中 SL_003 测线船载地磁三分量合成总场与 Seaspy 拖曳磁力仪测量总场的比较，其中对处理之后的地磁三分量进行了滤波处理。

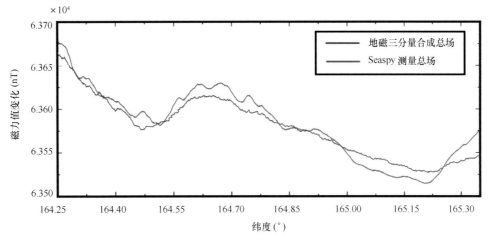

图 4-55　第 31 次南极科学考察 SL_003 测线地磁三分量合成总场和拖曳测量总场对比曲线

经过第 29 次至第 31 次 3 次南极科学航次调查，船载地磁三分量调查也逐渐受到重视，经过 3 个航次的仪器软硬件的完善与处理方法的改进，船载地磁三分量与总场测量相比，精度达到了 50±25 nT 的水平。

在海洋地磁三分量测量中，三分量改正后的数据与实际地球磁场值有一定的误差，分析主要有以下几个原因：一是三分量磁力传感器开机时间过长，其温漂和零漂难以控制和改正；二是三分量磁力传感器安装地点是在船体后方的直升机仓库顶上，旁边有轮机烟囱、风廓仪以及 25 t 吊臂，这些装备在使用时会对测量造成很大的影响；三是船磁校正的时间和地点距离测线太远，导致船磁模型出现变化，影响船磁校正效果。在以后的航次中，对上述的影响因素进行改进后，海洋地磁三分量测量系统精度有望进一步提高。

4.4.4 反射地震

第 29 次至第 31 次南极科学考察共获得 1 179 km 的反射地震剖面，反射地震数据统计列于表 4-21。

表 4-21　各次南极科学考察反射地震采集数据量统计

南极科学考察	原始数据量（GB）	测线长度（km）	成果数据量（MB）
第 29 次	20.2	450	1 351
第 30 次	17.3	320	955
第 31 次	90.5	409	885

第 29 次南极科学考察地震数据质量不是很好。从频谱分析来看，震源系统频谱正常，所以剖面质量问题应该能够排除震源的问题。海况和船速对数据质量影响非常大，从 PL13 和 PL07 数据质量可以看出海况对地震影响非常大。特别是对于单道地震，海况影响更大。地震作业时涌浪都在 5 m 以上，平均船速 6.5 kn。海况较差，船很难控制速度和方向，导致地震数据质量就更加难以得到保障。另外，作业区地层岩性比较松散，导致能量散射厉害，影响剖面质量。

第 30 次南极科学考察控制了船速，更换了采集电缆，数据质量比第 29 次南极科学考察要好，但也存在一些问题。首先，原始记录数据存在着明显的叠加次数不稳定问题，图 4-56 展示了第 30 次南极科学考察西安的多道采集缆采集的某剖面的叠加次数统计，显示满足 6 次覆盖的 CMP 点分布很少，且不连续，中间存在着很大部分的 5 次或 4 次覆盖，甚至还存在部分 3 次覆盖的资料。覆盖次数未满足设计要求，会使采集的反射资料信噪比降低，叠加质量受影响，甚至影响处理人员对处理参数的定义控制。该问题的产生，是由于震源按等时间间隔激发，实际炮间距靠"雪龙"号的航行速度来控制，按照理论计算，若 5 s 的时间间隔激发，6.25 m 道间距 24 道接收排列，满足 6 次覆盖采集，船的航行速度需要严格控制在 4.86 kn，而实际航行很难做到。海上班报记录的实际航行速度基本限定在 5 kn，这就造成实

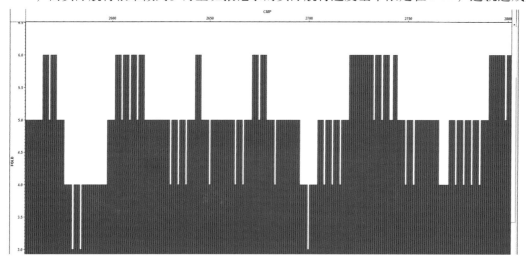

图 4-56　第 30 次南极科学考察西安多道剖面原始数据 CMP 点覆盖次数统计

际资料覆盖次数不固定，且很少达到设计的 6 次覆盖。要解决覆盖问题，海上采集时需要按等间距放炮，但南极 GPS 没有差分信号，GPS 信号也不稳定，这给船只的航行距离准确计算带来很大误差。因此，如何解决震源等距离激发是个值得研究的问题。

第 30 次南极科学考察西安多道原始炮集记录中还存在着强能量直流电干扰，如图 4-57 所示。该干扰初步分析是因采集主机接地不佳而引起。该强能量干扰若与海底下有效层位的反射同相轴叠加在一起，处理时将很难压制该干扰。室内处理时只能采用人工切除的方法进行切除，而势必会影响混合在一起的有效信号，给有效层位的反射同相轴造成破坏。要彻底解决该问题只能在野外采集时注意使主机接地良好，并随时监控现场资料的变化。第 31 次南极科学考察时解决了这一问题。

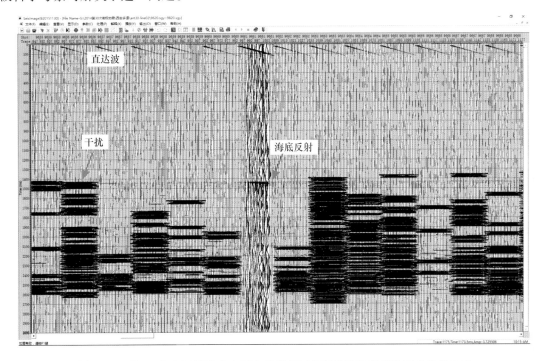

图 4-57　第 30 次南极科学考察西安多道剖面的强能量噪音干扰下的炮集显示

第 31 次南极科学考察依然存在叠加次数不稳定的问题，但数据质量较好，在朱迪斯盆地的剖面反射层位很丰富，数据质量较好。表明随着对南极周边海域地震作业环境的熟悉和仪器设备的更新升级，地震数据质量得到了明显的改善。

图 4-58 是第 30 次南极科学考察叠加后的部分剖面显示，海底面浅层反射同相轴连续，反射层位清晰，地层分辨能力高，下伏地层界面形态明了。该剖面清晰揭示海底下不同时期的地层反射和地层形态，可以用于研究海底浅部沉积地层的新构造运动。

4.4.5　海底热流

第 29 次至第 31 次南极科学考察在普里兹湾、南极半岛附近海域和罗斯海共进行了 17 个热流站位的测量，其中普里兹湾 7 个、南极半岛 3 个、罗斯海 7 个。采集原始数据共 8.12 MB（表 4-22）。

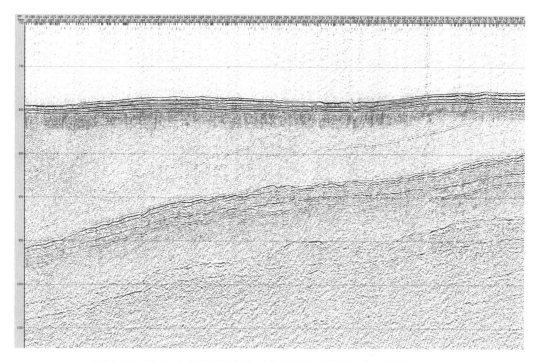

图 4-58　第 30 次南极科学考察西安多道地震数据部分叠加剖面显示

表 4-22　第 29 次至第 31 次南极科学考察热流数据量统计

南极科学考察	站位数	成功插入站位数	梯度有效站位数	热导率有效站位数	热流有效站位数	原始数据量（MB）	成果数据量（MB）
第 29 次	5	4	4	4	4	1.37	0.4
第 30 次	5	4	3	3	2	4.02	1.47
第 31 次	7	6	0	6	0	4.5	1.1

　　第 29 次南极科学考察热流测量集中在普里兹湾附近海域，总共进行了 5 个站位测量，其中 1 个站位（P5-09）重力取样柱取上来的样品为砾石，故没有进行热导率测量，室内对温度数据处理的结果也表明无法获得温度梯度，因此该站位没有获得热流值。其余 4 个站位数据质量良好，均获得了热流值。

　　第 30 次南极科学考察在南极半岛海域的 D2-04 站位由于底质太硬导致重力柱无法插入沉积物从而使测量失败（和第 29 次南极科学考察 P5-09 站位类似），其他在南极半岛的 2 个站位和普里兹湾的 2 个站位均成功插入，最终成功获得热流值的有 2 个站位。第 31 次南极科学考察热流测量在罗斯海进行，固定了 2 只温度探针和 1 只倾斜仪进行，然而整个罗斯海的沉积物厚度都比较薄，只有朱迪斯盆地内部的 JB04 和 JB06 这 2 个站位柱状样长度超过 3 m，其他站位的柱状样长度都小于 1.3 m，而固定在柱状样上的第一只温度探针距刀口为 70 cm，第二只距刀口为 130 cm，因此只有 2 个站位的温度测量值算是有效值；然而通过对这 2 个站位的温度数据进行处理分析，发现均无法求取温度梯度，因此第 31 次南极科学考察没有一个站位能获取有效热流值。

　　通过 3 次南极科学考察热流测量，我们总结出几条导致热流测量失败的原因：

（1）底质较差

海底热流探测一般要求在沉积物较厚的深海盆地进行。因此，沉积物底质成为测量成败以及数据质量好坏的一个重要控制因素。第29次和第30次南极科学考察在普里兹湾和南极半岛均有1个站位打到砾岩层；第31次南极科学考察罗斯海陆架底质普遍不够细、软。这些都是导致热流测量失败的最主要原因。现有的重力柱状取样及附着在其上的海底温度测量似乎不能克服这一困难。

（2）单一或多种因素造成的温度数据未能达到平衡状态从而不能获得地温梯度

此种导致不能获得地温梯度的情形通常只固定2支温度探针，在重力柱取样之前通常会进行箱式取样，然而有些站位因时间有限并没有这么做。热流作业时考虑仪器的安全性往往就只固定2支温度探针。因此，只要有一支探针不能获得平衡温度，整个测站的地温梯度就无法获得。导致温度数据未能达到平衡状态的原因可能有插入时探针和沉积物之间并未紧密接触，有流体存在、海况差导致重力柱松动等。严格按照操作规程尽量避免在差的海况条件下作业是降低这种情况的一个方法。

（3）海底温度超过热流探针测量量程

第31次南极科学考察在罗斯海的大多数测站均遇到该问题。我们通过对第31次南极科学考察6个站位温度计记录的温度曲线对比发现，在温度计入水到达一定深度之后，温度计记录曲线变为直线，说明超出了温度计设计的量程范围（-0.9~49℃），这6个站位均不能计算出热流值。前人研究（Della Vedova et al., 1992；Clarke et al., 2009）表明，罗斯海陆架区的海床温度低于-1.5℃，靠近冰架的特拉诺瓦海盆接近-2℃。对比第29次、第30次南极科学考察普里兹湾外陆架和第5次、第6次北极考察热流测量中能成功计算地温梯度和热流值的温度数据发现，在温度计插入海底时通过摩擦可以使温度上升0.1~0.5℃，而能够正常完成"摩擦升温—热衰减直至平衡"这一过程的海底沉积物温度不低于-0.5℃，才能保证温度计能够正常记录温度衰减过程。Clarke等（2009）的研究表明，罗斯海陆架区、威德尔海陆架区和普里兹湾陆架区3个区域的海床温度低于-1℃，为了能够在南极周边海域，特别是普里兹湾和罗斯海继续开展热流测量，需要对现有热流测量设备进行升级改造，以适应南极低温环境下的热流测量。

4.4.6　海底地震

在第28次南极科学考察期间，2011年12月17日至18日，地球物理现场执行人员在普里兹湾海域布设了2台海底地震仪（OBS），并在中山站二次卸货期间的2012年2月13日和3月2日分别成功回收这2台OBS，这是我国首次在南极附近海域成功进行海底地震观测。

第28次南极科学考察的第一台OBS（表4-23中28-OBS-1）共采集记录了约6.98 GB的数据，第二台OBS（表4-23中28-OBS-2）共采集记录约7.80 GB的数据，OBS观测共获得数据14.78 GB。经过数据处理和震相识别，在两台OBS所记录的地震记录上，识别出一些局部地震信号，表明了在极地开展OBS调查的可行性。但此次获取的OBS数据质量总体较差，未能取得进一步的成果。

表 4-23　长期观测宽频 OBS 实际布放站位信息表

站位名	经度	纬度	水深（m）	数据量（GB）
28-OBS-1	76°38.189′E	69°00.108′S	442	6.98
28-OBS-2	76°10.444′E	66°44.720′S	1924	7.80

在第 31 次南极科学考察期间，利用 2015 年 2 月普里兹湾海冰较少（约 20% 浮冰）的有利时机，实施了 OBS 回收作业。成功回收的 OBS1、OBS2 和 OBS5 共记录了长达 7 个月的天然地震（表 4-24，约 2 500 个 Ms3.0 以上地震，据美国地质调查局官方网站公布的地震目录）。地震计灵敏度为 4 000 V/（ms^{-1}），频带宽度为 0.0167~50 Hz，数据采样间隔为 8 ms（电量充足）或 20 ms（电量发生一定损耗后）。

第 29 次南极科学考察投放的 5 台 OBS，虽已耗尽电量，但是使用备用释放器能释放上浮。由于超过回收时限，OBS3 和 OBS4 的钢缆由于被腐蚀而断裂，地震仪主体与镇重铁架提前分离而丢失，只回收到剩下的释放器和浮球。OBS 熔丝的腐蚀锈断有可能是造成这两台 OBS 只回收到释放器和空球的原因（相当于 OBS 自动释放），这也是需要改进的地方。第 30 次南极科学考察投放的单球 OBS6 没能回收，释放控制系统存在问题，需要进一步试验和改进。

顺利回收的 3 套完整的海底地震仪，记录了大于 2 500 个地震信息。通过基本的地震波形分析，对 3 台 OBS 所记录的地震波形进行挑选。从挑选后的不同震级和震中距的地震波形实例可以看出，OBS 记录到的大震数据震相清晰。对 OBS 数据进行处理，首先计算 OBS 的水平分量方位，然后再进行 SKS 分裂参数测量，获得了这 3 个 OBS 的水分分量方位及上地幔各向异性参数。

表 4-24　OBS 回收信息一览表（所用时间均为北京时间）

设计站位号	回收时间			回收点位置		时钟漂移(ms)	开始记录时间		终止记录时间		工作时长(d)	原始数据文件大小(GB)	释放器型号
	日期	声学释放时间	结束回收时间	经度(E)	纬度(S)		日期	时间	日期	时间			
OBS1	2015-02-04	13:30	14:30	72°59.067'	65°58.150'	未知	2013-02-14	01:53:00	2013-06-29	10:17:59	135	10.5	iXsea 双释放器
OBS2	2015-02-09	11:04	11:46	72°53.955'	66°28.453'	未知	2013-02-18	15:29:00	2013-09-03	00:25:43	197	11.5	iXsea 双释放器
OBS3	2015-02-11	18:23	19:10	72°59.526'	66°57.715'	未知	未知	未知	未知	未知	未知	丢失	iXsea 双释放器
OBS4	2015-02-11	10:55	12:30	72°54.390'	67°29.190'	未知	未知	未知	未知	未知	未知	丢失	iXsea 双释放器
OBS5	2015-02-11	07:34	07:56	72°46.349'	67°58.000'	未知	未知	未知	未知	未知	未知	12.0	iXsea 双释放器
OBS6	2015-02-09	08:40	15:00	未知	未知	未知	未知	未知	未知	未知	未知	丢失	iXsea 单释放器

第5章　主要分析与研究成果

5.1　区域地质构造背景及演化研究

南极位于地球最南端，是地球上最晚被发现的大陆，其98%的区域被厚厚的冰雪覆盖。相比于其他区域，南极的研究程度较低。南极洲板块四周被大洋所环绕，处在太平洋、印度洋和南大西洋的扩张中心和转换断层地带的包围之中，周边和非洲板块、澳大利亚板块、太平洋板块、南美板块等板块相连，板块边界多为洋中脊，统称为环南极洋中脊（Circum-Antarctic Ridges）（图5-1）。

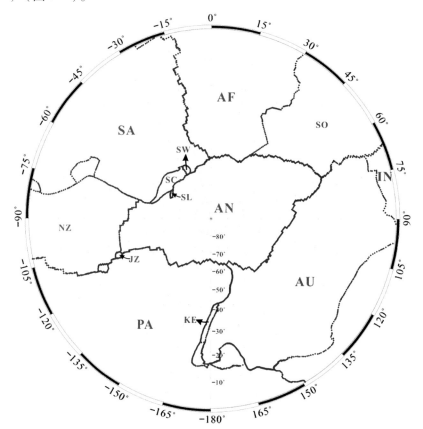

图5-1　南极洲板块和周边板块相对位置（Bird，2003）

图幅内板块有：南极（AN：Antarctica）、南美洲（SA：South America）、澳大利亚（AU：Australia）、太平洋（PA：Pacific）、印度（IN：India）、非洲（AF：Africa）六个大板块和索马里（SO：Somalia）、纳兹卡（NZ：Nazca）、桑德威奇（SW：Sandwich）、胡安·费尔南德斯（JZ：Juan Fernandez）、设得兰群岛（SL：Shetland）、斯科舍（SC：Scotia）、克马德克（KE：Kermadec）等中小板块

一般将南极洲从地质上和地形上划分为两部分，东南极（East Antarctica）主要位于东半球，西南极（West Antarctica）仅限于西半球，而现有的地质研究表明以横贯南极山脉（TAM，Transantarctic Mountains）为界自然地把南极分为西南极和东南极（图 5-2）。横贯南极山脉不但是一个地形上的分界线，还是一地质分界线，在山脉东缘有一突变，这在地震、重力和地球化学资料上都有反映，这个突变被认为是由前寒武纪岩层组成的东南极克拉通和中—新生代地层为主的西南极地块的分界（Anderson，1999）。

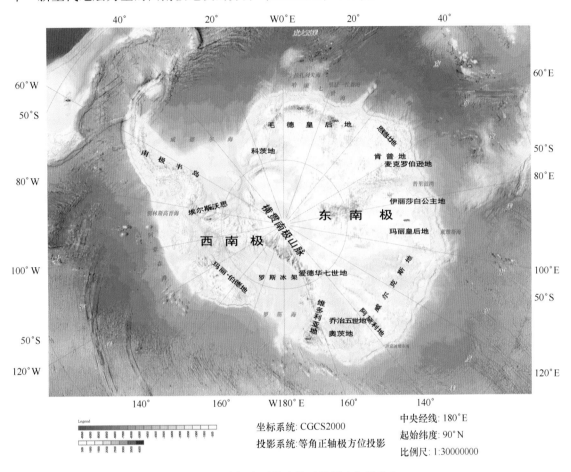

图 5-2　南极主要构造单元及周边海域分布

横贯南极山脉呈 NW 向镶嵌于东南极地盾西南边缘，向内陆侧（东南极大陆一侧），山脉缓倾到东南极大陆冰原之下，向海侧（西南极一侧）有一个陡峭而壮观的悬崖，被直落到海岸的陡峭的正断层所限定。该山脉被认为是隆起在同一个板块背景上的巨大裂谷肩构造，主要由晚元古代到早古生代的罗斯运动而形成，被泥盆纪到三叠纪的沉积岩比肯超群（Beacon Supergroup）和侏罗纪玄武岩质的岩流及岩床（费勒群，Ferrar Group）所不整合覆盖。这一造山带不但包括各时代的地层，而且发育了各时代的火成岩，包括元古宙的花岗岩、花岗闪长岩，早古生代的花岗岩、花岗闪长岩，晚古生代的花岗岩、钙碱性火山岩，侏罗纪的辉长岩体、粗玄岩岩床及玄武岩，新生代的花岗岩及第四纪的基性火山岩等。横贯南极山脉煤资源丰富，煤层厚 6~9 m，有关专家估计南极煤的资源量约 5 000×10^{10} t。

南极大陆地壳结构主要包括以下几个特点：一是东南极、西南极岩石圈结构明显不同，东南极岩石圈（130 km）和地壳厚度（40~50 km）都较大，西南极较薄，岩石圈一般为 100 km，地壳厚度多为 30 km；二是岩石圈具有明显的层块结构，横向分块，纵向分层，东南极在 20~30 km 深处存在一个低速、高导层，上地幔结构变化不大，显示了稳定的地块特征；三是大部分地区为地壳厚度缓变区，东南极沿海出现了地壳厚度陡变带，大陆架狭窄，横贯南极山脉西侧地壳厚度陡变带可能与西南极裂谷系形成有关；四是横贯南极山脉地壳厚度与东南极差别不大，不存在山根，可能为东南极地盾边缘增生带；五是可能存在两种类型地壳：①由冈瓦纳古陆分裂出来的大陆型地壳和②原始地壳经强烈拉张、变薄、再生的过渡型地壳。

5.1.1　东南极及周围海域

东南极占据了南极大陆的大部分地区，冰盖厚度大部分超过 3 km，是一个典型的克拉通地盾区，形成于太古宙，大部分结束于寒武纪，由基底岩系和沉积盖层两部分组成。除了沿海地区和沿标志东、西南极边界的横贯南极山脉一带，东南极很少有基岩出露。尽管存在局部起伏达 4 km 的冰下山脉，基岩基本上接近海平面，或位于海平面以下（Drewry，1983）。基底岩系出露于沙克尔顿—科茨地（Coats Land）、毛德皇后地（Queen Maud Land）、恩德比地—肯普地（Enderby Land-Kemp Land）、莫森（Mawson）—查尔斯王子山（Prince Charles mountains）等沿海地区，由太古宙—寒武纪强烈变形和多期变质的沉积岩、火山岩以及侵入岩组成，厚度一般为 15~20 km，岩性主要为各种类型的片麻岩、混合岩、结晶片岩和不同成因、不同时代的紫苏花岗岩、闪长岩、辉长岩、苏长岩等。这些基岩露头表明，东南极是由前寒武纪结晶变质克拉通复合而成的，据报道，经历了 3 000 Ma、2 500 Ma、2 000~1 700 Ma 和 1 300~900 Ma 的构造热事件，这些岩石及一些早古生代的岩石在早古生代发生变形和褶皱，被广泛的泥盆纪到早侏罗世比肯超群的水平地层不整合覆盖。这种基岩被中侏罗世时期的粒玄岩所侵入，在横贯南极山脉有特别好的露头。东南极地盾沉积盖层零星分布于西毛德皇后地以及查尔斯王子山、沙克尔顿山脉（Shackleton Range）等地，除少量古生代地层外，在西毛德皇后地、查尔斯王子山分布有二叠纪、侏罗纪和第三纪地层；在查尔斯王子山北部出露有二叠纪埃默里群含煤岩系等。

绕东南极顺时针分布的主要海域有：拉扎列夫海（Lazarev Sea）、里瑟—拉森海（Riiser-Larsen Sea）、吕措—霍尔姆湾（Lutzow-Holm Bay）及宇航员海（Cosmonaut Sea）、普里兹湾、戴维斯海（Davis Sea）、莫森海（Mawson Sea）和迪蒙迪维尔海（Dumont d'Urville Sea）。东南极周边海域陆架极窄，并普遍窄于西南极陆架，平均宽度在 100 km 左右。在毛德皇后地一侧有几处冰盖甚至伸到了陆架外缘，陆架宽度不足 50 km，顺时针方向陆架加宽，在威尔克斯地（Wilkes Land）一侧陆架宽度达到 150 km 左右。陆架外缘的陆坡陡而窄，外面是洋壳之上的广阔深海平原，其中在恩德比地外面是恩德比深海平原，在麦克·罗伯逊地外面是瓦尔迪维亚深海平原（Valdivia Abyssal Plain），前者深海平原的外围板块边界（西南印度洋洋中脊）逆时针向西延伸，后者深海平原的外围板块边界（东南印度洋洋中脊）顺时针向东延伸。

5.1.2　西南极及周围海域

西南极地势很低，有些地区基岩位于海平面下 1 km 处（Bentley，1964；Drewry，1983），但有多个微板块高出海平面（Dalziel and Elliot，1982），包括达到 5 km 高的埃尔斯沃思地

（Ellsworth Land，主要是在中生代褶皱的古生代沉积岩）和南极半岛（大部分由晚中生代和第三纪的岩株及中生代沉积岩和火山层序的岩基组成）。在玛丽·伯德地局部地区有丰富的沉积岩和第三纪、第四纪火山岩露头。西南极的演化历史大部分是在中—新生代。由此，西南极可分为新生代造山带和西南极裂谷系两个构造单元。南极半岛、南设得兰群岛、埃尔斯沃思地和玛丽·伯德地等构成西南极造山带，它是南美洲安第斯造山带的南延部分。同时，埃尔斯沃思地和玛丽·伯德地是两个"中间地块"，还出露有晚元古代变质岩系和古生代沉积岩、火山岩系。

西南极与东南极接壤的海域部位是各位于大西洋侧和太平洋侧的两个相背的南极最大的陆架海：威德尔海（Weddell Sea）和罗斯海。在邻近极点的内部峡湾区，这两个陆架海的约一半面积被宽阔的冰架所覆盖，覆盖威德尔海的是拉森冰架（Larsen Ice Shelf）、龙尼冰架（Ronne Ice Shelf）和菲尔希纳冰架（Filchner Ice Shelf），覆盖罗斯海的是罗斯冰架（Ross Ice Shelf）。

威德尔海陆架盆地的形成源于侏罗纪时期南美、非洲两大板块扩张引起的区域应力场变化和三联点的出现（Lawver et al.，1992）。威德尔海东缘陆坡坡脚显著的探索者断崖应该与冈瓦纳古陆边界一致，将北部的洋壳与南部来源不明的地壳分割开来（Hinz and Krause，1982；Kristoffersen and Hinz，1991）。磁异常条带数据表明，在 175～155 Ma 期间南极半岛相对于东南极顺时针旋转，为威德尔海产生了足有 1 000 km^2 的海底（Grunow，1993）。到了白垩纪的早期，除了南美与南极之间 E—W 向的裂谷系以外，南美与非洲之间北向传递的裂谷为南大西洋和威德尔海盆地的打开起到了作用（Rabinowitz and LaBrecque，1979；LaBrecque et al.，1988）。

整个罗斯海陆架盆地属于西南极裂谷系。罗斯海盆地是在复杂的构造背景上发育起来的，包括与泛非事件同步的罗斯造山运动，在北维多利亚地由南往北留下了包含花岗岩港侵入体（Granite Harbour Intrusives）的威尔逊地体、外来拼贴的鲍尔斯地体和罗伯逊湾地体（陈廷愚等，2008）；在西南极裂谷系活动之前还是东冈瓦纳古陆的主动大陆边缘；南极横贯山脉抬升与维多利亚盆地张裂形成强烈对比；玛丽·伯德地穹窿的存在使得西南极裂谷系活动可能与地幔柱相关；罗斯海盆地走向与陆架坡折带走向垂直，洋壳磁条带伸入陆坡，冰盖消长带来的大量沉积物有可能掩埋了洋壳。罗斯冰架下大片的盆地还有待研究。

在罗斯海与南设得兰群岛之间还存在两个陆架海域：阿蒙森海（Amundsen Sea）和别林斯高晋海。它们的陆架宽度虽不及威德尔海和罗斯海，但大于东南极的各个海域，这与它们伸向陆地的海湾不无关系。阿蒙森海最伸入陆地的海湾是派恩艾兰湾（Pine Island Bay），别林斯高晋海最伸入陆地的海湾是龙尼湾（Ronne Entrance）和玛格丽特湾。阿蒙森海外缘存在玛丽·伯德海山群，使得它的陆坡坡度小于别林斯高晋海，陆坡宽度大于别林斯高晋海。这两个海域外面是洋壳之上的广阔深海平原，其中在阿蒙森海外面是阿蒙森深海平原，在别林斯高晋海外面是别林斯高晋海深平原。这两个深海平原共同的外围板块边界是太平洋—南极洋中脊。

与南极周边其他海域都是被动大陆边缘不同，南设得兰群岛附近海域属于主动大陆边缘。从晚渐新世延续至晚中新世，德雷克海峡打开，扩张向南俯冲到南极半岛下面，形成南设得兰海沟。上新世期间，由于南设得兰群岛之下的俯冲作用停止，应力松弛使得南极半岛分离出南设得兰群岛，并形成弧后盆地——布兰斯菲尔德海峡。

5.1.3 南大洋的扩张历史和古水深演化

前人关于南极及周边海域古环境和地质历史演化过程的时间和空间尺度研究比较有限，尤其是在古水深的计算中，没有综合考虑热沉降和沉积物影响等作用。下面阐述板块旋转和计算古水深的原理及方法，结合前人的研究成果，在板块重构的基础上，恢复30°S以南区域自130 Ma以来15个特定时间点的古水深，简要分析南大洋的形成演化过程。

5.1.3.1 欧拉旋转原理与方法

重构南极地区板块的运动情况，需要在认识地壳年龄和扩张速率及方向的基础上，对两个或更多板块之间的相对运动进行描述。利用欧拉旋转原理，地球表面上刚性岩石圈板块的相对运动可描述为围着地球表面上的一个假想轴的转动，此旋转轴过地心，旋转轴与地球表面的交点为欧拉极。采用Cox和Hart（1986）的标记法描述旋转参数：欧拉旋转 = $ROT[\vec{E},\ \phi]$，其中$\vec{E}$为欧拉（旋转）极；ϕ为欧拉（旋转）角，逆时针为正（图5-3）。

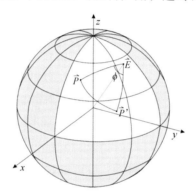

图5-3 欧拉旋转示意图（Greiner，1999）

在欧拉旋转中，从t_0至t_n时刻，板块B相对于参照物A的移动记为$^{t_0}_A ROT^{t_n}_B$。重构这一过程时涉及两种旋转参数：有限极和阶段极，分别对应有限欧拉旋转和阶段旋转。有限欧拉旋转描述板块B相对于A的总旋转，只关注板块B在初始时刻t_0（$t_0 = 0$）和在终止时刻t_n的相对位置；若此旋转过程包含n个阶段，对应的时间点分别为t_0，t_1，t_2，$\cdots$，t_n，板块B在每个$(t_{i-1}-t_i)$（其中$i = 1, 2, 3\cdots, n$，以下同）时间段内连续旋转，且这一旋转是在t_{i-1}时刻之前板块旋转的基础之上进行的，描述这一过程用到的旋转极便为阶段极。在$(t_{i-1}-t_i)$时间段内的阶段旋转中，若板块B相对于参照物A的旋转$^{t_{i-1}}_A ROT^{t_i}_B$已知，旋转的角度为ϕ，假定阶段极不变，且板块等速旋转，则其角速度为$^{t_{i-1}}_A \omega^{t_i}_B = \dfrac{\phi}{t_i - t_{i-1}}$，可推出板块在此时段内任意时刻$t_x$的旋转为：

$$^{t_{i-1}}_A ROT^{t_x}_B = ROT[\ ^{t_{i-1}}_A \vec{E}^{t_i}_B,\ \ ^{t_{i-1}}_A \phi^{t_x}_B] \tag{5-1}$$

其中，$^{t_{i-1}}_A \phi^{t_x}_B = (t_x - t_{i-1})\,^{t_{i-1}}_A \omega^{t_i}_B$。

有限欧拉旋转和阶段旋转之间存在如下转换关系：从初始位置开始，一系列阶段旋转之和即为有限旋转，公式表示如下（Goldstein，1950）：

$$^0_A ROT^{t_n}_B = \,^0_A ROT^{t_1}_B + \,^{t_1}_A ROT^{t_2}_B + \cdots + \,^{t_{n-1}}_A ROT^{t_n}_B \tag{5-2}$$

通过式（5-2）便可将一系列阶段极参数转换为某时刻的有限极参数。

利用海底磁异常和转换断层资料或海岸线和大陆边界的吻合情况，我们只能重构板块的相对位置，显然板块的绝对位置重建必须在一绝对坐标系下进行。为此，需假定一个大陆固定不动，其他所有板块的旋转均相对于这一板块进行。若板块 B 相对于参照物 A 的旋转 $_A^0ROT_B$ 和板块 C 相对于板块 B 的旋转 $_B^0ROT_C$ 均已知，那么板块 C 相对于参照物 A 的旋转 $_A^0ROT_C$ 可由下式计算：

$$_A^0ROT_C^t =_B^0ROT_C^t +_A^0ROT_B^t \tag{5-3}$$

利用式（5-3）可将不同参考系下的旋转进行统一。目前绝对坐标系有两种选择较为合理：热点参考系和古地磁参考系（Goldstein，1950），Hayes 等（2009）在重构古水深时以南极为不动点，在地质历史时间尺度中缺少其合理性，我们对此进行改进，采用热点参考系进行计算。

一点 $\vec{P}$ 经欧拉旋转至 $\vec{P}'$，可用一旋转矩阵 A 表达：$\vec{P}'=A\vec{P}$。实际操作时，为得到矩阵 A，围绕欧拉极 $\vec{E}$ 的旋转被分为 3 个独立部分：①转换矩阵 T，将球坐标系转为直角坐标系，使得欧拉极 $\vec{E}$ 为沿 z 轴的单位向量 $(0, 0, 1)$；②旋转矩阵 R，将待转板块绕 z 轴旋转角度 ϕ；③转换矩阵 T^{-1}，将板块转换到原坐标系下。根据这一思想，在统一好参考系和旋转参数的情况下，可计算任意一点经欧拉旋转之后的新坐标位置。

5.1.3.2　计算古水深

洋壳形成以后，其区域性水深的变化主要受到岩石圈热沉降、沉积物充填及压实的影响。如果岩石圈中某一区域因受热使得温度高于周围区域，在保持质量不变的情况下其体积增大，从而导致此区域地表或海底隆升，水深变浅。在大洋扩张中心，受到洋壳的冷却和下伏地幔岩石圈厚度增加的影响，岩石圈在向两侧扩张的过程中不断变冷、变重，使得海底面不断沉降，水深变深。随着年龄的增加这种沉降量可达数千米（周祖翼和李春峰，2008）。无论基于板块空间模型还是基于板块冷却模型的岩石圈沉降公式，都将地壳年龄作为主要控制因素。Stein 和 Stein（1992）根据热流数据与水深数据的相关性提出如下改正公式：

$$\begin{aligned}
D &= 2\,600 + 365t^{1/2}, \quad t < 20 \text{ Ma}, \\
D &= 5\,651 - 2\,473\exp(-0.027\,8t), \quad t \geqslant 20 \text{ Ma}
\end{aligned} \tag{5-4}$$

式中：D 为正常沉降值（m），t 为地壳年龄（Ma）。

由式（5-4）可见，岩石圈沉降并非地壳年龄的线性函数。从地壳生成初期至今，地壳热沉降量为 D_1；从初期至重构的某年份时，地壳热沉降量为 D_2（图 5-4）；故计算重构年份的古水深时，热沉降改正项应为现在的沉降量 D_1 与所需重构年份的沉降量 D_2 之差 ΔD（$\Delta D = D_1 - D_2$）。

沉积物对水深数据的影响有两方面：首先，因沉积物的出现而产生的充填与压实作用，会导致水深变浅；同时，沉积物的负载会使得岩石圈发生均衡调整，导致沉积基底变深（张涛等，2011），当沉积物被移除后会出现均衡反弹效应（图 5-5）。这些合成改正大约是现代沉积物厚度的 0.6 倍（Hayes et al.，2009）。Crough（1983）利用公布的深海钻探计划（DSDP）资料，选取北大西洋最深的 3 个站点（391 站位、397 站位和 398 站位）数据，计算了沉积物厚度改正值与沉积物厚度的关系，张涛等（2011）对此改正值进行了拟合，得到如下关系：

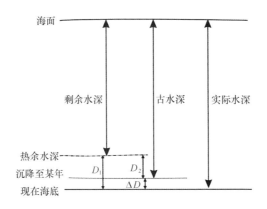

图 5-4 仅考虑热沉降影响的古水深改正

$$S = c - 0.000\ 14c^2 - 0.22c \tag{5-5}$$

式中，c 为沉积物厚度（m）。

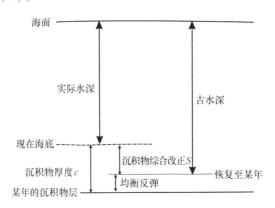

图 5-5 仅考虑沉积物影响的古水深改正

在缺少研究区域实际沉降速率信息的情况下，我们假定在每个时间段内沉降速率为常数。经以上热沉降（ΔD）和沉积物效应（S）两项改正后，古水深为：

$$PB = B - \Delta D + S \tag{5-6}$$

式中，PB 为古水深（正值），B 为观测水深值（正值），D 为热沉降值，S 为沉积改正值，单位均为 m。

5.1.3.3 使用的数据模型

下面的计算范围确定为 30°S 以南区域，用到的数据分为两类，一类用于板块重构，包括研究区域的板块边界和板块旋转所需的欧拉极参数；一类用于计算古水深，包括现代水深、地壳年龄和沉积物厚度。30°S 以南岩石圈板块边界模型如图 5-1 所示（Bird，2003）。

重构特定年代的古水深，首先要将各物理参数恢复到指定年代所处的位置，为此需要相应的用于欧拉旋转的有限极参数。Müller（1993）给出一系列可回溯至 130 Ma 前的基于大西洋—印度洋热点参考系的有限旋转极参数，这些参数模型同时利用了来自北美洲、南美洲、非洲和印度—澳大利亚板块的热点轨迹，比单个板块内的热点轨迹取得旋转参数更有约束力。除太平洋外，下面其余五大板块的旋转参数均源于此。太平洋板块的旋转参数取自 Hayes 等

（2009）提供的阶段极参数，其余中小板块的旋转则按照 Bird（2003）提供的基于太平洋不动的阶段极参数。依照前文原理，本书参考 Müller（1993）提供的有限极参数中的时间点，利用式（5-1）将阶段极数据按对应年份进行差值，再通过式（5-2）将阶段极转换成有限极，最后根据公式（5-3）将所有板块的旋转参考系与五大主要板块进行统一。

水深数据采用美国国家地球物理数据中心（NGDC）提供的 ETOPO1（Amante and Eakins，2009）。这是一个联合陆地地形和海洋水深的 1′×1′ 网格数据，包括"冰面"（南极洲顶端和格陵兰岛冰原）和"基岩"（冰原的基底）两个版本，我们选用前者。地壳年龄数据采用 NGDC 提供的 6′×6′ 地壳年龄数据（Müller et al.，2008）。

目前应用比较广的沉积物厚度数据为 NGDC 提供的 5′×5′ 数据（Divins，2003）。这套数据精度高，但在大陆及其边缘区域存在大量空值，在占南极研究区重要部分的 70°~90°S 地区尤为明显。而 Laske 和 Masters（1997）提供的 1°×1° 沉积物厚度模型恰能弥补沉积厚度数据在南半球特别是高纬度地区的不足。将两种数据进行对比，发现其一致性较好。在此将这两种数据均插值为 6′×6′ 的网格数据，进行线性平均后使用（图5-6）。

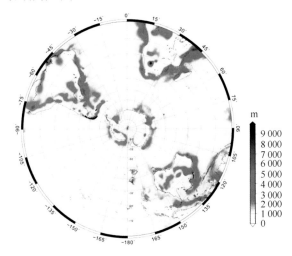

图5-6 研究区域的沉积物厚度图

5.1.3.4 古水深重构结果

结合以上最新数据，选取 130 Ma、118.7 Ma、110 Ma、100 Ma、90 Ma、84 Ma、80.2 Ma、73.6 Ma、68.5 Ma、58.6 Ma、50.3 Ma、42.7 Ma、35.5 Ma、20.5 Ma 和 10.4 Ma 作为时间节点，分以下几步进行古水深重构：①利用板块边界和地壳年龄数据限定出各板块的内部点，提取相应的地壳年龄、水深和沉积物厚度信息。②经过欧拉旋转、去除地壳年龄比重构年龄年轻的区域、限定出 30°S 以南区域等运算，得到研究区各板块在指定年代的位置及其相应的地球物理参数。③将现代水深根据热驱动地壳沉降、沉积作用和均衡作用的影响进行调整，对 30°S 以南区域的古水深进行重构，绘制了研究区域不同年代的古水深，结果如图5-7 所示。

5.1.3.5 南大洋古水深演化和通道打开

重构结果表明，130 Ma 时，南极已经与非洲、澳大利亚板块分离，非洲与南美洲板块之

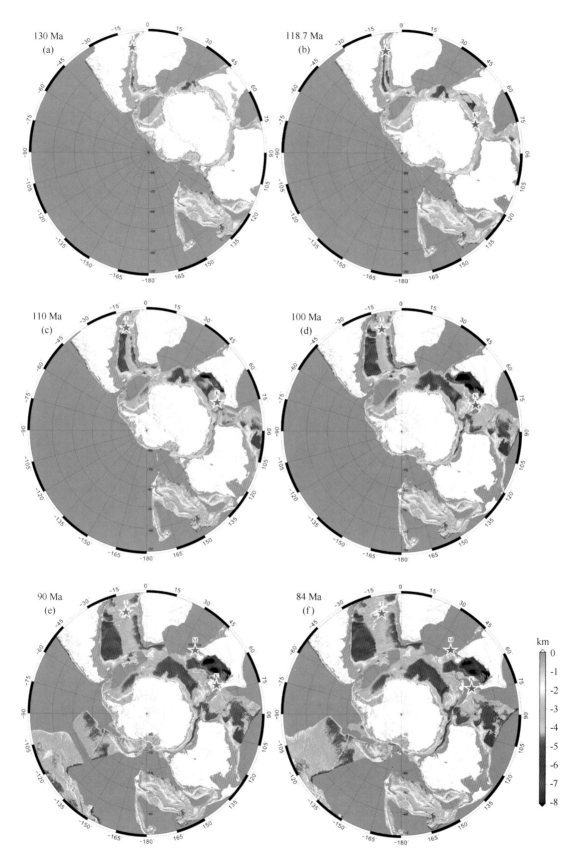

图 5-7　130 Ma 以来南极周边古水深演化（1）

（热点的位置用红色星号标示，T：Tristan，K：Kerguelen，M：Marion）

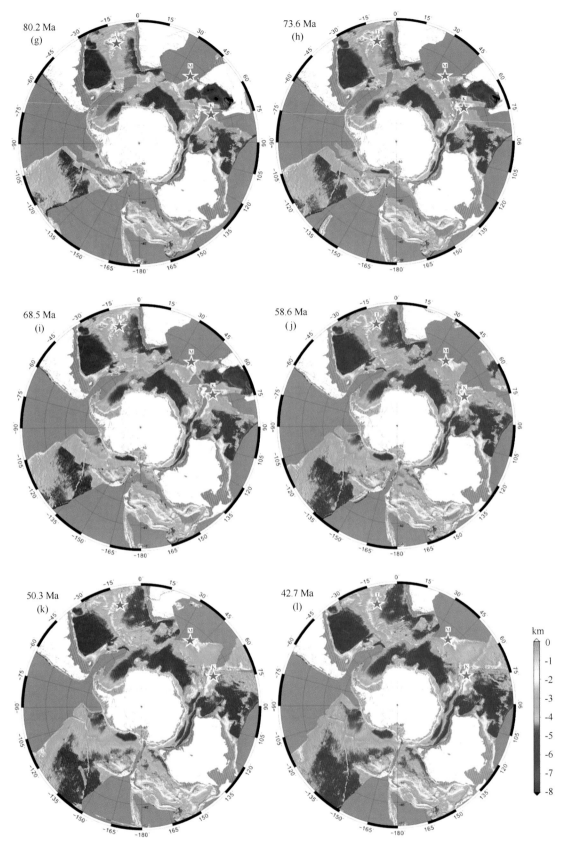

图 5-7 130 Ma 以来南极周边古水深演化（2）

（热点的位置用红色星号标示，T：Tristan，K：Kerguelen，M：Marion）

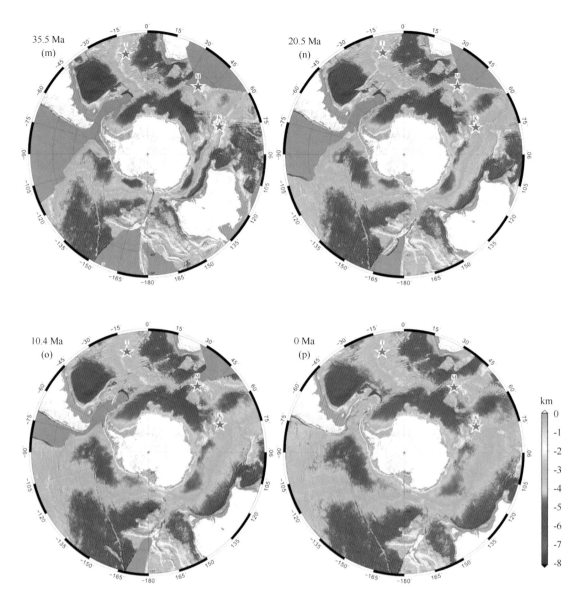

图 5-7　130 Ma 以来南极周边古水深演化（3）

（热点的位置用红色星号标示，T：Tristan，K：Kerguelen，M：Marion）

间出现大于 4 km 的深水区，其余地方水深大多在 0～3 km 之间；此时威德尔海盆（Weddell Sea Basin）已经打开；各板块的位置比较集中，南极板块处于各大板块中间，纬度相对较高 ［图 5-7（a）］。

　　早白垩世到晚白垩世早期（130～90 Ma），研究区域平均水深由近 2 km 增大到 3 km；非洲与南美洲板块之间的海底扩张速率由 22 mm/a 逐渐加速到 65 mm/a；南极板块同时以 55 mm/a 左右的扩张速率南移，造成印度洋打开；南极板块、澳大利亚板块和南美洲板块在此期间相对位置一直保持稳定 ［图 5-7（b）～（d）］。特里斯坦热点（Tristan hotspot）的隆起地形在非洲和南美洲板块张裂初期就已经形成，在时间上与 Courtillot 等（2003）引用的此热点形成年代吻合。伴随着 118.7 Ma 时南极板块与印度板块的分裂，印度洋中凯尔盖朗热点（Kerguelen hotspot）的地形隆起特征显现，这也与凯尔盖朗海台（Kerguelen plateau）上最老的岩石测年证据相一致（Millard et al.，2002）。90 Ma 时马里昂热点（Marion hotspot）的活动也导致了非洲板块和印度板块的张裂（Storey et al., 1995）。热点活动可能是导致南极周边各板块初始张裂的原因［热点位置见图5-7（e）］。

晚白垩世（90—68.5 Ma），研究区域平均水深由3.0 km增大到3.3 km；南大西洋进一步扩张，海底扩张速率由60 mm/a增至105 mm/a，80 Ma之后减至40 mm/a；印度板块以100 mm/a的速率北移，至68.5 Ma印度大陆基本移出30°S区域；澳大利亚与南极板块此时也开始以10 mm/a的速率分离，塔斯曼海（Tasman Sea）开始形成；84 Ma时南极大陆漂移至近极点的位置，此后其位置相对固定［图5-7（f）~（p）］；此期间太平洋板块开始俯冲，罗斯海盆（Ross sea basin）逐渐形成［图5-7（e）~（i）］。

晚白垩世末期到新近纪早期（68.5—20.5 Ma），研究区域平均水深由3.3 km增大到3.7 km；南大西洋以40 mm/a左右的平均速率继续扩张；晚白垩世末期，澳大利亚—南极板块之间的海底扩张速率约为10 mm/a，并在50 Ma时开始加速，至20 Ma时，扩张速率接近50 mm/a［图5-7（i）~（n）］。塔斯曼脊特征于42 Ma左右显现，至35 Ma左右与太平洋中脊和印度洋中脊连通。Kennett（1977）指出在约39 Ma时，浅水对流在塔斯曼脊处形成。根据刘小汉等（1991）的描述，环南极洋流在35 Ma左右基本形成。南大洋环流形成后，南极大陆与北方来的温暖的表层洋流隔绝，深海水道使南印度洋与太平洋之间形成深部环流。

20 Ma至今，研究区域平均水深略有增加（由3.7 km增大到3.8 km）；靠近南极大陆的各海盆水深有变浅趋势（如罗斯海盆、威德尔海盆和塔斯曼海盆）；这种现象在10 Ma左右尤为明显，这可能与沉积物的充填有关；大西洋继续扩张，速率降至小于40 mm/a，使得南美洲板块继续向西移动；塔斯曼海以45 mm/a左右的速率扩张，澳大利亚板块持续北移；此段时间内，非洲板块的移动在研究区域内表现不明显［图5-7（m）~（p）］。最终环南极区域形成现在的构造格局。

5.2 区域地球物理特征的阐述和解释

5.2.1 地形地貌特征

目前国内仅进行了几次南大洋科学考察，测深数据量偏少，对整个南极周边海域的地形地貌分析需要结合国外已有的测深数据模型进行分析。另外，目前国内南大洋测深数据因GPS定位、吃水/潮位改正、海冰影响等各方面问题而存在误差，也需要参考已有的数据模型改进质量。

我们使用的水深数据来源于南大洋国际水深图（IBCSO），该组织是由国际水道组织（IHO）下属的政府间海洋学委员会（IOC）和南极研究科学委员会（SCAR）批准建立的。2004年，IBCSO成为南极研究科学委员会（SCAR）地学标准科学组（SSG-GS）的专家团队。在2006年，在IHO/IOC的全球海洋水深图（GEBCO）之下，建立IBCSO区域海图工程，其目标是使用60°S以南约定区域内国际各种渠道的所有可用数据，创建第一个环整个南极的无缝南大洋水深网格（图5-8）（Arndt et al., 2013），而且包含了大量多波束测深数据（图5-9）。在前面一章中，我们通过将IBCSO水深数据与第29次南极科学考察获得的测线进行对比发现，两者基本趋势相同，IBCSO 水深数据能够用于区域性地形地貌研究。

南 极 周 边 海 域 地 形 图

（比例尺 1:45000000）

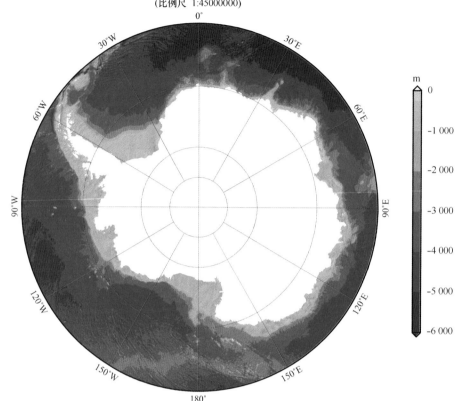

图 5-8　南大洋水深图

（根据 IBCSO 数据绘制）

　　南极周边大陆架最显著的特征是大水深、不平坦和像陆内倾斜的地形。外陆架水深一般在 400~500 m，内陆架水深在有些地方超过 1200 m，陆架平均水深达到 500 m，约是全球大陆架平均水深的 8 倍。东南极陆架相对要窄，西南极陆架普遍要宽，而且大部分被冰架所覆盖。下面，我们简述几个典型海区的地形地貌特征。

5.2.1.1　普里兹湾附近海域

　　普里兹湾是东南极陆缘的一喇叭状海湾，位于 67°45′—69°30′S，70°—80°E 之间，面积约 $6×10^4$ km²，是除威德尔海和罗斯海外凹进南极大陆最深的海湾（图 5-10）。第 29 次南大洋考察区块位于普里兹湾陆架最宽、而又内缩的地段，在 72.5—75°E 之间，是西侧陆架地貌 NWW 走向和东侧陆架地貌 NEE 走向的交汇高地，作为西侧陆架的一部分向西朝冰架方向海底地形趋深，至 NW 向的深槽（超过 800 m）与西边的弗拉姆浅滩（Fram Bank）隔开，作为东侧陆架的一部分向东收缩，中间地形下凹，终止于四夫人浅滩（Four Ladies Bank）高地。因此，测区主体是普里兹湾陆架外缘隆起，最浅小于 200 m，隆起内部地形下凹，最深达到 600 m（图 5-11）。测区北部对应于陆坡，地形逐步变深，直到洋盆，水深超过 3 000 m。测区在南北方向上位于 65.5—68.5°S 之间，对应于普里兹湾陆架的外侧部分，测区往南朝冰架

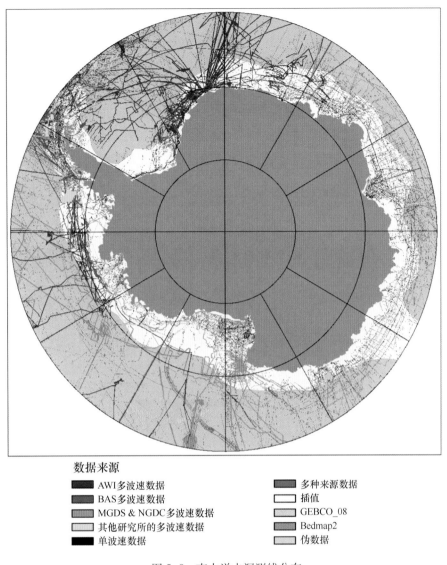

数据来源

■ AWI多波速数据　　　　　■ 多种来源数据

■ BAS多波速数据　　　　　□ 插值

▦ MGDS & NGDC多波速数据　□ GEBCO_08

□ 其他研究所的多波速数据　■ Bedmap2

■ 单波速数据　　　　　　　□ 伪数据

图 5-9　南大洋水深测线分布

（根据 IBCSO 数据绘制）

方向海底地形变深，靠近冰架水深可以超过 1 000 m，形成向陆架内侧倾斜的坡度，这可能与接地冰向外似推土机般刮蚀海床有关，而且局部地段可能堆积大量松散物质，不像别的地方有清晰的海底面。

普里兹湾地区包括陆地和海域两部分。陆地部分包括麦克罗伯森地（Mac. Robertson Land）和伊丽莎白公主地（Princess Elizabeth Land），两者之间夹的海湾即为普里兹湾。陆架部分在横向上宽度不一，西侧比较窄，中间因为海湾存在比较宽，东部也相对较宽。陆架中部沿 500 m 等深线内有一条冰川运移形成的 NW 向水道，从普里兹凹陷延伸到 600 m 水深的陆架边缘，即普里兹水道（Prydz Channel），将四夫人浅滩和达恩利海岬（Cape Darnley）附近的弗拉姆浅滩分开。普里兹湾大陆坡的东部较为陡峭，被深海峡谷所切割，上覆滑坡沉积物，而西部呈现向海凸出的轮廓，为普里兹水道冲积扇（Prydz Channel Fan）。普里兹湾凹陷位于普里兹湾中部与埃默里冰架相邻，并通过普里兹水道输送了大量的沉积物到深海区，形成了普里兹水道冲积扇。

陆架坡折带大约在 1 000 m 水深等值线处，之下为陆坡和陆隆。这一部分最显著的特点是一些呈放射状排布的长条形地形高地，之间隔了数条峡谷。地震剖面已经证实这些高地是一些称为漂积体（Drift）的大型沉积体，并且可能和浊流及等深流有关。比较典型的两个漂积体为威尔德漂积体（Wild Drift）和威尔金斯漂积体（Wilkins Drift），其西侧为威尔德海底峡谷（Wild Canyon），这是条大型的峡谷，头部延至陆架外缘。这些峡谷和沉积体正是普里兹水道冲积扇发育的区域（图 5-10）。该冲积扇的水深从大陆架边缘约 500 m 缓慢增加到大约 2 700 m。陆隆区除这些放射状沉积体之外，地形就相对比较缓，整体为一斜坡。在深海盆地之中发育一个海底高地，即凯尔盖朗海台。凯尔盖朗海台的存在使得其和南极大陆之间形成一个狭窄的海底通道，极大地影响了这一区域的水文状态。

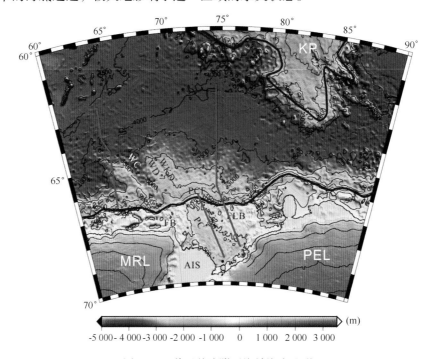

图 5-10 普里兹湾附近海域海底地形

AIS：埃默里冰架；FB：弗拉姆浅滩；FLB：四夫人浅滩；KP：凯尔盖朗海台；MRL：麦克罗伯森地；

PEL：伊丽莎白公主地；WC：威尔德海底峡谷；WD：威尔德漂积体；WKD：威尔金斯漂积体

红线为后面解释的地震剖面位置（从左往右分别为剖面 1、剖面 2 和剖面 3），

黑粗线分别为大致的海台边界以及陆坡—陆架界线

5.2.1.2 罗斯海

罗斯海可以 178°W 经线为界将其分为东、西罗斯海两个部分（图 5-12），东罗斯海地形特征为 N—S 走向，而西罗斯海地形特征为 NE—SW 走向，地表形态上西部比东部更为复杂。

东罗斯海陆架具有削弱的高低地形起伏，起伏幅度约 150 m，起伏波长明显一致地接近 150 km（图 5-12）。近 N—S 向的高地由沉积浅滩组成，浅滩下是一系列被剥蚀的倾斜地层（Hayes and Davey，1975）。这些高地或多或少反映了晚中新世以来的冰川活动影响。靠近玛丽·伯德地，存在深达 800 m 的局部低地，可能在过去某个时间，源于局部陆地冰川活动，或玛丽·伯德地和罗斯福岛（Roosevelt Island）之间的冰流活动。约在冰架冰缘以南 50 km 的

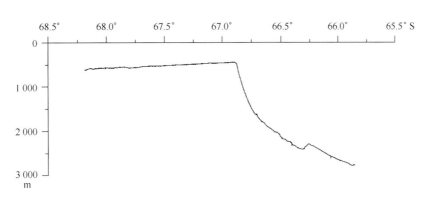

图 5-11　普里兹湾外陆架 PL04 测线实测的水深剖面

罗斯福岛可能为花岗岩侵入引起的地形高地。海底基本为小尺度的光滑地形，但有些地方下面见有短波长不规则线状体，覆盖的海洋冰川沉积可达到 20 m 厚。接近陆架边缘，海底升高几十米，高地之间形成一些低地，不连续的高地近似平行于陆架边缘。

　　西罗斯海陆架表现为更加起伏的海脊与沟谷相间地貌形态，74°S 以南至德里加尔斯基冰舌的维多利亚地近岸的德里加尔斯基盆地（图 5-12），为一 NE 向的线性深槽，水深 700~1 200 m，而且越向南靠近冰舌水深越大，可能既与冰舌裂解刮蚀地形有关，也与伴随横贯南极山脉抬升的沿维多利亚地海岸的特拉裂谷构造活动影响有关。在罗斯冰架外缘，自北向南高出海平面的新生代火山锥有库尔曼岛（Coulman Island）、富兰克林岛（Franklin Island）、博福特岛（Beaufort Island）和罗斯岛（Ross Island）。除了这 4 座海山，不排除海底火山，如富兰克林岛南边就有浅滩高地。

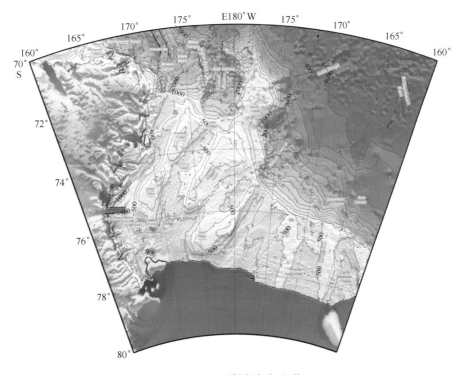

图 5-12　罗斯海海底地形

西罗斯海陆坡和陆隆同样比东罗斯海复杂多变，西罗斯海陆坡形态比较复杂，陆坡的坡度约有 4°。陆架坡折线位于 500~600 m 等深线位置，地形走向在此处发生了巨变，由陆架区 N—S 走向变为陆坡和陆隆区的 E—W 走向。艾斯林浅滩（Iselin Bank）顶部约在 500 m 水深位置与主陆架接壤，往北逐渐加深，在 71°30′S 位置水深达到 1 000 m（图 5-12）。艾斯林浅滩北延部分，与东部浅滩主体之间隔有一个深水沉积盆地，并由 N—S 向弧形弯曲为 NW 向。约在 177°E 经线的北稍偏西方向上，排列着一系列小高地，形成哈利特海岭（Hallett ridge），其中这条海岭北端指向的深海盆海山水深浅于 600 m。在靠近 173°E 位置，一条低而明显的脊岭由陆坡往北延伸到 71°21′S 位置，再往北平行方向出现沉积物充填的阿黛尔海槽（Adare trough）。这个深槽沉积厚度超过 500 m，往 NW 方向明显表现出地堑特征，说明受到地堑活动构造的控制。

艾斯林浅滩以东陆坡形态相对简单，在 160°W 位置陆坡最陡，坡度可以到达 7.5°，向西坡度变缓，在 172°W 位置也就 1.0° 左右。陆坡宽缓部分对应于东部陆架下伏沉积盆地向海延伸部分（图 5-12），上陆坡为平缓的晚期沉积所覆盖，厚度可以达到 50 m。SSW 倾向的地层露头出现在 2 500 m 深度的海底（Hayes and Davey，1975），这个位置表现出约 40 m 起伏的不规则地形。在宽缓陆坡以东、以西的其他地方，会出现沉积物充填到坡脚位置的陆坡粗糙地形。

5.2.1.3 南极半岛周围海域

南极半岛是南极大陆往北伸长的呈"S"形半岛，总体为 NNE 向延伸，其东北端转为 NEE 向，全长约 2 000 km。其中南设得兰群岛由史密斯岛、洛岛、斯诺岛、欺骗岛、利文斯顿岛、纳尔逊岛、乔治王岛等 NE 向链状排列的岛屿组成。南极半岛周围海域主要有德雷克海峡和布兰斯菲尔德海峡（图 5-13）。

德雷克海峡位于南美洲南部和南极半岛之间，海峡宽度约 900 km²，平均水深 3 500 m 以上，最大水深可达 5 300 m。该海峡海面狭窄，水流湍急，地形、地貌较为独特，是沟通太平洋和大西洋水体的唯一通道。

围绕南设得兰群岛的我国首次南极科学考察的水深资料就显示陆架、陆坡、海沟和海槽这样一些地貌单元（王臣海和张兆祥，1989），南设得兰海沟、南设得兰群岛和布兰斯菲尔德海峡类似西太平洋的沟—弧—盆构造体系。在南设得兰群岛西南方向则是南极半岛完整的较宽阔的陆架。在半岛主岛陆架上分布有深度不到 200 m 的河谷，并延伸至海峡南坡上，发育为一系列海底峡谷，呈"V"字形，呈宽 5~10 km，谷坡不平整，谷底相对水深达百米乃至千米以上。

南设得兰群岛北侧岛坡下是南设得兰海沟，呈断续状，东段 E—W 向，位于 57°30′—61°00′W，61°40′—62°20′S，长 150 km，宽 60 km；西段海沟在 62°00′—64°10′W，62°00′—63°00′S，长 120 km，宽 40 km。在东、西段海沟之间，63°00′W、61°40′S 处有一长 30 km、宽 10 km 的低洼地，深 4 500 m。南设得兰海沟总体上东深西浅，东部最大水深在 5 200 m 以上，西部只 4 600 m 左右，海沟基本局限在英雄断裂带和沙克尔顿断裂带之间。德雷克海峡深海盆走向 NE，水深 3 000~4 000 m，中间存在着走向近 E—W 的海岭和海丘，基本上属于矮海山，高度在 500~2 000 m 之间。中部扩张脊表现为双峰海山，与两翼地形高差约 1 300 m，双峰海山间为一海谷，水深约 4 100 m。火地岛陆架与南美大陆相连，陆架坡度较平缓，小于1°，陆坡坡度约3°30′，陆坡宽度70 km左右（吴水根和吕文正，1988）。

布兰斯菲尔德海峡是一深2 000 m以上的"U"形槽谷，走向为NE—SW向，长400 km，宽90~100 km，槽底宽20 km；海槽南北两坡不对称，南坡尽管有峡谷深切，但坡度总体较缓，并有台级出现，北坡陡峭，海槽内还分布有众多的海底火山，裂谷也达到槽底。海槽以欺骗岛和布里奇曼岛为节点划分为3个次海槽：东部次海槽、中部次海槽和西部次海槽，东部次海槽的水最深，最深处达2 784 m；西部次海槽的水深最浅，小于1 000 m（姚伯初等，1995；图5-13）。海槽东深西浅，东部靠近克拉伦斯岛南面稍稍高起，而后通入斯科舍海；西端则逐渐变浅以至消失。南设德兰群岛北侧岛坡应是南极大陆坡的一个组成部分。该岛坡宽50~70 km，坡脚水深4 000~5 000 m，坡度3°28′，岛坡具有不甚典型的台级，宽5~10 km。

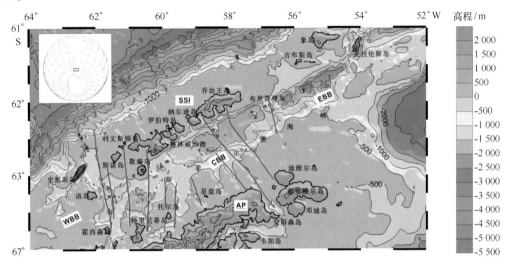

图5-13　南设得兰群岛附近海区海底地形

（红色实线为断层，红色圆点为海底火山。SSI：南设得兰群岛；AP：南极半岛；
WBB：西部次海槽；CBB：中部次海槽；EBB：东部次海槽）

5.2.1.4　威德尔海

威德尔海是南极洲最大的边缘海，属于南大洋的一部分。位置处于南极半岛与科茨地之间，最南端到达83°S，北侧到达70°—77°S。中心点地理坐标大致为73°S、45°W。威德尔海西临南极半岛，东为科茨地，深入南极大陆海岸，形成凹入的大海湾。威德尔海的陆架宽度在550 km以上。其最南是广阔的菲尔希纳和龙尼冰架，为一北宽南窄的三角形海湾，总面积约$280×10^4$ km²。北部面向开阔大洋，以南桑德韦奇海沟（South Sandwich Deep）最深，深度可达8 428 m。全世界的大洋底部冷水有一半以上源出南极海域，其中大部分即产生于威德尔海。表层海流以顺时针方向运动，沿科茨地西南流，再沿南极半岛北流，最后与西风漂流汇合（图5-14）。

威德尔海湾的正式边界定义是威德尔海的南侧和在菲尔希纳冰架以及龙尼冰架之下，西侧到南极半岛，南侧到埃尔斯沃斯—怀特莫尔—彭萨科拉山脉一带（Ellsworth、Whitmore和Pensacola mountains），东侧到科兹地，北侧到威德尔海深海平原坡折处，其陆架部分水深介于300~1 500 m之间。在西侧、东侧和南侧分别分布着深槽，东侧为位于科兹地的泰尔（Thiel）深槽（包括菲尔希纳（Filchner）深槽和克拉里（Crary）槽），往北延伸到陆架边

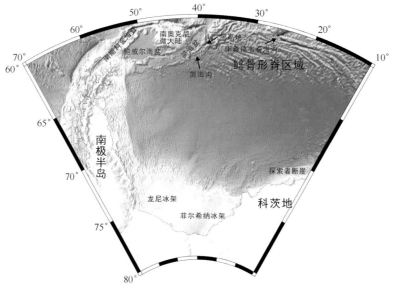

图 5-14　威德尔海海底地形

缘。西侧为龙尼冰架，临近奥维尔（Orville）和拉西特（Lassiter）海岸。

威德尔海湾自侏罗纪后成为接收这些冰川沉积的主要沉积中心（Huang et al., 2014）。渐新世以来，这些沉积物的供给变化随着冰期变化而明显变化。尤其是在陆架边缘，冰架的供给方式以线源为主，冰缘供给的宽度可达 50 km 以上，远超过河流系统向海输送的点源方式（Lindeque et al., 2013）。如此巨量的沉积体现在地貌变化上则是面向菲尔希纳冰架以及龙尼冰架的威德尔海西南侧有着整个海区最为宽广的陆架，同时受冰架沉积物的影响，陆架的水深相比于南极半岛东侧和威德尔海东南角更浅。表明巨量的堆积沉积物对陆架的延伸宽度和水深有着一定的影响。

威德尔海大陆架以西侧和南侧为宽，其中西南侧最宽，陆架最宽处超过 450 km，西侧陆架次之，最宽处可达 300 km。东南侧的陆架相对狭窄，从岸向海水深达到 500 m 时陆架一般小于 40 km。陆坡紧挨着陆架分布，在南极半岛东侧，陆坡分布较宽，一般可达 400 km 左右；威德尔海西南侧的陆坡分布相对较为均衡，一般为 300 km 左右；在威德尔海东南侧陆坡分布较窄，陆坡宽度不足 100 km，在该处陆坡可见明显的坡折线，可能代表了对应的上陆坡和下陆坡。深海平原主要位于（47°W，64°S）~（22°W，72°S）以东连线的广大部分，向北东倾斜，深海平原的水深在 4 000~5 000 m。而海脊、海槽主要分布于威德尔海的东北侧，形成了鲱骨形区域。简海沟、南桑德维奇海沟深入威德尔海南端部分则在北部截断了鲱骨形区域往北扩展的空间。海底高原是南极半岛往东北延伸的水下部分，高原区域一般水深小于 500 m，其间隔形成了鲍威尔海盆和简海盆等水深在 3 000 m 左右的海盆，于 4 000~5 000 m 的深海平原上形成明显的水下阶地。

5.2.2　卫星测高重力异常反演及与船测重力异常融合

5.2.2.1　卫星测高反演重力异常的原理

卫星测高海洋重力异常的反演算法有多种，如最小二乘配置法、逆 Stokes 算法、逆

Verning-Meinsz 算法和 Hotine 积分法等。这几种算法在原理、效率与起算数据方面有所区别。最小二乘算法之外的其他几种算法是解析法，都可化为卷积运算形式利用 FFT 求积，计算效率高，适用于确定全球海洋重力异常，但无法计算评估结果精度。而最小二乘配置法是一种统计法，求解过程解算大型矩阵，计算所需时间更多，导致该算法主要用于局部海洋重力异常反演。相反，最小二乘配置法具有两大优点，其一能够融合各种不同类型的重力数据，其二由输入数据的精度可估算出结果精度。

大地水准面高或垂线偏差，可用于卫星测高反演海洋重力异常。已有研究结果表明，相对于大地水准面高，垂线偏差的求取过程能够消除大地水准面高的部分系统误差，其精度更高，目前国内外主要以垂线偏差作为起算数据。将垂线偏差作为起算数据时，逆 Verning-Meinsz 算法和最小二乘配置算法均可反演获取海洋重力异常。南极海域卫星测高海洋重力异常实际计算时，考虑到其空间数据密度很高，逆 Verning-Meinsz 算法和最小二乘配置在计算结果精度上无明显差异，而逆 Verning-Meinsz 算法的效率更高，因此这里选取逆 Verning-Meinsz 算法作为反演算法。下面具体介绍以垂线偏差作为起算数据，选取逆 Verning-Meinsz 算法，反演卫星测高重力异常的算法及表达。

（1）逆 Verning-Meinsz 公式

逆 Verning-Meinsz 公式：

$$\Delta g_P = \frac{\gamma_0}{4\pi} \iint_\sigma H'(\xi_Q \cos\alpha_{QP} + \eta_Q \sin\alpha_{QP}) \mathrm{d}\sigma_Q \tag{5-7}$$

式中，P 为计算点；Q 表示流动点；γ_0 表示正常重力，由 GRS80 计算得到；ξ 与 η 分别表示垂线偏差的子午圈方向分量和卯酉圈方向分量；α_{QP} 表示 QP 的方位角；σ 为单位圆；H' 表示核函数，具体如图 5-15 所示，其定义为：

$$H' = -\frac{\cos\dfrac{\Psi_{PQ}}{2}}{2\sin\dfrac{\Psi_{PQ}}{2s}} + \frac{\cos\dfrac{\Psi_{PQ}}{2}\left(3 + 2\sin\dfrac{\Psi_{PQ}}{2}\right)}{2\sin\dfrac{\Psi_{PQ}}{2}\left(1 + \sin\dfrac{\Psi_{PQ}}{2}\right)} \tag{5-8}$$

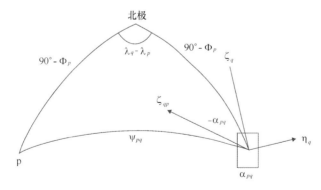

图 5-15 *PQ* 两点的球面距离 Ψ_{PQ}

（引自 Hwang, 1998）

当球面距离 Ψ 很小时，H' 可近似为：

$$H' \approx -2/\Psi^2 \tag{5-9}$$

垂线偏差的分量 ξ 与 η 为式（5-8）的输入量，垂线偏差 ε 与任意方位角 α、ξ 与 η 的关

系为：

$$- \varepsilon = \xi\cos\alpha + \eta\sin\alpha \tag{5-10}$$

在两轨迹地面交叉点，升弧轨道的方位角 α_a 与降弧轨道的方位角 α_d 的关系为：

$$\alpha_a = \pi - \alpha_d \tag{5-11}$$

在交叉点，升弧轨道和降弧轨道的垂线偏差 ε_a 和 ε_d 可分别表示成为：

$$- \varepsilon_a = \xi\cos\alpha_a + \eta\sin\alpha_a$$
$$- \varepsilon_d = \xi\cos\alpha_d + \eta\sin\alpha_d \tag{5-12}$$

联合式（5-11）与式（5-12），得到 ξ 与 η 关系为：

$$\xi = (\varepsilon_a - \varepsilon_d)/2\cos\alpha_a$$
$$\eta = (\varepsilon_a - \varepsilon_d)/2\sin\alpha_d \tag{5-13}$$

当存在多颗测高卫星时，不同测高卫星的方位角通常不一致。在求取某个格网的 ξ 与 η 时，假设该格网内有 n 组垂线偏差观测值，每组垂线偏差均包含升弧轨道和降弧轨道，可利用这 n 组垂线偏差求解 ξ 与 η。由这 n 组垂线偏差观测值，列出 n 组类似的方程，然后根据升弧轨道垂线偏差、降弧轨道垂线偏差及相应的权，由最小二乘平差求解 ξ 与 η 的格网值。

（2）基于垂线偏差卫星测高重力异常反演

已知垂线偏差 ξ 与 η 分量的格网数据，采用一维傅立叶变换重力异常：

$$\Delta g_P = \frac{\gamma_0 \Delta\theta \cdot \Delta\lambda}{4\pi} F_1^{-1} \left\{ \sum_{\theta_Q = \theta_1}^{\theta_n} F_1(H'(\Delta\lambda_{QP})\cos\alpha_{QP}) F_1(\xi_{\cos}) + F_1(H'(\Delta\lambda_{QP})\sin\alpha_{QP}) F_1(\eta_{\cos}) \right\} \tag{5-14}$$

式中，$\xi_{\cos} = \xi\cos\theta$；$\eta_{\cos} = \eta\cos\theta$；$\Delta\lambda_{QP} = \lambda_Q - \lambda_P$；$\Delta\theta$ 与 $\Delta\lambda$ 分别为纬度和经度方向的格网间隔；F_1 表示一维傅立叶变换运算符；F_1^{-1} 为 F_1 的逆变换。采用一维傅立叶变换，利用 FFT 技术可同时快速计算得到同一纬度的所有经度方向的重力异常，因此一维傅立叶变换比直接求和快得多。

（3）奇异积分区效应

采用逆 Verning-Meinsz 公式反演海洋重力异常时，称以计算点为中心的积分区为内区。当计算点与流动点的球面距离为 0 时，核函数 H' 奇异。核函数发生奇异的面积达到几平方千米到几十平方千米，称为奇异积分区，反演重力异常时必须考虑内区的奇异性效应。假定奇异积分区为球面，只保留线性项，则奇异积分区效应 Δg_i 为：

$$\Delta g_i = \frac{1}{2} s_0 \gamma (\xi_y + \eta_x) \tag{5-15}$$

式中，s_0 表示奇异积分区的半径，设其为一个 Δx 和 Δy 的网格，则有：

$$s_0 = \sqrt{\frac{\Delta x \Delta y}{\pi}} \tag{5-16}$$

5.2.2.2 数据处理流程

（1）卫星测高回波波形的波形重定

卫星测高最初用于海洋学方面的研究，如利用 T/P 卫星监测海平面变化、研究海洋洋流和潮汐等。除了测距，回波波形还可推导出一些其他参数，这些参数与海洋学直接相关。为获得海洋学参数、获取高精度海洋重力异常和大地水准面，需要对开阔海域回波波形重新处理。

非开阔海域不同区域的回波波形在一定程度上偏离 Brown 模型，影响星载处理器得到的卫星到反射面垂距的精度。为提高卫星测高的测距精度，需要求出波形前缘中点与星载处理器采样窗口中点的偏差，对卫星测高的测距进行改正，该过程称为波形重定，目前波形重定已成为卫星测高研究的热点和难点。利用非开阔海域不同区域的回波波形进行波形重定，有利于提高测高的测距精度，恢复更多的测高数据，进而扩大测高的应用范围，如近海海平面变化的监测、两极海域海冰监测和非开阔海域海洋重力异常反演等。

针对不同反射面，国内外学者（如 Martin et al.，1983；Rodriguez，1988；Rodriguez and Chapman，1989；Rodriguez and Martin，1994；Maus et al.，1998；Hwang et al.，2006）提出了多种波形重定算法。根据其数据处理方式，波形重定算法分为两类，一类为统计算法，OCOG（Offset Center of Gravity）和阈值法是其典型代表；另一类为数学拟合算法，典型代表为 β-5 算法。下面重点介绍 OCOG、β 参数法、阈值法和子波形阈值法 4 种波形重定算法。

①OCOG 法。

OCOG 算法由 Wingham 等（1986）提出，属于典型的数学统计方法。该算法最初为了利用 ERS-1/2 测高数据监测两极冰盖变化，其思路是对每个回波波形进行分析，找出回波波形的波形重心，从而得到波形前缘中点。由回波波形数据计算矩形的重心和宽度，通常假定波形的重心和该矩形的重心重合，两者的面积相等，振幅是重心的 2 倍。

OCOG 的计算公式如下：

$$COG = \sum_{i=1+n_a}^{N-n_a} iP^2(i) \Big/ \sum_{i=1+n_a}^{N-n_a} P^2(i)$$

$$A = \sqrt{\sum_{i=1+n_a}^{N-n_a} P^4(i) \Big/ \sum_{i=1+n_a}^{N-n_a} P^2(i)}$$

$$W = \Big(\sum_{i=1+n_a}^{N-n_a} P^2(i)\Big)^2 \Big/ \sum_{i=1+n_a}^{N-n_a} P^4(i)$$

$$LEP = COG - W/2$$

(5-17)

式中，$P(i)$ 表示波形的第 i 个采样值；n_a 表示波形前后几个混迭（aliased）采样点的点数，通常 Geosat 波形 n_a 为 0，ERS-1/2 波形 n_a 为 4；N 表示回波波形总采样点数，Geosat 的 N 为 60，ERS-1/2 的 N 为 64；COG 表示波形重心；A 表示波形振幅；W 表示波形宽度；LEP 表示波形前缘中点。为减少波形前缘较小采样值的影响，计算时采用采样值的平方。

②β 参数法。

β 参数法由 Martin 等（1983）提出，基于数学拟合，最初为提高 Seasat 在两极冰盖的测距精度。根据参数个数，β 参数法分为 β-5 与 β-9，通常采用 β-5 对单波形前缘或 β-9 对双波形前缘回波波形进行拟合。当星下点足迹中出现不同高程反射面，回波波形呈现出多波形前缘的回波波形。根据回波波形特点，首先将回波波形分为简单波形和复杂波形，然后采用相应模型对回波波形进行拟合，确定回波波形的波形前缘中点位置。

β 参数法的一般形式（Martin et al.，1983；Zwally，1996）为：

$$y(t) = \beta_1 + \sum_{i=1}^{2} \beta_{2i}(1 + \beta_{5i}Q_i) P\big[(t - \beta_{3i})/\beta_{4i}\big]$$

(5-18)

式中，

$$Q_i = \begin{cases} 0 & t < \beta_{3i} + 0.5\beta_{4i} \\ t - \beta_{3i} - 0.5\beta_{4i} & t \geq \beta_{3i} + 0.5\beta_{4i} \end{cases}$$

$$P(x) = \frac{1}{\sqrt{2\pi}} \int_{-\infty}^{x} e^{-q^2/2} dq, \quad q = (t - \beta_{3i})/\beta_{4i}$$

$i = 1$ 或 2 分别表示单波形前缘或双波形前缘波形，式（5-18）的未知参数的意义分别表示如下。

β_1：波形的热噪声；

β_{2i}：波形振幅；

β_{3i}：波形前缘中点；

β_{4i}：与有效波高相关的波形前缘斜率；

β_{5i}：与星下点足迹后向散射相关的波形后缘斜率。

③阈值法。

OCOG 算法易于实施，但它未考虑海水面的物理性质。且该算法利用所有波形采样值计算，对海水面变化和测高天线指向非常敏感。当回波波形的波形前缘上升时间较长（即斜率较小）时，该算法得到的波形前缘中点出现误差，影响波形重定后的测高测距精度。

为改善两极冰盖波形重定后的测高测距精度，Davis（1997）在 OCOG 算法基础上提出了阈值法，用于监测冰盖高程变化。该算法以 OCOG 算法得到的波形振幅参数 A 为基础，由指定的百分比即阈值水平确定阈值，波形前缘中点由与该阈值两相邻采样点的采样值线性内插确定，具体计算公式为：

$$DC = \sum_{i=1}^{5} P(i)/5$$

$$T_l = (A - DC)Th + DC \tag{5-19}$$

$$G_r = G_{k-1} + (G_k - G_{k-1}) \frac{T_l - P(k-1)}{P(k) - P(k-1)}$$

式中，A 由式（5-17）计算；DC 表示热噪声，由波形前 5 个采样值取平均得到；Th 表示阈值水平；T_l 表示与阈值水平对应的阈值；G_k 表示采样值大于阈值 T_l 的采样点；G_r 表示波形前缘中点。当 $P(k) = P(k-1)$，由 $k+1$ 代替 k。

阈值法保留了 OCOG 算法的优点，并改善了 OCOG 算法，提高了波形重定后测高测距精度。但该算法并非基于物理模型，且选取的阈值水平影响了计算结果的精度，常用的阈值水平有 0.1、0.2、0.3 和 0.5 等。

④子波形阈值法。

开阔海面平均波形表达式为：

$$P(t, \tau, \sigma, A, \alpha) = \frac{A}{2}\left[\mathrm{erf}\left(\frac{t-\tau}{\sqrt{2}\sigma}\right) + 1\right] \begin{cases} 1 & t < \tau \\ \exp(-\alpha(t-\tau)) & t \geq \tau \end{cases} \tag{5-20}$$

任意回波波形中波形振幅 A 可看成常数，当不考虑波形振幅对波形的影响时，此时称之为波形形状，即 $A = 1$ 波形称为波形形状。工作状态稳定的测高卫星 α 也可看做常数，因此稳定测高卫星波形形状只与 σ 有关。σ 的定义为 $\sigma^2 = \sigma_P^2 + (2\sigma_S/c)^2 \sigma^2 = \sigma_P^2 + \left(\frac{2}{c}\sigma_S\right)^2$，其中 $\sigma_S = SWH/4$，σ_P 与高度计参数有关。特定的测高卫星 σ_P 看成常数，波形形状为有效波高 SWH 的函数。

通过相关分析，研究发现波形高与 SWH 对应，SWH 不同，波形高也不同，因此这里选取 SWH=5 m 波形为参考波形。考虑到回波波形误差分布特征，波形前缘误差较小，选取该部分采样点为参考波形，用于波形相关分析寻找回波波形的最佳子波形。以波形前缘作为参考波形，将参考波形与回波波形进行波形移动相关分析，即回波波形的多个子波形与参考波形的相关分析，而回波波形至少包含一个波形前缘，因此波形移动相关分析总能获得至少一个相关系数极大值，即相关系数极大值对应的子波形与回波波形的波形前缘对应。

在获取最佳子波形之后，应用阈值法进行波形重定，该方法即为子波形阈值法。对于阈值水平的选取，国内外还没有一致看法。为确定冰盖高程变化，Davis（1997）比较了 0.1、0.2 和 0.5 三种不同阈值水平波形重定后的结果，结果发现从冰盖高程重复性来看，0.1 对应的结果最好；从平均高程来看，0.2 得到的结果更适合；0.5 得到的结果不太好，只有冰盖发生反射才合适。Deng 等（2006）则采用 0.3 阈值水平用于澳大利亚周边海域回波波形的波形重定，Hwang 等（2006）则采用 0.5 阈值水平用于台湾周边海域回波波形的波形重定。

我们并不预先设定固定阈值水平，以 0.1、0.2、0.3 和 0.5 四种阈值水平对有效子波形进行波形重定，这样形成不同阈值水平的子波形阈值法。目前利用 ERS-1/GM 在南极的实验发现 0.1 作为阈值水平比较适合，因此选取该阈值水平。

Cryosat-2 的二级产品直接给出了波形重定改正后的高度，因此不需要进行这方面的数据处理；而 Jason-1 则需要波形重定对测距进行改正。

（2）海面高数据处理

海面高数据处理流程参考图 5-16，主要包括海面高的移去恢复过程：选取参考海面高 MSSH，扣除其影响，得到了海面高的短波分量即海面高残差，分析沿轨迹海面高残差特点，进行数据处理，得到具有高信噪比的海面高残差，最后恢复 MSSH，得到处理后的海面高。

受各种因素影响，沿轨迹海面高残差存在粗差点，为消除粗差点，这里采用高斯滤波，其表达式 $f(x)$ 为：

$$f(x) = e^{-s^2/\sigma^2} \tag{5-21}$$

式中，s 表示沿轨距离；σ 为卷积窗口大小的 1/6。

但高斯滤波后沿轨迹海面高仍然存在海面高突变现象（通常带有海面高平移现象），这说明高斯滤波无法消除海面高的系统误差。沿轨迹海面高出现海面高突变现象，海面高具有两大特征：其一，海面高在某一采样点开始出现海面高突变现象，即海面高突然变大或变小，其变化量明显大于海面高的正常波动；其二，沿轨迹海面高出现海面高平移现象时，海面高突变采样点前后的海面高平均值存在明显的差异。为此，提出了海面高均值平移法，以解决海面高平移现象。该算法首先找出发生海面高突变的采样点，然后计算得到该采样点前后的海面高平均值，根据突变前后的海面高平均值对海面高进行平移。

（3）垂线偏差数据处理

海洋重力异常反演的起算数据为垂线偏差，由垂线偏差反演海洋重力异常的算法为最小二乘配置法和逆 Verning-Meinsz 算法。这两种算法均得到了应用，其中利用最小二乘配置法获取 ξ 和 η 格网数据，然后采用逆 Verning-Meinsz 算法反演海洋重力异常。具体计算过程，采用移去恢复过程。

数据计算时，首先计算出每个点的海面高残差，得到沿轨迹相邻两点的海面高差残差，

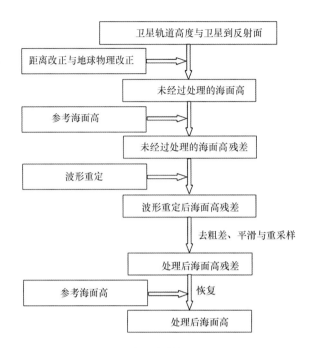

图 5-16　海面高数据处理流程

然后估算出垂线偏差残差。

重采样得到的 2 Hz 海面高精度较高，对应的垂线偏差残差精度较高，而进一步处理可提高其精度。垂线偏差残差的数据处理分两种，其一是直接对沿轨迹垂线偏差进行处理，其二则是对格网数据进行处理。

①沿轨迹海面高差残差。

垂线偏差残差与海面高差残差直接相关，因此这里采用海面高差残差替代垂线偏差残差进行处理。对沿轨迹海面高差残差分析发现，沿轨迹海面高差残差存在粗差点，需要进行滤波等数据处理。

②整个区域粗差剔除。

研究发现，任意格网内存在着不同测高卫星的垂线偏差，受各种因素的影响，这些垂线偏差有时差别较大，格网内甚至会出现了垂线偏差的粗差点，利用这种数据反演海洋重力异常，会将降低海洋重力异常的精度，需要剔除格网的粗差点，这里采用 tau 检验来检验和剔除同一格网内不同卫星垂线偏差的粗差点。

在任意格网内，如 $2' \times 2'$，测高卫星沿轨迹垂线偏差可写成：

$$- \varepsilon_i + v_i = \xi \cos\alpha_i + \eta \sin\alpha_i, \quad i = 1, \cdots, n \qquad (5-22)$$

式中，ε 表示垂线偏差残差；v 表示平差值残差；n 表示该格网内的观测个数；α 表示与观测值 ε 对应的方位角；ξ 和 η 表示该格网垂线偏差残差的分量。根据各观测值误差得到相应的权，采用最小二乘平差算法对式（5-22）求解，得到 ξ 和 η 的平差值，同时可估算出格网内每个观测值对应的 v_i 及其标准差 σ_{vi}，tau 检验即利用 v_i 和 σ_{vi} 进行统计检验。

做统计假设检验，原假设 $H_0: E(v_i) = 0$，即观测值 ε_i 不存在粗差点，考虑到 $v_i \sim N(0, \sigma_{vi})$，于是有标准的正态分布统计量 $T = |v_i| / \sigma_{vi}$，做 tau 检验，如果 $T > \tau\alpha/2 (n-2)$，则否定 H_0，即 $E(v_i) \neq 0$，即 ε_i 可能存在粗差点，其中 $\tau\alpha/2 (n-2)$ 表示自由度为 $n-2$ 的 tau

值，由查表得到。

利用 tau 检验一次只能发现一个粗差点，当要检验和剔除另一个粗差点，需要先剔除所发现的粗差点，重新平差，计算统计量，依次进行直到所有粗差点均被剔除掉。

（4）Draping 算法介绍

Draping 算法通常是将精度较高的一种数据，挂到精度相对较低的另一种数据上。该算法属于解析法，计算简单有效，不需考虑不同类型数据的权重，但当高精度数据不占优，利用该算法进行数据融合，高精度数据被低精度数据污染，降低其应有贡献。

将 Draping 算法用于船测重力异常数据与测高海洋重力数据的数据融合时，由船测重力异常 Δg_{ship} 和内插出相应的测高海洋重力异常 Δg_{alt}，得到了相应的重力异常余差 $\dot{\varepsilon}$（为与移去恢复过程的重力异常残差区分）：

$$\dot{\varepsilon} = \Delta g_{\text{ship}} - \Delta g_{\text{alt}} \tag{5-23}$$

由重力异常余差 $\dot{\varepsilon}$ 形成格网数据 Δg_{ε}，然后将该格网数据叠加到测高海洋重力格网数据上，得到了数据融合后的结果，具体流程如图 5-17 所示。

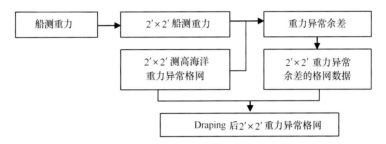

图 5-17　Draping 测高重力与船测重力数据融合的流程图

5.2.2.3　数据处理结果及与船测重力异常对比、融合

（1）Cryosat-2 数据介绍

1996 年 6 月，Cryosat 卫星被选为欧洲太空局"生命行星"计划中的第一颗卫星。2000 年上半年及 2001 年，欧洲太空局及其工业承建商开展了可行性研究，并对系统设计进行了详细规划。经过 4 年多的开发和测试，2005 年 7 月在俄罗斯发射，由于火箭故障，卫星发射失败。Cryosat 卫星替代品 Cryosat-2 测高卫星于 2010 年 4 月成功发射。Cryosat 主要采用高度计测量地球和海洋海冰厚度变化，对极地冰层和海冰进行精确监测，从而评估全球变化对其影响。不同于之前的卫星测高，其轨道倾角为 92°，因此能覆盖到南北纬 88°之间的广大区域，其重复周期达到 369 d，超过之前 ERS-1/GM 和 Jason-1，因此其空间分辨率更高。

为了完成科学考察任务，Cryosat-2 上搭载了更先进的平台和载荷，其中最关键的仪器为全新的高度计——合成孔径/干涉雷达高度计（SIRAL），其主要任务是观测两极冰盖的内部结构，对海冰及其他地貌进行研究。SIRAL 具有 3 种测量模式：①低分辨率测量（LRM）模型，该模式即传统的卫星测高观测模式，仅测量相对平坦的地区；②合成孔径雷达（SAR）模式，主要用于对海冰进行高分辨率测量，沿轨方向分辨率为 250 m；③合成孔径雷达干涉测量（SARIn）模式，用于复杂地势区域，测量精度预计 1~3 cm。

这里采用 Cryosat-2 的二级产品，时间区间从 2010 年 7 月到 2014 年 3 月。这些数据直接进行了波形重定，因此直接采用即可。

（2）Jason-1/GM 数据介绍

Jason-1 是由 NASA 和法国联合研制的项目，它是 Topex 的后续卫星，2001 年发射，主要用于监测全球海洋循环、改善全球气候预测，探测 El Nino 等现象，此外 Jason-1 联合 GRACE 可以有效监测全球质量分布。Jason-1 的设计寿命为 3 年，实际工作时间达到 11 年，海面高精度达到 4.2 cm。Jason-1 最早与 Topex 执行相同的任务，即监测全球海洋变化。2012 年 4 月开始，Jason-1 执行大地测量任务 GM，其重复周期达到 406 d，于 2013 年完成该任务。Jason-1 的数据包含了 GDR、IGDR、SGDR 和 SIGDR 等多种数据，本书采用的是包含回波波形的 SGDR 数据。

（3）海面高数据处理

不考虑波形重定时，海面高的数据处理分为以下五步。

步骤 1：移去长波，采用 EGM2008 作为参考重力场，用于计算海面高长波部分，由此得到剩余海面高。

步骤 2：粗差剔除与滤波，采用高斯滤波剔除，对剩余海面高去除粗差点，高斯滤波得到平滑后的海面高。

步骤 3：海面高平移，具体方法和流程前文已有介绍。

步骤 4：滤波及重采样，对海面高平移后海面高滤波，根据 1 km 间距内插得到经纬度，然后内插得到相应的海面高。

步骤 5：恢复长波，步骤 1 移去了长波效应，这一步恢复长波效应，根据经纬度内插得到海面高长波，然后加上重采样结果，得到重采样的海面高。

下面分别以 Jason-1 和 Cryosat-2 的一条轨迹为例，详细说明卫星测高海面高数据处理，其中 Jason-1 还额外包含了波形重定数据处理。

①Jason-1 数据处理。

Jason-1 数据处理主要分为移去长波、波形重定、粗差剔除、海面高平移、滤波及重采样和恢复长波，以 JA1_ SDR_ 2PcP500_ 101 经过的南极半岛附近海域为例，各步骤分别如图 5-18（a）~（f）所示。

②Cryosat-2 数据处理

Cryosat-2 数据处理只涉及以上五步。这里选取在威德尔海一条轨迹 GDR_ 2A_ 20100716T024447_ 20100716T043713_ B001 为例，各步骤分别如图 5-19（a）~（e）所示。

（4）垂线偏差

由于垂线偏差是重力场二阶项，因此其高频信号比较明显。我们在罗斯海、普里兹湾和威德尔海计算了 Cryosat-2 的垂线偏差东西和南北分量，结果如图 5-20 所示。从中可以看出，垂线偏差有效显示高频细节。我们也在南极半岛附近海域计算了 Jason-1 的垂线偏差东西和南北分量。

（5）卫星测高海洋重力异常

经过数据处理，分别利用 Jason-1 和 Cryosat-2 数据反演得到了南极半岛附近海域海洋重力异常，利用 Cryosat-2 数据反演得到了罗斯海、普里兹湾和威德尔海海洋重力异常。图 5-21 所示为由 Cryosat-2 测高数据反演得到的 4 个海域的重力异常分布。

为了评估我们获得的卫星测高海洋重力异常（Whu）精度，分别从普里兹湾和南极半岛海域中选取一条轨迹，对卫星测高进行精度评估，同时也下载了最新版 Sandwell 的卫星测高海洋重力异常，与船测重力异常的比较结果如图 5-22 所示。统计结果表明，本研究利用 Cry-

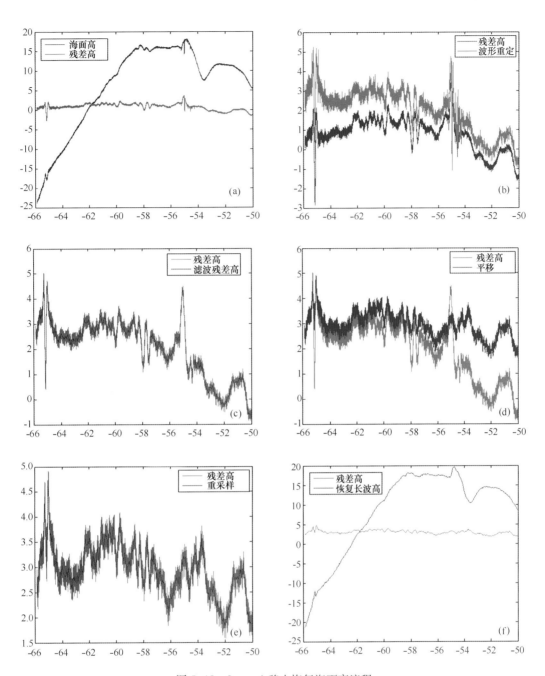

图 5-18　Jason-1 移去恢复海面高流程

osat-2 反演的海洋重力异常 Whu 在两测线的精度分别为 $4.80 \times 10^{-5} \mathrm{m/s}^2$ 和 $3.22 \times 10^{-5} \mathrm{m/s}^2$，而对应 Sandwell 在两测线的精度分别为 $4.93 \times 10^{-5} \mathrm{m/s}^2$ 和 $9.59 \times 10^{-5} \mathrm{m/s}^2$。

　　为了对 Jason-1 和 Cryosat-2 卫星测高海洋重力异常精度进行比较，从南极半岛海域中选取一条轨迹，结果如图 5-23 所示。统计结果表明，Cryosat-2 和 Jason-1 在该测线的精度分别为 $8.39 \times 10^{-5} \mathrm{m/s}^2$ 和 $17.02 \times 10^{-5} \mathrm{m/s}^2$，Cryosat-2 精度明显优于 Jason-1。

　　（6）与船测重力异常的对比、融合

　　我们在实施南大洋海洋重力测量时，将重力仪放置在"雪龙"船上进行船载相对重力测量，尽管出发前后对重力仪在陆地重力基点上进行了比对校核和改正。但往返时间长，超过

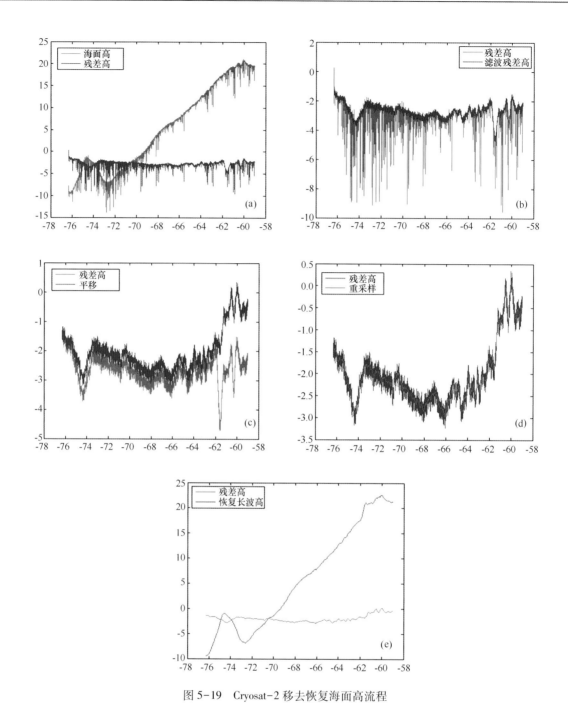

图 5-19　Cryosat-2 移去恢复海面高流程

了相对重力仪手册规定的时段，因此存在系统偏差的可能。而卫星测高是大面积获取海洋重力异常的手段，具有基准一致、覆盖广、分辨率一致、精度分布均匀等特点。相对于卫星测高，船载海洋重力测量的分辨率和精度更高。对两者进行数据融合，是获取大面积高精度海洋重力的有效手段。

Wessel 和 Watts（1988）研究发现了船测重力数据的主要误差源（表 5-1）。随着高精度 GPS 广泛应用和重力仪改正精度的提高，目前认为每条测线只存在平移项。Denker 和 Roland（2005）对 1993—2003 年欧洲海域的船测重力异常进行交叉点平差，研究发现每条测线只存在平移项。

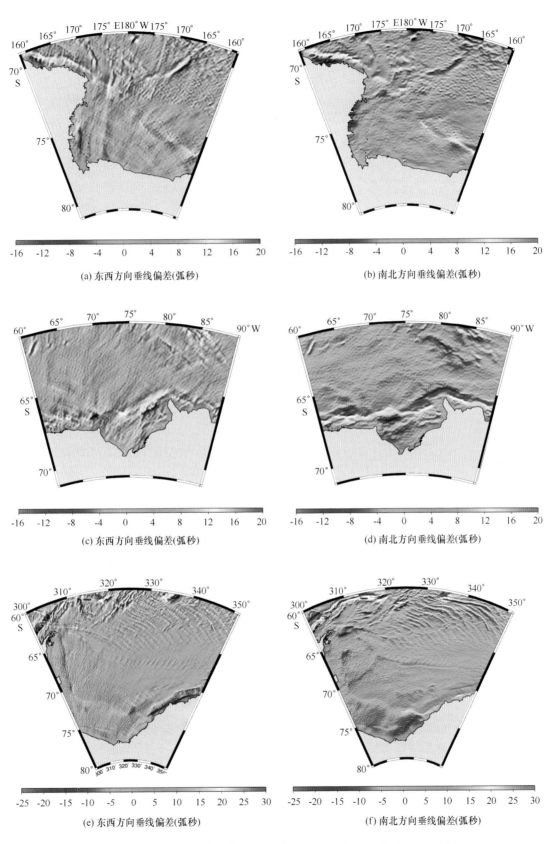

(a) 东西方向垂线偏差(弧秒)

(b) 南北方向垂线偏差(弧秒)

(c) 东西方向垂线偏差(弧秒)

(d) 南北方向垂线偏差(弧秒)

(e) 东西方向垂线偏差(弧秒)

(f) 南北方向垂线偏差(弧秒)

图 5-20 罗斯海（a，b）、普里兹湾（c，d）和威德尔海（e，f）垂线偏差空间分布

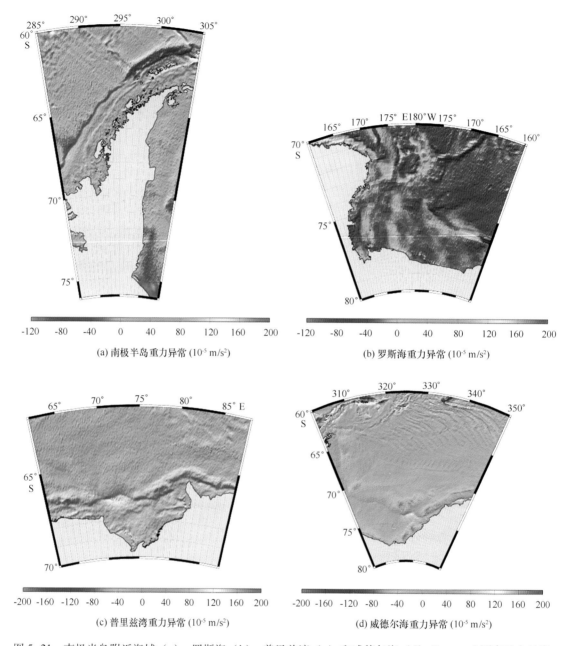

(a) 南极半岛重力异常 (10^{-5} m/s²)　　(b) 罗斯海重力异常 (10^{-5} m/s²)

(c) 普里兹湾重力异常 (10^{-5} m/s²)　　(d) 威德尔海重力异常 (10^{-5} m/s²)

图 5-21　南极半岛附近海域（a）、罗斯海（b）、普里兹湾（c）和威德尔海（d）Cryosat-2 测高重力异常

表 5-1　船测重力异常的主要误差源

误差源	相应误差
仪器	垂直加速度
	交叉耦合效应
	零点漂移
定位	厄特沃斯效应
	采样点位置误差
其他	重力基准点误差
	正常重力场模型不一致

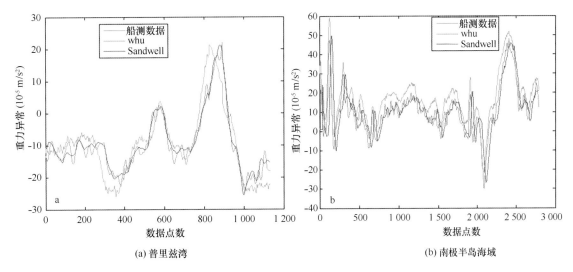

(a) 普里兹湾　　　　　　　　(b) 南极半岛海域

图 5-22　Cryosat-2 测高重力异常与船测重力比较

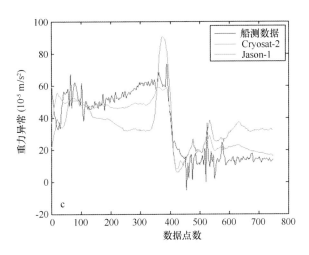

图 5-23　南极半岛海域 Jason-1、Cryosat-2 测高重力异常与船测重力比较

　　第 29 次和第 30 次南极科学考察获得的船测重力，在从上海码头出发后，中途没有地面重力点检核，因此很可能存在零漂等问题，这里采用卫星测高的重力作为基准点，对船测重力进行校准。表 5-2 利用卫星测高重力异常和船测重力，进行了精度相互评估。从表中可以看出，对于相对开阔的普里兹湾海域，精度稍高，总体精度在 4×10^{-5} m/s^2 以内，但个别测线超过 10×10^{-5} m/s^2，达到 15×10^{-5} m/s^2，这可能与船测重力数据质量有关；罗斯海和南极半岛海域船测数据更靠近海岸，精度稍差，整体在 5×10^{-5} m/s^2 以内。对比船测和卫星测高海洋重力结果，可以看出两者之间存在明显的系统偏差。对比 Sandwell 和 Whu，可以看出在开阔海域，两者精度相当，在罗斯海和南极半岛，Whu 的精度稍弱。

表5-2 船测重力与卫星测高结果比较与统计　　　单位：10^{-5} m/s^2

海域	测线编号	模型	最大值	最小值	平均值	标准差
	1	Sandwell	19.35	-5.57	10.46	4.00
	1	Whu	26.77	-6.51	14.40	8.65
	2	Sandwell	13.39	-10.67	3.78	4.82
	2	Whu	16.35	-5.53	4.28	5.12
	3	Sandwell	17.30	0.16	10.36	5.17
	3	Whu	14.44	1.58	9.39	2.99
	4	Sandwell	26.29	1.50	15.81	5.46
南极半岛	4	Whu	34.62	3.38	16.53	7.36
	5	Sandwell	30.16	0.81	11.98	8.70
	5	Whu	33.44	-2.33	9.47	12.69
	6	Sandwell	20.94	-2.29	9.50	4.44
	6	Whu	26.72	-7.19	12.56	5.11
	7	Sandwell	16.61	-11.24	7.15	10.03
	7	Whu	20.59	6.32	13.93	3.92
	8	Sandwell	20.50	9.10	15.23	3.21
	8	Whu	22.64	10.51	15.83	3.74
	1	Sandwell	7.96	-42.15	-31.96	10.59
	1	Whu	29.69	-40.01	-21.60	17.57
	2	Sandwell	-34.18	-46.87	-40.76	3.20
	2	Whu	-32.63	-46.69	-38.47	3.92
罗斯海	3	Sandwell	-28.98	-54.28	-37.69	5.06
	3	Whu	-28.87	-51.09	-40.67	8.08
	4	Sandwell	-28.41	-45.87	-40.56	2.87
	4	Whu	-28.21	-58.78	-49.21	6.65
	5	Sandwell	-31.55	-42.07	-36.75	2.25
	5	Whu	-25.84	-50.71	-37.12	6.87
	1	Sandwell	51.36	18.36	35.15	3.58
	1	Whu	54.14	24.56	34.69	2.86
	2	Sandwell	40.74	18.66	28.17	4.17
	2	Whu	40.29	19.10	26.83	3.98
	3	Sandwell	47.70	29.24	35.22	3.94
	3	Whu	45.44	28.76	35.26	3.27
普里兹湾	4	Sandwell	60.19	26.32	39.43	4.58
	4	Whu	59.49	25.30	40.86	4.39
	5	Sandwell	42.63	28.28	34.06	2.42
	5	Whu	40.82	28.40	34.47	2.38
	6	Sandwell	60.18	11.20	33.11	4.86
	6	Whu	58.85	10.12	33.63	4.86
	7	Sandwell	57.33	24.23	36.24	4.40

海域	测线编号	模型	最大值	最小值	平均值	标准差
	7	Whu	60.09	21.66	35.71	5.12
	8	Sandwell	57.56	25.70	39.26	4.90
	8	Whu	59.22	22.92	39.67	5.55
	9	Sandwell	58.28	25.61	46.34	7.76
	9	Whu	58.52	29.00	48.41	6.98
	10	Sandwell	70.31	34.62	40.73	8.89
	10	Whu	67.44	33.19	39.00	8.49
普里兹湾	11	Sandwell	59.28	31.89	38.78	5.17
	11	Whu	61.37	36.36	43.17	4.65
	12	Sandwell	92.77	15.77	39.19	15.35
	12	Whu	96.10	14.32	40.24	16.47
	13	Sandwell	37.93	16.87	34.58	3.22
	13	Whu	34.00	15.50	31.05	2.59
	14	Sandwell	80.66	20.88	37.97	6.76
	14	Whu	81.84	16.15	37.95	7.90
	15	Sandwell	62.24	39.16	49.45	6.10
	15	Whu	63.20	37.95	49.29	6.65
	16	Sandwell	72.16	23.42	34.96	4.25
	16	Whu	73.63	24.61	36.03	4.74
	17	Sandwell	36.59	21.87	29.39	2.41
	17	Whu	32.86	24.77	30.13	1.72
	18	Sandwell	57.77	29.54	34.37	5.61
	18	Whu	52.23	26.69	30.37	4.86
	19	Sandwell	33.35	10.95	29.34	4.80
	19	Whu	31.78	9.44	28.11	4.82
	20	Sandwell	51.60	21.36	32.37	5.04
普里兹湾	20	Whu	50.99	20.85	32.20	5.07
	21	Sandwell	42.40	27.37	33.96	3.23
	21	Whu	41.36	26.77	34.31	3.24
	22	Sandwell	37.21	22.92	29.02	2.35
	22	Whu	40.62	19.76	27.29	3.93
	23	Sandwell	48.60	28.30	36.19	2.93
	23	Whu	50.88	27.90	38.72	3.33
	24	Sandwell	39.65	23.09	30.31	2.47
	24	Whu	40.29	23.74	30.47	2.71
	25	Sandwell	45.62	19.77	34.89	3.70
	25	Whu	44.99	26.65	35.66	2.71

将船测重力与卫星测高进行数据融合，得到了南极半岛海域、罗斯海和普里兹湾海域3

个测区融合后的海洋重力异常。图 5-24 给出了这 3 个测区重力异常融合前、后的误差分布，从图中可以看出，数据融合获得的海洋重力异常精度得到明显提高。

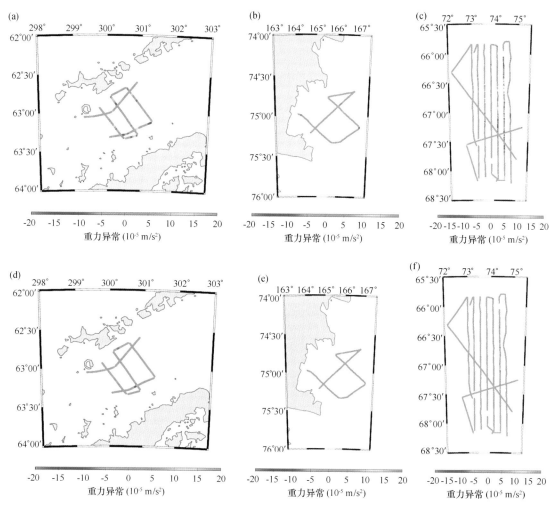

图 5-24 3 个测区测高重力异常融合前后与船测重力异常比较

（a）、（d）为南极半岛海域；（b）、（e）为罗斯海；（c）、（f）为普里兹湾

5.2.3 布格和均衡重力异常的计算

随着我国南、北两极重力测量及地球物理考察评价工作的开展，有效可靠地进行极地重力场的改正成为极地考察的一项基础工作。无论是解算地球重力场的边值问题（如采用司托克斯公式由重力异常计算大地水准面起伏或采用范宁梅尼兹公式由重力异常计算垂线偏差）（Heiskanen and Moritz，1967），还是由重力场反演地球内部物质密度分布变化的情况（Chapin，1996），需要扣除地表和浅部的物质密度异常影响。国内蒋家祯等（1989）最早开展了这方面工作，在当时南极数据资料分辨率有限的情况下计算了冰厚变化、南大洋水深变化、基岩和莫霍面起伏对南极大地水准面凹陷的影响，认为由于目前南极冰盖的存在，地壳回跳不足保留了大地水准面凹陷，并可能影响到了地球扁率。高金耀（1990）进一步计算了艾黎均衡重力异常，说明东南极表现出对大规模冰川消退的均衡回跳响应滞后，内陆一些小尺度重力高则是残余古陆核的反映；西南极接近均衡平衡，其中异常显著的几个地方反映了

深部动力作用及对地壳构造的影响。张赤军和蒋福珍（1996）计算了南极大陆最大海拔高平面上的布格重力异常，并据此异常反演了地壳厚度。杨永等（2013）为了得到整个南极及周边海域的布格重力异常，对陆地和海域空间重力异常分别进行布格改正，校正至海平面后得到海陆拼接的布格重力异常。

将大地水准面外地形质量填入到大地水准面内的海洋中，再将重力异常归算到大地水准面上，通常称为布格改正。对于宽阔的陆地平原、陆架和海盆，可视计算点高程或水深作为无限延伸等厚质量层，给出简单布格改正，而不考虑局部的或全球的地形起伏影响。对于像整个南极大陆及周边海域，地形起伏影响可带来超过 100×10^{-5} m/s^2 以上的变化，布格改正方面任何近似可能会给大范围的边值解算和反演解释带来相当大的偏差。在国际上还没有关于南极地形及均衡重力改正方面的理想共享数据，尽管前述的几位作者在各自条件限制下工作取得了进展，但在数据资料的可靠性、计算范围和计算方法等方面均有缺憾。

雷受旻（1984）给出了称之为广义地形、均衡改正的球坐标系下的扇形球壳块重力效应解析计算公式，使得内带和外带的改正公式获得统一，并不需要各自再做什么近似，如内带的平面直角坐标或极坐标近似、外带的质线和质点近似等，从而提高了完全布格改正、均衡改正的精度和便利程度。针对南极大陆及周围海域，我们统一采用球坐标系下的扇形球壳块重力效应公式（雷受旻，1984；高金耀和金翔龙，2003；Mikuška et al.，2006），使用最新发布的 BEDMAP2 和 JGP95E 关于全球的表面高程、冰厚和冰下及水深地形，计算全球（包括南极）的陆地地形、水体和冰盖引起的地形重力效应（高金耀等，2015），可直接用于改正空间重力异常得到完全布格异常；同步采用艾黎均衡模式计算均衡重力效应，可直接用于改正完全布格异常得到均衡异常。

5.2.3.1 在极区实现扇形球壳块重力效应的计算

（1）扇形球壳块的等密度重力效应表达式

如图 5-25 所示，以地心为球坐标系原点 O，OZ 轴穿过计算点 A，XOZ 面沿 A 点所在地理子午面，OX 轴与地球自转轴 ON（N 为北极点）分别在 OZ 轴的两侧。围绕计算点 A，用地心角 $\theta = \theta_1, \theta_2, \cdots, \theta_n$ 的 n 个圆锥面把全球地形质量划分成 n 个环带，再用方位角 $\alpha = \alpha_1, \alpha_2, \cdots, \alpha_m$ 的 m 个半平面把每一环带分成 m 块。于是，全球地形质量被分成 $m \times n$ 块，每块可近似为扇形球壳块状的六面体，其侧面是一对圆锥面和一对平面。对于地形效应而言，底面是大地水准面，顶面是陆地地形或者海底地形；对于艾黎均衡效应而言，底面是平均补偿深度面，顶面是山根面。假设每块扇形球壳块底面之平均地心距是 R_1，顶面之平均地心距是 R_2，则 $H = R_2 - R_1$ 是它的平均地形高程（规定海底地形高程 H 用水深值加负号来表示），它相对于参考模型正常密度的平均偏差记为 σ。只要给出其中一块的重力效应公式，通过简单的累加就可求出全球的重力效应值。为此，以图 5-25 中的扇形球壳块为例，设计算点 A 的地心距 $OA = R_A$，扇形球壳块内的场源点 B (α, θ, R)，则两点之间的距离 $\rho = (R_A^2 + R^2 - 2R_A R\cos\theta)^{1/2}$，进行无量纲化，令：

$$r = R/R_A \qquad r_1 = R_1/R_A \qquad r_2 = R_2/R_A \qquad L = \rho/R_A = (1 + r^2 - 2r\cos\theta)^{1/2}$$

$$E_{\delta\Delta g}(\theta, r) = L(2 - r^2 - r\cos\theta - 3\cos^2\theta) + 3\cos\theta\sin^2\theta \ln(r - \cos\theta + L) \qquad (5-24)$$

则扇形球壳块产生的重力效应 $\delta\Delta g$ 的表达式如下（雷受旻，1984）：

$$\delta \Delta g = -\frac{1}{3} G \sigma R_A (\alpha_2 - \alpha_1) \| E_{\delta \Delta g}(\theta, r) |_{r_1}^{r_2} |_{\theta_1}^{\theta_2}$$ (5-25)

式中，G 为万有引力常数。在对重力异常 Δg 进行改正时，则需减去式（5-25）。式（5-25）的适用性非常广，一则对计算点限制很小，只要 R_A 不趋近于零，无论它位于海面上或者陆地上，甚至位于空中、海底、地球内部都可以适用；二则对作为场源的扇形球壳块也没有什么限制，因为对于不包含计算点的任何环带 $r+L>1$ 能保证 $\ln(r-\cos\theta+L)$ 有可靠的数值解。需要特别注意的是包含计算点的中心环带，场源点离计算点很近时，θ 趋近于零，$r+L$ 趋近于 1，$\ln(r-\cos\theta+L)$ 的数值解精度会受到影响，但是 $\sin^2\theta \ln(r-\cos\theta+L)$ 的总趋势是趋于零的。在这种情形下，$\theta_1 = 0$ 时，$r-\cos\theta+L=0$，可直接令 $\sin^2\theta \ln(r-\cos\theta+L) = 0$，保证 $E_{\delta \Delta g}(\theta, r)$ 有精确解，而让 θ_2 不至于太小，使 $\ln(r-\cos\theta+L)$ 的运算精度降低不是很明显。这样，可保证式（5-25）在远、近区都能通用。

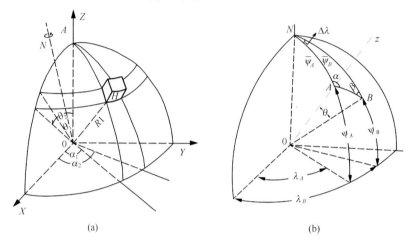

(a)   (b)

图 5-25 球坐标系中的扇形球壳块（a）和与地理（地心）经纬度的关系（b）

（2）经纬度坐标转换成围绕计算点的球坐标

有了上面的式（5-24）和式（5-25），关键的一个问题需要将以地理经纬度坐标为网格节点的地形或冰厚数据转换成围绕每个计算点的一套环带网格数据。为此，须将经纬度网格节点坐标转换为环带扇形球壳块划分所需的相对于每个计算点的方位角和角距。

取参考椭球面的长、短半轴长度为 a 和 b，则任意点的地心纬度 ψ 和地理纬度 φ 满足关系：

$$a^2 \operatorname{tg}\psi = b^2 \operatorname{tg}\varphi$$ (5-26)

$\bar{\psi} = \pi/2 - \psi$ 和 $\bar{\phi} = \pi/2 - \phi$ 分别称为该点的地心余纬度和地理余纬度。由地理纬度转换为地心纬度后，任意点的参考椭球面地心距为（Heiskanen and Moritz，1967）：

$$R = \frac{ab}{\sqrt{a^2 \sin^2\psi + b^2 \cos^2\psi}}$$ (5-27)

设计算点 A 的地心距、地理经纬度坐标为（R_A，λ_A，φ_A），场源点 B 的地心距、地理经纬度坐标为（R_B，λ_B，φ_B），由式（5-26）可将它们写成完全的地心坐标系下的球坐标（R_A，λ_A，$\bar{\psi}_A$）和（R_B，λ_B，$\bar{\psi}_B$）。场源点 B 落在以计算点 A 为对称中心的圆环带的哪个壳块，决定于以 OA 为极轴的球心坐标（α，θ）[参考图 5-25（b）]：

$$\cos\theta = \cos\bar{\psi}_A\cos\bar{\psi}_B + \sin\bar{\psi}_A\sin\bar{\psi}_B\cos(\lambda_B - \lambda_A) \qquad (5-28)$$

$$\cos\alpha = \frac{\cos\bar{\psi}_B - \cos\bar{\psi}_A\cos\theta}{\sin\bar{\psi}_A\sin\theta} \qquad (5-29)$$

（α、θ）为场源点 B 相对于计算点 A 的方位角和角距，θ 取值范围为（$0\sim\pi$），由式（5-28）唯一给定。α 取值范围为（$0\sim2\pi$），由式（5-29）和 $\Delta\lambda = \lambda_B - \lambda_A$ 联合确定：当 $0\leqslant\Delta\lambda<\pi$ 时，α 直接由式（5-29）给定；当 $\pi\leqslant\Delta\lambda<2\pi$ 时，由式（5-29）给定 α 后应换算为 $2\pi-\alpha$。

参考椭球面地心距随纬度变化，加上大地水准面起伏和每个扇形球壳块底面高程的变化，每块扇形球壳块底面的平均地心距可以不同，即采取了适合每块扇形球壳块做不同地心距的球近似，并没有将参考椭球面或大地水准面做球近似，这显然比以球近似代替大地水准面或参考椭球面更合理、准确。

（3）针对极区的极方位投影网格数据的作用

如果在极区采用地理经纬度网格（Grid_{ll}）数据，网格节点的分布很不均匀，越接近极点，网格节点分布越密。对于 $1'\times1'$ 间距的 Grid_{ll}，围绕极点的任意纬圈上都有 360×60 个节点，在极点附近计算所有这些网格节点显然没有必要。同时，采用 Grid_{ll} 在极点附近构制圆形环带的扇形球壳块数据，也不必要地增加了所要搜索的大量 Grid_{ll} 数据，而且要跨经纬度网格的边界，使搜索算法变得复杂；对于 $1'\times1'$ 间距的 Grid_{ll} 数据，场源点的搜索计算量则成千上万倍的增加。因此，在极区对于过密的 Grid_{ll} 数据进行完全地搜索、转换和计算，其效率低下可想而知。

为此，我们采用极方位投影中变形介于等角与等面积之间的等距离投影（孙达和蒲英霞，2005），而且让平均地球半径无量纲化，令其等于 1，则极方位投影的极坐标为：

$$\rho = \varphi - \pi/2 \qquad (5-30)$$

$$\delta = \lambda \qquad (5-31)$$

而极方位投影的直角坐标为：

$$x = (\varphi - \pi/2)\cos\lambda \qquad (5-32)$$

$$y = (\varphi - \pi/2)\sin\lambda \qquad (5-33)$$

对于 $1'\times1'$ 间距的极方位投影直角坐标网格（Grid_{xy}）数据，包含 60°S 的网格节点数为 $3\,600\times3\,600$，是 $1'\times1'$ 间距的 Grid_{ll} 数据 60°S 以内网格节点数的 1/3，而且其方块数据范围更大。即使在 60°S，极方位投影的纬圈和面积变形只有 1.047（孙达和蒲英霞，2005），任意计算点 1.5° 范围以内的近区搜索范围在 $1'\times1'$ 间距的 Grid_{xy} 数据中不超过 $100'\times100'$，即搜索不超过 10 000 次，而对于 $1'\times1'$ 间距的 Grid_{ll} 数据极点附近每次搜索达到 $360\times60\times90$ 次，超过了 194 倍。

我们将 Grid_{ll} 数据采用式（5-32）和式（5-33）转换成 Grid_{xy} 数据，由 Grid_{xy} 规定计算点和近区场源点，再由式（5-32）和式（5-33）反算出 Grid_{xy} 节点的经纬度坐标，便由式（5-28）和式（5-29）构制以计算点为中心的近区圆形环带坐标及对应的高程、冰厚和冰下及水深地形等，再由式（5-24）和式（5-25）累加计算近区地形和均衡重力效应。以计算点为中心的远区环带扇形球壳块构制则直接调用稍稀疏些的全球 Grid_{ll} 数据，也由式（5-24）和式（5-25）累加计算远区地形和均衡重力效应。

5.2.3.2　极区地形及均衡重力效应的计算

（1）近区数据的使用

自20世纪50年代以来，国际上针对南极冰盖开展了大量的冰雷达以及重、磁测量，这些测量结果被汇集并转换成冰厚和冰下地形数据库，进而服务于地球重力场、冰盖模式和地球系统研究，最新推出的成果便是BEDMAP2（Bedrock Mapping Project2）。BEDMAP2统一使用了GL04C大地水准面作为其高程基准，冰盖接地线则使用MODIS影像和SAR数据来定义，网格化过程中使用基于WGS84坐标系的极方位投影，最终60°S以南的冰面高程、冰厚和冰下及水深地形三类数据的网格间距达到1 km×1 km（Fretwell et al.，2013）。为了便于编程计算和完整给出60°S以南的重力改正数据，我们采用2′×2′间距的卫星测高大地水准面（Sandwell and Smith，1997）和1′×1′间距的GEBCO地形（Weatherall，2014）$Grid_{ll}$数据扩充BEDMAP2数据，构成35°×35°范围内1′×1′间距的南极及周边海域大地水准面G_Grid_{xy}、表面高程S_Grid_{xy}、冰厚T_Grid_{xy}（参考图5-26）和基岩高程B_Grid_{xy}（参考图5-27）4套网格数据，用于近区重力改正。

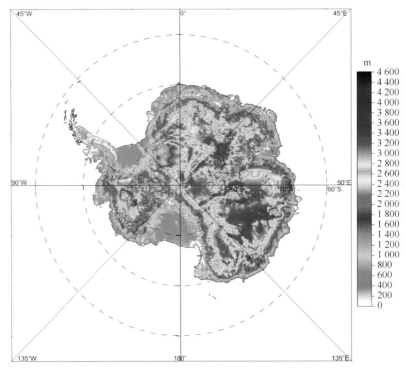

图5-26　南极大陆冰盖厚度

（2）远区数据的使用

JGP95E是一个二进制全球网格数字地形模型（Arabelos，2000），含有2 160个记录，每个记录对应于一个5′的纬度带，排列次序由北往南。每个记录有4 320个单元，每个单元描述一个5′×5′的经纬度网格地形信息，依经度递增次序排列。每个单元有5个短整型数构成，共含有7条信息，其中重要的4条信息分别为地形类型itype、水体厚度iold、冰厚度iit和表面高度ise。其中ise是地球外表面对于大地水准面的起伏，在海洋上取零，内陆凹地取负值，而内陆湖水面有可能高于或低于大地水准面，它们取值方式总结在表5-3中。

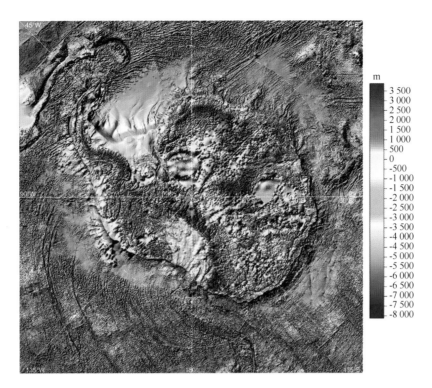

图 5-27 南极大陆冰下地形和南大洋水深地形

表 5-3 JGP95E 全球地形模型主要信息取值方式

地形类型	水体厚	冰厚	表面高
1（内陆凹地）	0	0	−
2（内陆湖泊）	+	0	±
3（海冰架）	+	+	+
4（海洋）	+	0	0
5（冰川）	0	+	+
6（陆地）	0	0	+

由卫星测高大地水准面数据和 JGP95E 地形模型，同时 60°S 以南使用 BEDMAP2 数据，我们自然得到一套可用于远区重力改正的 $5' \times 5'$ 间距的全球大地水准面 G_ Grid$_{ll}$、表面高程 S_ Grid$_{ll}$、冰厚 T_ Grid$_{ll}$ 和基岩高程 B_ Grid$_{ll}$ 4 套网格数据。

（3）地形及均衡重力效应的分层和分块计算

计算点地心距 $R_A = R_0 + G_N + S_H$，其中 R_0、G_N、S_H 分别是测点 A 处参考椭球面的地心距、大地水准面起伏和测点高程。在陆地上，$S_H > 0$ 与扇形球壳块的表面高程概念等同，即计算点在冰面或地面上；在海洋上，$S_H = 0$，即计算点在海面上。因此，R_A 的取值应小心，它不是参考椭球面，在陆上代表地表，在海上就是大地水准面。

无论是近区，还是远区，包含场源的扇形球壳块可分三层：冰层、水层和岩层；界定这三层球壳块有四个面：冰面、水面、基岩面和大地水准面（表 5-4）。大地水准面地心距 $R_N = R +$ G_N，基岩面地心距 $R_B = R_N + B_H$，冰面地心距 $R_S = R_N + S_H$，水面地心距 $R_T = R_S - T_H$，其中 R、G_N、

S_H、T_H、B_H 分别是场源处参考椭球面的地心距、大地水准面起伏、表面高程、冰厚和基岩高程。岩层、水层和冰层密度分别为 $\sigma_c = 2.67 \text{ g/cm}^3$、$\sigma_w = 1.027 \text{ g/cm}^3$ 和 $\sigma_i = 0.92 \text{ g/cm}^3$，各层扇形球壳块的重力效应分别为 $\delta\Delta g|_{R_N}^{R_B}$、$\delta\Delta g|_{R_B}^{R_T}$、$\delta\Delta g|_{R_T}^{R_S}$，合起来就是整个扇形球壳块地形重力效应。在无冰区 $R_T = R_S$，冰层重力效应自动取零；在无水区 $R_B = R_T$，水层重力效应自动取零；在基岩面低于大地水准面的地区，岩层重力效应起负密度作用（即 $-\sigma_c$），并在海区由水层密度 σ_w 或在冰架由冰层密度 σ_i 自动起到部分抵消作用。

对于艾黎均衡补偿，一般取均衡补偿面深度（即莫霍面的正常深度）$T_0 = 30 \text{ km}$，取地幔密度为 $\sigma_m = 3.27 \text{ g/cm}^3$，采用球形修正系数 $\eta = 1 + 2T/R_N$，补偿冰层、水层和岩层的地壳山根厚度分别为 $T_i = T_H \eta \sigma_i / (\sigma_m - \sigma_c)$、$T_w = (R_T - R_B) \eta \sigma_w / (\sigma_m - \sigma_c)$、$T_c = (R_B - R_N) \eta \sigma_c / (\sigma_m - \sigma_c)$（表5-4）。这样，艾黎均衡补偿扇形球壳块的起算地心距 $R_0 = R_N - T_0$，补偿面地心距 $R_1 = R_0 - T_i - T_w - T_c$，补偿密度（$\sigma_m - \sigma_c$），不用分层合并得到补偿重力效应 $\delta\Delta g|_{R_0}^{R_1}$。在基岩面低于大地水准面的地区，岩层负密度作用（即 $-\sigma_c$）会出现反山根，并在海区由水层密度 σ_w 或在冰架由冰层密度 σ_i 又起到降低反山根作用。

表5-4　计算地形及均衡重力效应的扇形球壳块分层

分层	密度（g/cm³）	界面地心距	层厚度
冰层	0.92	R_S	T_H
水层	1.027	R_T	$R_T - R_B$
岩层	2.67	R_B	$R_B - R_N$
正常地壳	2.67	R_N	T_0
岩层补偿	0.6	R_0	T_c
水层补偿	0.6	$R_0 - T_c - T_w$	T_w
冰层补偿	0.6	R_1	T_i

为了在计算精度和时间两方面取得平衡，需将以计算点为圆心的圆环划分成近区和远区，予以区别对待，其中的边界为 $1°29'58''$ 的 Haiford 半径（相当于 166.7 km）的圆周。内部近区调用覆盖南极及周边海域分辨率高的 $1' \times 1'$ 间距的 G_Grid_{xy}、S_Grid_{xy}、T_Grid_{xy} 和 B_Grid_{xy} 4 套网格数据，外部远区调用覆盖全球分辨率低的 $5' \times 5'$ 间距的 G_Grid_{ll}、S_Grid_{ll}、T_Grid_{ll} 和 B_Grid_{ll} 4 套网格数据。

远区环带划分中的 18 个环带及半径与 Haiford 远区环带划分方案相同（Heiskanen and Moritz，1967），但是所有环带等分为 72 个扇形球壳块，这是比 Haiford 方案精细的地方（Haiford 方案第 6 带分块最多也只有 18 块）。显然 $5' \times 5'$ 间距的全球地形模型的精度和分辨率远远超出了这种环带划分方案的要求，计算的南极大陆及周围海域的远区地形和地形/均衡重力效应示于图 5-28 和图 5-29。

近区环带划分完全没有采用 Haiford 近区环带划分方案，区别在于 Haiford 近区环带在计算点附近划分非常细，前 4 个带的半径分别为 2 m、68 m、230 m、590 m、1 280 m（Heiskanen and Moritz，1967），全部落在 $1' \times 1'$ 的网格间距内，对我们采用的 $1' \times 1'$ 间距的 Grid_{xy} 数据不起作用。在南大洋，这种划分方案即使采用多波束数据也有很大的困难；在南极陆地上，BEDMAP2 冰川地形数据的实际分辨率至多为 1 km。针对 $1' \times 1'$ 的网格间距特点，我

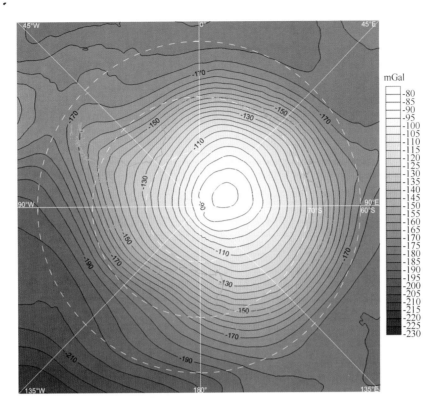

图 5-28 南极大陆及周围海域的远区地形重力效应（1 mGal = 10^{-5} m/s^2）

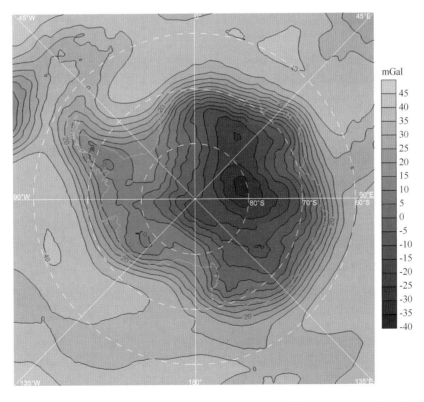

图 5-29 南极大陆及周围海域的远区地形/均衡重力效应（1 mGal = 10^{-5} m/s^2）

们在近区划出 60 个等间隔带，围绕计算点的第一带宽 0.5′，不分块；第二带宽 1.0′，等分 4
块；其他每个带宽 1.5′，等分后比内带多 3 块；最后一个带宽 1′28″，等分 181 块。Haiford 近
区方案只有 15 带，分块最多的第 15 带也只有 28 块，比较而言，我们的近区环带划分方案已
经充分发挥了 1′×1′间距 $Grid_{xy}$ 数据的分辨率。将我们计算的南极大陆及周围海域的近区地形、
地形/均衡重力效应分别与远区地形、地形/均衡重力效应（图 5-28 和图 5-29）叠加，得到
南极大陆及周围海域的全球地形、地形/均衡重力效应（图 5-30 和图 5-31）。

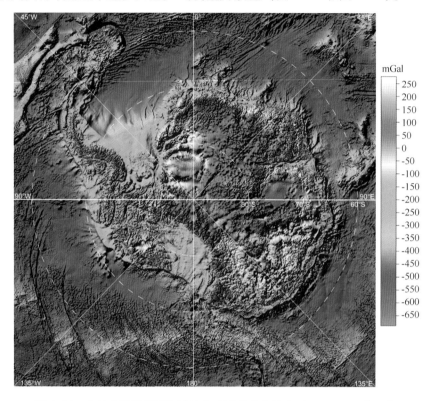

图 5-30　南极大陆及周围海域的全球地形重力效应（1 mGal = 10^{-5} m/s²）

5.2.3.3　地形重力效应

图 5-28 显示南极大陆及周围海域的远区地形重力效应整体取负值，靠近极点处出现幅值最
小的 -83.6×10^{-5} m/s²，太平洋深洋盆处出现幅值最大的 -225.9×10^{-5} m/s²。这种状况表明包围南
极四周的南大洋远区地形重力效应对南极大陆及周围海域影响很大，但是这种影响从陆架到内
陆有差异，对内陆的影响小一些，深洋盆与极点附近之间差异可达到 142.3×10^{-5} m/s²。因
此，进行南极大陆及周围海域的重力异常归算转换及深部构造研究，必须考虑全球地形对重
力异常的影响，不然海陆之间的重力异常及构造差异会失真。这种失真仅在极点附近或深洋
盆范围可能不明显，但在海岸线两侧的内陆及陆架表现得最明显，朝内陆方向水平梯度达到
2.25×10^{-5} m/（s²·km）。说明在进行海陆重力异常及构造的联合研究时，包括进行陆架重力
异常及构造的研究，需要充分考虑远区地形重力效应带来的偏差。

图 5-30 显示的南极大陆及周围海域的全球地形重力效应与图 5-27 的冰下和水深地形具
有很好的相关性，洋陆分界的陡变非常一致，而且各种小尺度的高低变化也是一一对应。基
岩出露的山脉高地（如横贯南极山脉、埃尔斯沃斯山脉、冰穹 A、东方号冰下高地和南极半

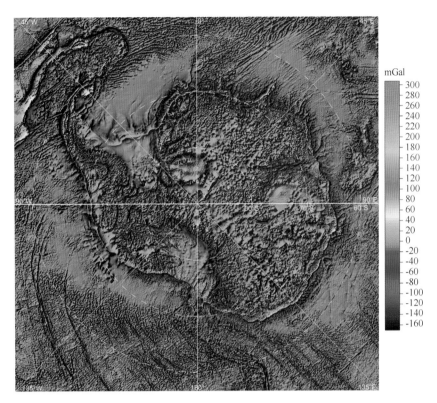

图 5-31　南极大陆及周围海域的全球地形/均衡重力效应（1 mGal＝10^{-5} m/s^2）

岛、毛德皇后地、恩德比地、麦克罗伯逊地等地区的高地）和海底山脉高地（如太平洋南极洋中脊）是局部高重力效应的主体。南大洋整体低重力效应显然由水体所决定，大部分海域低于$-500×10^{-5}$ m/s^2，其中在南桑德维奇海沟出现低于$-650×10^{-5}$ m/s^{2}局部低重力效应。与此形成鲜明对照的是，冰盖带来南极大陆的整体高重力效应（图 5-32），其中威尔克斯地、玛丽·伯德地和查尔斯王子山脉各自往极点方向的厚冰盖重力效应超过$150×10^{-5}$ m/s^2，在罗斯海和威德尔海冰架都可以超过$30×10^{-5}$ m/s^2。但是这些地方的总地形重力效应幅值要低得多（图 5-30），内陆厚冰盖区地形重力效应基本低于$100×10^{-5}$ m/s^2，威尔克斯地内陆低于$-50×10^{-5}$ m/s^2，玛丽·伯德地内陆低于$-100×10^{-5}$ m/s^2，冰架低于$-150×10^{-5}$ m/s^2，这显然是南大洋低重力效应拉低了南极大陆高重力效应背景。

5.2.3.4　地形/均衡重力效应

图 5-29 显示远区的地形/均衡重力效应内陆全部表现为负异常，海区表现为正异常，意味着远区的艾黎均衡补偿在内陆表现为欠补偿，在海区表现为过补偿，使得水平梯度朝海洋方向达到$4.5×10^{-5}$ m/（s^2·km）。在南极内陆，远区均衡重力效应部分抵消远区地形重力效应，幅值最小的$-36.8×10^{-5}$ m/s^{2}离开极点、接近冰穹 A；在南大洋，远区均衡重力效应远远超出了远区地形重力效应，太平洋深洋盆处出现幅值最大的$41.6×10^{-5}$ m/s^2。因此，远区艾黎均衡补偿逆转了远区地形重力效应的变化趋势，但海陆之间差异反过来又达到$78.4×10^{-5}$ m/s^2，而且这种差异主要发生在陆架和海岸线两侧。

图 5-31 显示南极大陆及周围海域 90% 面积的全球地形/均衡重力效应在（$-15\sim18.5$）×10^{-5} m/s^{2}的范围内，即接近于零重力效应，全区的均方根偏差只有±$18.5×10^{-5}$ m/s^2。陆地、

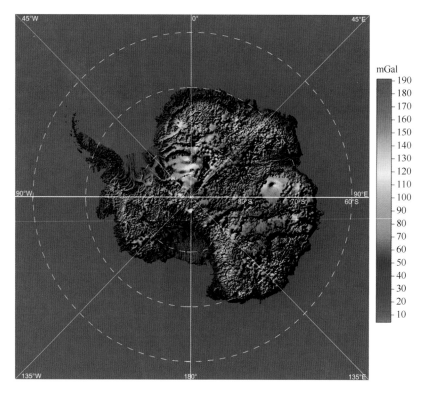

图 5-32　南极大陆冰盖重力效应（$1\ \mathrm{mGal} = 10^{-5}\mathrm{m/s^2}$）

陆架、洋脊及海底高地的全球地形/均衡重力效应偏正，在 10×10^{-5} m/s² 上下变化；罗斯海冰架和南极陆架外面洋盆的全球地形/均衡重力效应偏负，在 -10×10^{-5} m/s² 上下变化。这说明全球地形/均衡重力效应还保留有地形重力效应的高、低分布特性。特别是局部的全球地形/均衡重力效应更是如此，10%面积的全球地形/均衡重力效应大于 18.5×10^{-5} m/s²，全部发生在山脉、高地及陆架外缘隆起；还有 10%面积的全球地形/均衡重力效应小于 -15×10^{-5} m/s²，全部发生在山脉及陆坡外缘、高地之间的沟谷和海沟。

5.2.4　重力异常特征

为了检验我们计算的地形及均衡重力效应的可靠性，我们对南极大陆及周围海域空间重力异常进行地形及均衡重力效应的改正。空间重力异常来源于丹麦国家空间研究所发布的 1′×1′ 间距的 DTU10 全球重力场网格数据（Andersen，2010），陆地上的重力数据依据 EGM2008 重力场模型内插得到，海域则是卫星测高重力数据，分辨率明显比陆地高得多。图 5-33 显示南极大陆及周围海域 90%面积的空间重力异常在 $(-33.0\sim27.8)\times10^{-5}$ m/s² 的范围内，即在零重力异常的上下变化，全区的均方根偏差只有 $\pm27.2\times10^{-5}$ m/s²。局部空间重力异常起伏变化（图 5-33）明显反映了南极大陆冰下地形和南大洋水深地形的起伏变化（图 5-27），南极大陆架外缘隆起形成环绕南极大陆的重力高异常带，只是在罗斯海出现断续现象。

由空间重力异常（图 5-33）减去地形重力效应（图 5-30），给出的完全布格重力异常如图 5-34 所示，原来空间重力异常（图 5-33）中局部地形起伏引起的重力效应得到了消除及逆转，陆地整体呈现重力低，在 $(-257.4\sim150)\times10^{-5}$ m/s² 的范围内变化，山脉及冰下高地

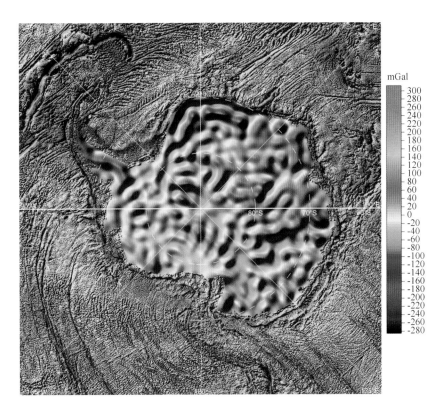

图 5-33 南极大陆及周围海域空间重力异常（1 mGal ＝ 10^{-5} m/s^2）

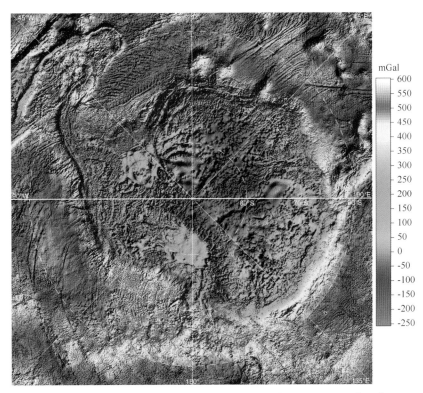

图 5-34 南极大陆及周围海域完全布格重力异常（1 mGal ＝ 10^{-5} m/s^2）

更是布格异常降低区；海域整体呈现重力高，在（350~604.2）×10⁻⁵ m/s² 的范围内变化，洋中脊及海底高地布格异常表现为相对降低，深洋盆布格异常超过 500×10⁻⁵ m/s²。布格异常陆地低、海域高，这与冰盖重力效应（图 5-32）和海域水深重力效应的排除有关，从而突出显示了莫霍面陆地深、海域浅的均衡补偿效应。

图 5-35 显示南极大陆及周围海域 90% 面积的均衡重力异常在（-29.6~23.5）×10⁻⁵ m/s² 的范围内，即在零重力异常的上下变化，全区的均方根偏差只有 ±23.7×10⁻⁵ m/s²，与空间异常（图 5-33）相似，但更显平坦。这说明南极大陆及周围海域总体上符合艾黎均衡模型，空间异常（图 5-33）上那些明显的起伏变化在均衡异常中得到了抑制，只是局部突出的地形及重力起伏变化（图 5-27 和图 5-33）的艾黎均衡补偿效果差一些。环绕南极大陆的陆架外缘隆起重力高异常带（图 5-33）在均衡异常（图 5-35）中仍有表现，但得到了削弱，而且在太平洋一侧几乎削弱到了没有痕迹，并隐藏在（-20~-10）×10⁻⁵ m/s² 的背景异常中。负背景异常可能与沉积物输入量有关；同时，罗斯海及威尔克斯地陆架距离洋中脊近，受转换断层的错动作用也强，岩石圈强度可能相对弱，更利于艾黎模型的这种局部均衡调整，区域上还表现出过补偿特征。

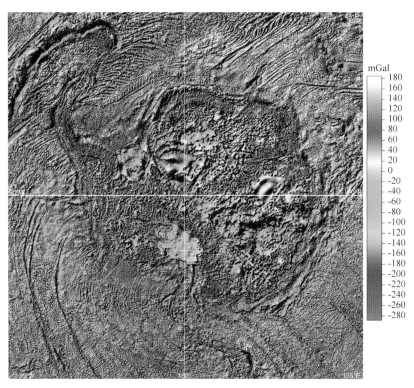

图 5-35　南极大陆及周围海域艾黎均衡重力异常（1 mGal＝10⁻⁵m/s²）

我们已经注意到南极地区艾黎均衡补偿与实际均衡补偿有差异，为此可以从两方面深入研究：一是检验地形重力效应与空间重力异常之间的相关性，得出与空间重力异常不相关的实际均衡补偿部分，来反演南极地区莫霍面起伏变化；二是通过深地震测深控制，由完全布格异常反演南极地区莫霍面起伏变化。这样给出的趋于一致的莫霍面起伏变化，反映的均衡补偿特性是客观的，独立于任何先验的地壳均衡模型。同时结合挠曲均衡模型，可以进一步分析南极地壳挠曲与冰川消长之间的关系。如果我们不仅以重力异常，还以大地水准面（或重力位）来研究讨论，还有助于分析深部地幔密度异常变化与冰川消长、地壳挠曲之间的关系。

5.2.4.1 普里兹湾附近海域

普里兹湾地区空间重力异常基本反映出了和地形一样的特征，地形高则空间重力异常高，地形低则空间重力异常低。陆架边缘存在非常明显的大陆边缘重力效应，即陆坡侧的正异常带和相伴生的洋盆侧负异常带，异常的幅值取决于陆坡的坡度、沉积厚度和莫霍面的倾角等。在该带上一个比较特别的地方是普里兹水道冲积扇（PCF），此处空间重力异常值很大，大大超过周边重力边缘效应的正重力异常，使洋盆侧负异常带完全中断，推测很可能是现今冲积扇在下陆坡至洋盆的负地形上堆积了较厚的沉积层，下面的岩石圈有效弹性厚度相对较大，表现出相应的海底高地形（图 5-36）。

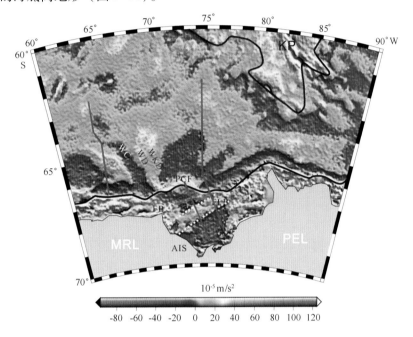

图 5-36 普里兹湾附近海域空间重力异常

（图例同图 5-10 所示，白色虚线为重力异常指示的普里兹湾内构造的走向）

根据重力异常的特征，普里兹凹陷的基底较深，表现为凹陷盆地的负异常典型特征，而四夫人浅滩的基底普遍存在抬升，可能属于凹陷的肩部。除了具有巨厚的沉积层外，普里兹凹陷负异常也与内陆架地形有关，是南极陆架典型的内陆架水深较深而外陆架水深较浅的反映。普里兹湾外陆架 NEE 走向的低幅空间正异常将四夫人浅滩与弗拉姆浅滩正异常连为一体，形成陆坡靠陆侧的正异常条带。四夫人浅滩处形成特别明显的空间异常高值区，但弗拉姆浅滩则表现微弱，与附近外陆架区没有太大的差异，表明这两个浅滩的深部结构并不一致，这结构可能早于此处南极大陆裂离事件而存在，将张裂边缘分为了东西两部分。

从布格重力异常（图 5-37）上看，四夫人浅滩中部的高异常可以沿着海岸线近 NE 向延伸，而西侧的弗拉姆浅滩则没有类似的布格异常高值区，成为沿陆缘分布的低值区，也表明这两个浅滩的深部结构并不一致。莫霍面深度也存在浅于 14 km 的 NE 向隆起带。

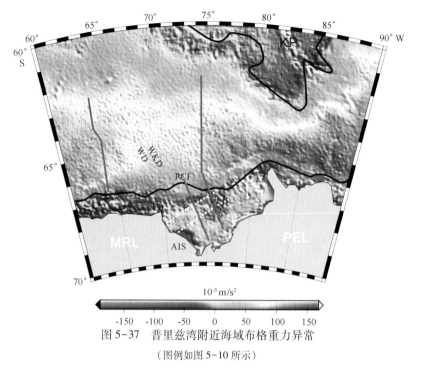

10⁻⁵ m/s²

-150 -100 -50   0   50   100 150

图 5-37　普里兹湾附近海域布格重力异常

（图例如图 5-10 所示）

5.2.4.2　罗斯海

罗斯海空间重力异常典型变化范围为（-60～+20）×10⁻⁵m/s²，以近 N—S 向异常为主体特征，斜交于 NE 向地形走向（图 5-38）。与西部的中央和维多利亚沉积盆地相比，东部沉积盆地缺乏明显大的异常和区域性变化。罗斯冰架平均异常为-12.9×10⁻⁵m/s²，接近冰架上给出的-12.0×10⁻⁵m/s²（Bennett，1964）。突出的线性重力高在平均异常中仍有反映。

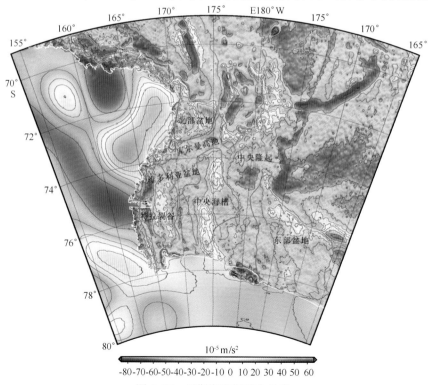

10⁻⁵ m/s²

-80-70-60-50-40-30-20-10 0 10 20 30 40 50 60

图 5-38　罗斯海空间重力异常

罗斯海陆架主体空间异常是基本上沿175°E经线的线性正异常带，由74°S向南至冰架边缘，东、西两侧是负异常。该线性正异常带切割了主体地形走向，冰架上的数据显示它还向南延伸到80°S，或者平行横贯南极山脉走向，朝SE向延伸得更远。该异常带延伸距离超过700 km，最大峰值达45×10^{-5} m/s^2，峰谷起伏幅值约80×10^{-5} m/s^2。叠置在西侧低缓异常之上的是一些短波负异常，大部分在南北方向上看起来是连续的，但在最北端折向NE方向。东侧低缓异常较宽大，在74°40'S处显示陆架最低值达-53×10^{-5} m/s^2。

孤立的低重力异常出现在陆架东缘（接近75°S、175°W）。几处孤立的正异常出现在陆架边缘，尤其在罗斯海两头的陡坡处，部分原因可能是均衡"边缘效应"。有一个低的线性正异常带沿艾斯林浅滩展布，其中西南端的大异常与地震剖面记录上看到的基底凸起位置一致（Hayes and Davey，1975）。

罗斯海布格重力异常普遍在150×10^{-5} m/s^{2}上下变化（图5-39），维持在$(100 \sim 200) \times 10^{-5}$ m/s^2，朝陆架边缘和深海盆迅速增大，超过250×10^{-5} m/s^2。大的负异常和陡变梯度紧邻横贯南极山脉出现。那些沉积盆地却以高异常为特征，异常幅度达$(150 \sim 200) \times 10^{-5}$ m/s^{-2}，宽度达$100 \sim 150$ km。

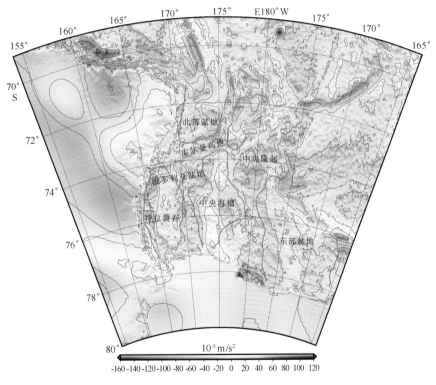

图5-39　罗斯海布格重力异常

地震剖面数据已经揭示了罗斯海各个沉积盆地的位置、形态和沉积厚度（Brancolini et al.，1995b），清楚地表明高的布格异常（图5-39）和空间异常（图5-38）对应于盆地沉积中心。与罗斯海大的盆地相反，年轻的特拉裂谷伴有低的布格异常（图5-39）和空间异常（图5-38）。

一般在中、低纬度的大陆架上，沉积盆地都对应低重力异常，而在南极像普里兹水道冲积扇和罗斯海陆架盆地具有醒目的高重力异常，这为我们解剖冈瓦纳古陆破裂、南极冰川发育及活动的研究提供了新的视角。一些研究把沉积中心的高重力异常归结为盆地内深部的高密度火山岩，或薄地壳区域内的岩浆侵入，或上地幔（Edwards，1987）。Karner 等（2005）认为主要沉积期晚于张裂时间（晚白垩世），到冰川发育、沉积开始时岩石圈有效弹性厚度（$T_e \approx 30$ km）比较大，岩石圈刚度大不至于使盆地凹陷地壳有大的弯曲，而使重力异常随着沉积物的堆积而不断增大。

5.2.4.3 南极半岛周围海域

南极半岛大陆架西北部空间重力异常主要表现为强烈的高、低异常带（图 5-40）。线性低值重力异常带刻画了沿着太平洋一侧陆缘的深水海沟系统。南设得兰群岛的重力异常高值带，幅度达 100×10^{-5} m/s^2 以上，应该由巨大的高密度深成岩体组成（Yegorova et al.，2011），构成了太平洋大陆边缘的岩浆弧。英雄断裂带以南陆缘的外部和中部陆架表现为两个平行的高幅重力异常高值带，而中间为重力低值带。向陆方向的重力高值带可能由中陆架隆起的基底抬升造成，也可能为中新世—上新世期间大陆边缘与南极洲—菲尼克斯洋脊碰撞造成。

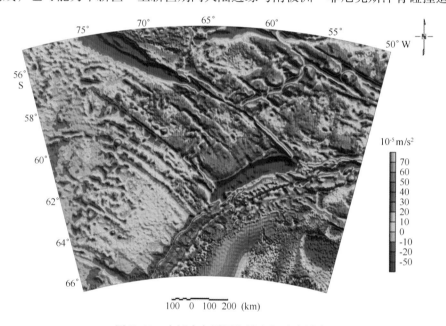

图 5-40 南极半岛周围海域空间重力异常

在布格重力异常上可清晰看出陆壳和洋壳的差异（图 5-41），北部的南美洲板块和南部的南设得兰群岛、南极洲板块表现为低幅重力异常或负异常，而太平洋板块、菲尼克斯板块和斯科舍海区均为高值正异常。在南极半岛附近海域，重力异常 NE—SW 向条带状展布，高低异常间隔分布，与地貌走向基本一致。

5.2.4.4 威德尔海

威德尔海最显著的空间重力异常特征，是在威德尔海的中北部均匀分布的一系列 NW—SE 向以鲱骨形展布（herringbone）的重力条带（图 5-42），分布于 68°S 以北、50°W 以东的广泛区域，以（50~100）$\times 10^{-5}$ m/s^2 正的重力异常与 -25×10^{-5} m/s^2 负的重力异常相间排列，形成鲱骨形的骨架结构。

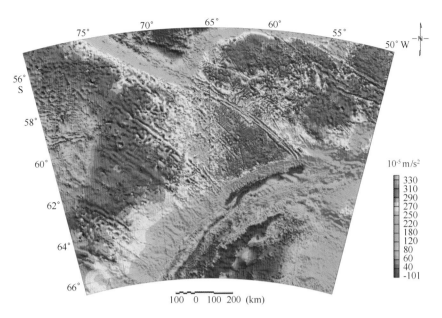

图 5-41 南极半岛周围海域布格重力异常

威德尔海西侧沿南极半岛陆架边缘的重力特征，以 N—S 向重力高为主（图 5-42），可达 $(50\sim100)\times10^{-5}$ m/s²，主要分布于 54°—56°W 之间。在其东侧，分布有几个局部的异常低，为 $(-100\sim50)\times10^{-5}$ m/s²，位于洋陆转换带和鲱骨形区域结构之间。该高值线性异常一直可以往南延伸，在 72°S 左右转成近 E—W 向分布，横亘整个陆缘。E—W 向的高值区北侧被几个重力异常低值区所阻隔，低值约可达 -100×10^{-5} m/s²。

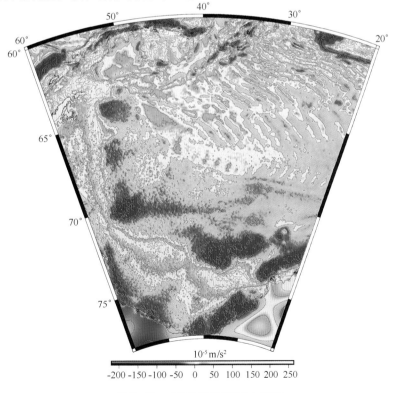

图 5-42 威德尔海空间重力异常

威德尔海布格重力异常也表现出 NW 向为主的鲱骨形异常条带（图 5-43），与空间重力异常较为相似，在北侧受一系列 NE 到近 E—W 向的断裂所隔断，如鲍威尔海盆、简海盆都以高值异常区为主，可在 $200×10^{-5}$ m/s^2 以上；在鲱骨形骨架西南侧边界布格重力异常还出现了局部的相对高值区，与空间异常的西南侧高值区对应，但往东其高值变化不明显。往南、往西由于靠近陆架，布格重力异常值迅速变小，但在洋盆区一般为正的异常，往陆坡区异常陡然下降。

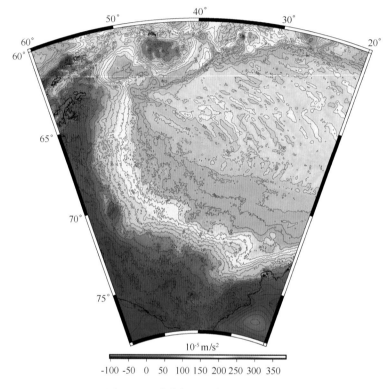

10^{-5} m/s^2

-100 -50 0 50 100 150 200 250 300 350

图 5-43　威德尔海的布格重力异常

5.2.5　地磁异常特征

目前仅几次国内南大洋拖曳地磁测量，数据量偏少，对整个南极周边海域的地磁异常分析需要结合国外的卫星、航空及船测磁力数据进行分析，因此需要参考相关数据和文献。另外，目前国内南大洋拖曳地磁测量数据因 GPS 定位、日变改正、船磁影响等各方面问题而存在误差，也需要参考已有的数据模型改进质量。

1957—1958 年国际地球物理年以来，一些国际机构就在南极某些特殊区域进行了多次以地质调查为目的的地面磁测。第一个正式实施的项目是由英国剑桥大学负责的南极数字磁异常项目（A Digital Magnetic Anomaly Map of the Antarctic，ADMAP）。这个研究项目受到南极科学研究委员会（SCAR）和国际地磁与超高层大气物理协会（IAGA）的资助。第二期 ADMAP 项目（ADMAP Ⅱ）由意大利罗马的国家地质研究所（ING）负责。1995 年以来，该项目致力于将已有的、60°S 以南的南极地区近地表磁异常以及卫星磁异常统一起来。按照 SCAR/IAGA 工作小组的目标和 ADMAP 项目议定书的要求，2000 年底已整编完成了整个区域、分辨率为 5 km 的磁异常网格（Golynsky and Jocobs，2001），并可在网站上下载（图 5-44）。

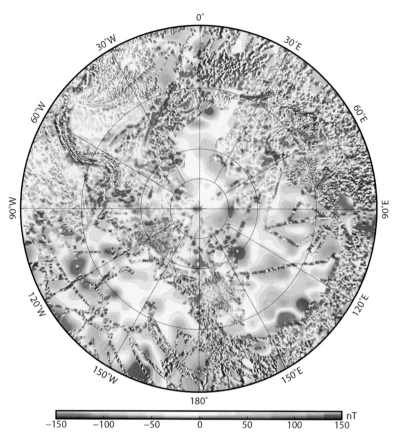

图 5-44 ADMAP I 南极及周边海域地磁（△T）异常

（www. geology. ohio-state. edu/geophys/admap）

在完成 ADMAP I 数据集之后近 10 年中，各国政府在南极开展的地球物理调查又新增了近 $150×10^4$ km 的船磁、航磁测线（图 5-45），这些数据的加入将大大提高 ADMAP 数据的分辨率，但由于尚未完成资料整编，尚不能提供下载使用（Golynsky et al.，2013）。

整编完成的 ADMAP I 磁异常数据于 2008 年提交给世界数据中心（World Data Centers），并用于 NGDC 于构建地磁异常格网 EMAG2（Earth Magnetic Anomaly Grid）。EMAG2 是由世界各地的研究机构提供的卫星磁测、海面拖曳磁测、航空磁测数据融合形成的高度为 4 km、网格间距为 $2'×2'$ 的总地磁强度异常格网数据（Maus et al.，2009）。ADMAP 数据网格间距为 5 km 的近地面数据，而 EMAG2 形成的高度为 4 km，通过比较发现前者的分辨率更高。但 EMAG2 在融合时使用了洋壳年龄模型，所以在洋壳地区磁异常条带更容易识别，其他两者差别不大。在此选择使用 EMAG2 模型数据。

图 5-46 为第 29 次南极科学考察在普里兹湾获得的 PL04 测线地磁异常和 EMAG2 模型地磁异常的对比曲线，从图中可以看到，两者在低频部分的趋势完全一致，只是在起伏的峰值和谷值部分，公开数据的幅值没有达到实测数据的幅值。从对比结果上看，公开数据也完全能满足区域地质解释要求。

南极地磁异常模型反映了海洋和陆地区域的一级磁异常差异。陆域磁异常反映了地质历史多期结构，周围海域磁异常主要是海底扩张磁异常条带和破裂带。整编的磁异常还反映了岩石年龄的变化，包括元生代—太古代克拉通，元生代—古生代活动造山带，古生代—新生

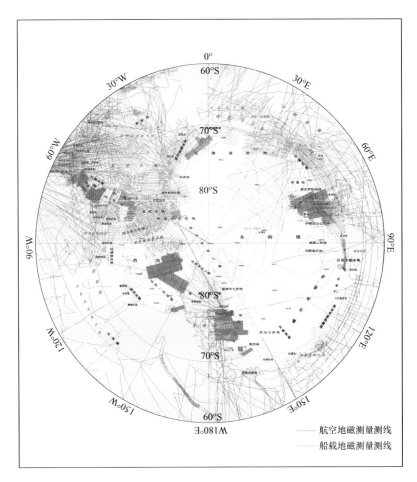

图 5-45　最新的南极地区近地表地磁测线分布

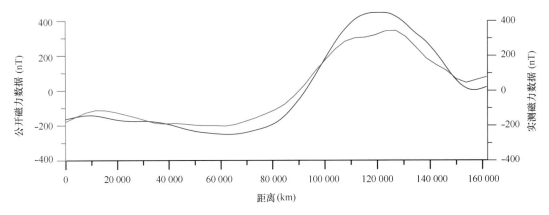

图 5-46　EMAG2 模型地磁异常（红线）和实测地磁异常（蓝线）对比

代的岩浆弧系统以及其他一些重要的地壳结构特征。磁异常还揭示了壳内张裂和主要的南极陆缘张裂带，区域拉张引起的深成岩和火成岩，比如费勒粗粒玄武岩和柯克帕特里克玄武岩。南极地磁异常模型数据和其他地质、地球物理信息一起，提供了南极冈瓦纳超大陆裂解和罗迪尼亚超大陆演化的新认识（Golynsky et al.，2002；Golynsky et al.，2006）。下面简述南极周边典型海域地磁异常特征。

5.2.5.1 普里兹湾附近海域

普里兹湾外地磁异常（图5-47）的一个明显特征就是南极大陆边缘磁异常带（the Antarctic continental margin magnetic anomaly，ACMMA），即沿南极大陆边缘延伸的高磁异常带（Golynsky et al.，2013）和南极大陆边缘重力效应带具有对应关系，前人认为这是一个冈瓦纳古陆裂解时形成的陆壳不连续带，侵入有基性或超基性岩，而不是简单的地壳厚度的变化。在麦克罗伯森地外，该高磁异常带消失，可能反映该处发育厚的沉积层，更可能与重力异常反映的一样，在南极大陆裂离事件之前普里兹湾东、西两个地块地质演化史就不同。

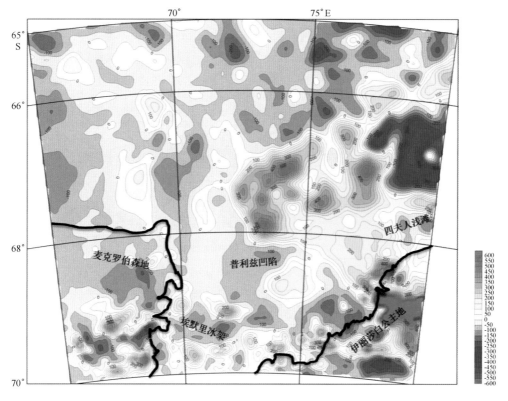

图5-47 普里兹湾附近海域地磁（ΔT）异常（nT）

在普里兹湾凹陷东南部存在两个正磁异常区（图5-47），高达300~600 nT不等。焦丞民（1999）利用普里兹湾冰面磁测资料在同样区域得到达500 nT的高磁异常。此外，Ishihara等（1999）也在普里兹湾附近实施了两条测线，也观测到了相应区域内的高磁异常，并采用二维磁性体模型分别对两处磁异常进行模拟。在实际的磁异常和二维磁性体模型产生的异常存在一定差距的前提下，其结果仍可以证明西侧的一个高磁性区存在深层的岩浆侵入岩体或者磁铁性矿物产生的变质岩体，而东侧的一个高达500~600 nT的高磁性区则对应大约200 km的波长。再通过趋势分析将深、浅部异常剥离，进一步比较表明，西侧高异常区的深部基底的正异常约为180 nT，这只占总异常值的小部分。由此可见，还应存在浅源为正异常的磁性体。东侧高异常区深部基底则表现为−180~−200 nT的负异常，说明该处的浅部高磁性岩石并未延伸至此深度。Harris等（1998）结合了超过250个表层样和柱状样对该地区的岩相进行了研究，认为普里兹湾东南侧为基岩裸露区。事实上，普里兹湾是由兰伯特地堑形成的构造型海湾，苏联在横跨普里兹湾剖面上的地磁、重力和地震探查工作给出了兰伯特-埃默里地堑带下地壳厚度仅 25 km 左右，其中上地壳厚度约 10 km，远低于东南极地壳厚 40~45 km 的平均值（Bentley，1983）。Ishihara 等（1999）则进一步研究表明该区域正异常是由浅层火成岩引起，由此可以推断普里兹湾近岸串珠状高磁异常（图 5-47）也可能是火山侵入体造成的。

5.2.5.2 罗斯海

西罗斯海内陆架区（主要包括维多利亚地盆地、库尔曼隆起和中央海槽）磁异常变化平缓（图 5-48），基本在 ±100 nT 以内，磁性基底偏深，说明是罗斯海的主要沉积区（图 5-48）；往南朝冰架区和往东朝东罗斯海盆地，磁异常变化明显，大片的正异常可以超过 200 nT；西罗斯海外陆架、陆坡及南太平洋区磁异常变化更剧烈，一些线性高值异常可以超过 300 nT，在外陆架区异常具有 NWW 走向趋势，在太平洋区从西往东异常走向从 NNW 向变为近 N—S 向。

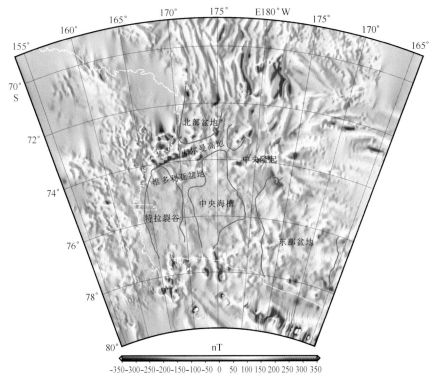

图 5-48 罗斯海地磁（ΔT）异常

库尔曼岛附近磁异常可能源于麦克默多（McMurdo）火山群的新生代火山岩，该火山群也可能出现在阿黛尔角及以北。推断产生这组磁异常的火山岩深度应该很大（Hayes and Davey，1975），因为穿越这组磁异常的地震剖面记录上看不到相应的构造，在剖面上与这组磁异常相对应的重力异常也偏小。北部盆地和北部中央海槽东缘都有幅值超过 500 nT 的大的磁异常，对应于大的正重力异常；再往东南，在中央隆起区有两个面积较小、幅值相仿的正磁异常。这些磁异常都伴随有浅的声学基底和正重力异常（图 5-38）。位于艾斯林浅滩与罗斯海陆架主体的交接处，幅值达 300 nT 的磁异常也具同样性质。继续朝东南方向，有几组稍弱的线性正磁异常，走向切割陆坡。这个异常幅值约 250 nT，南支与 Houtz 和 Davey（1973）给出的基底隆脊一致。他们认为这个隆脊指示了罗斯海东部陆架下沉积盆地的西部边界。在罗斯海西部陆架南端，有一个幅值达 600 nT 的 NNE 向的磁异常带。这与 Ostenso 和 Thiel（1964）在罗斯冰架北部发现的异常成一直线，但向南幅值明显降低，就像 Bennett（1964）发现的，该区域没有大的磁异常。在罗斯海陆架西北，大的磁异常对应于复杂的海岭、海山体系。

5.2.5.3 南极半岛周围海域

除西北和东南两部分显示为低负背景磁异常外，布兰斯菲尔德海峡及附近海区的磁异常可划分为南设得兰群岛、布兰斯菲尔德海槽和南极半岛陆架的 3 个异常区，总体走向为 NE 向，向东逐渐转为近 EW 向（图 5-49）。

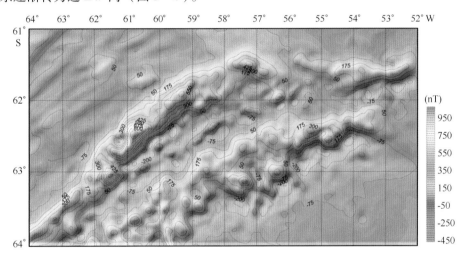

图 5-49　布兰斯菲尔德海峡及附近海区地磁（ΔT）异常

布兰斯菲尔德海槽中部主体为一负异常带，背景值-300 nT 左右，但分布有海山引起的串珠状（尖峰）正异常，NEE 向排列，但有明显错断，幅度在 200~900 nT 之间，反映这些海山是比基底年轻的火山（陈圣源等，1997）；布里奇曼岛（Bridgeman Island）以东为一中间正两侧负的高值区，走向 NE，带内有多处等轴状局部正异常，规模不一，其中最大的幅值达 990 nT，面积约 375 km²；欺骗岛以西的负异常区，背景值为-150~300 nT，异常走向以 NW 或 N—S 向为主，区内几处发育局部正异常，规模略小。

在南设得兰群岛，局部磁异常都呈现出比南极半岛陆架区更明显的 NE 向特征，正异常圈闭幅值也明显偏高，幅值变化范围-800~500 nT，表明该区局部磁性体规模、强度大于南部的。在格林威治岛至欺骗岛之间，局部正异常最高可达 1 000 nT，也是整个区域磁异常最高的地方。

在南极半岛陆架为大幅度正磁异常区，异常幅度在 100~400 nT 之间，总体走向为 NE 向，发育 NE 向或 NW 向两种局部异常，一种为 50~200 nT 的小异常，另一种剧烈跌宕的局部异常，如欺骗岛东南、托尔岛以北有一面积达 400 km²、幅值达 869 nT 的强异常。

5.2.5.4 威德尔海

在威德尔海西侧，在70°~64°S之间，磁异常的变化幅度很少超过50 nT（图5-50），表明可能为侏罗纪的老地壳区域（LaBrecque and Ghidella，1997）沉积了巨厚的沉积物，水深较为平坦，结合低振幅的磁异常表明该区域可能为非火山活动区域。

威德尔海南部为正磁异常占据优势的猎户座异常（Orion magnetic anomaly）（图5-50），有着火山型被动大陆边缘的洋—陆转换带磁异常信号（Livermore and Woolett，1993；Livermore and Hunter，1996），在40°W异常转向，从近E—W向转为NW—SE向，紧接着相连安德内斯磁异常带（Andenes magnetic anomaly）。

在威德尔海东部和北部陆架，可以辨析出轻微的N-S向扩张特征，可能代表了最早期东、西冈瓦纳古陆的张开（LaBrecque and Barker，1981；Livermore and Woolett，1993；Livermore and Hunter，1996；LaBrecque and Ghidella，1997）。前人将位于69°S的E—W伸展的正磁异常条带命名为"异常-T"（Anomaly-T），作为鲱骨式重力异常的南部边界（图5-42）。"异常-T"的北侧，存在3个主要的E-W向的低磁异常条带，分别c12r、c21-29（r）和c33r，年代为93~96 Ma。鲱骨式异常区域的最南端被定义为M9r/M10。此外，在"异常-T"的南部50 km到70°S，40°—53°W之间，可见部分磁异常条带近似垂直于T异常，可能记录了东、西冈瓦纳区域的E—W向扩张历史，受南美洲、非洲和南极洲3个板块的扩张体系约束。E—W向的扩张记录往东到35°W突然被中断于M10的异常条带下，其北侧伴随着N—S向的3个板块扩张，沿着南美洲—南极洲中脊一直俯冲到斯科舍中脊之下。

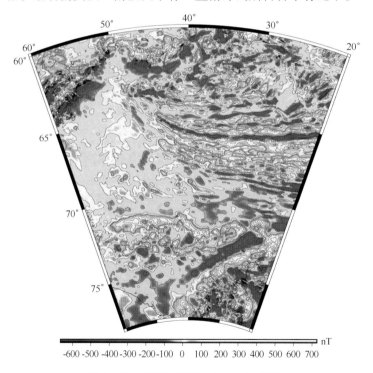

图5-50 威德尔海的地磁（ΔT）异常

在威德尔海北部边缘，海底扩张的线性异常终止于耐力碰撞带（Endurance Collision Zone）（图5-50），观测到最老的磁异常条带是异常条带13（早渐新世），往东年代逐渐变新，表示美洲—南极板块的扩张中心自早渐新世时期的进一步俯冲（Barker et al.，1984），现今的美洲—南极扩张体系更像是威德尔海扩张体系俯冲到奥克尼板块、斯科舍板块以及桑威奇板块的残余部分。

5.2.6　热流异常特征

在第 29 次、第 30 次和第 31 次南极科学考察中都进行了热流测量，但由于安排站位少，又属于试验性质，都无法整体展示典型海域的热流分布特征，只能结合全球热流数据库资料进行讨论，同时相互对比检验，确保解释的可靠性。

5.2.6.1　普里兹湾附近海域

利用第 29 次和第 30 次南极科学考察热流数据以及国际热流委员会的全球热流数据库资料，整理出普里兹湾附近海域相关的热流数据表（表 5-5）。

表 5-5　普里兹湾附近热流资料数据表

站位名	纬度（°）	经度（°）	水深（m）	地温梯度（℃/km）	热导率[W/（m·K）]	热流值（mW/m²）	出处
TH89-GC1004	-68.86	74.99	-721	121	0.92	111	Nagao_etal2002
TH89-GC1006	-68.24	72.5	-805	83	0.98	82	Nagao_etal2002
TH84-HF501	-67.5	73	-591	81	1.15	94	Nagao_etal2002
TH99-GC2006	-66	73.12	-2565	55	1.2	66	Nagao_etal2002
TH84-PC505	-65.86	69.87	-2481	43	1.05	45	Nagao_etal2002
TH84-PC503	-65.83	78.99	-3119	59	0.96	56	Nagao_etal2002
TH99-GC2009	-65.14	75.12	-3122	60	1.12	67	Nagao_etal2002
TH84-PC502	-64.21	75.01	-3538	59	0.96	57	Nagao_etal2002
TH89-GC1002	-63.8	78.89	-3658	56	1.14	64	Nagao_etal2002
TH99-GC2005	-63.75	64.31	-4124	49	1.11	54	Nagao_etal2002
TH89-GC1003	-63.12	81.05	-3327	57	1.1	67	Nagao_etal2002
TH84-PC507	-62.81	75.12	-3805	52	1	52	Nagao_etal2002
TH99-GC2001	-62.48	67.59	-4277	51	0.8	41	Nagao_etal2002
TH99-GC2003	-62.07	74.24	-3959	50	0.92	46	Nagao_etal2002
TH89-GC1001	-60.99	80.31	-2363	134	0.91	122	Nagao_etal2002
TH99-GC2002	-59.85	64.81	-4642	89	0.76	68	Nagao_etal2002
119-744A	-61.6	80.595	0	0	0	51	Pribnow_etal2000
119-745B	-59.6	85.854	0	0	0	66	Pribnow_etal2000
120-748B	-58.4	78.998	0	0	0	90	Pribnow_etal2000
P6-01	-64.998	75.4998	-3173	50.4	0.983	49.54	29th CHINARE
P5-03	-65.8527	72.9589	-2576	49.44	0.869	43	29th CHINARE
P5-05	-66.64	73.165	-1213	39	1.098	43	29th CHINARE
P6-06	-66.875	75.507	-1041	21	1.514	32	29th CHINARE
P1-03	-66	72.9786	-2531	33.65	1.045	35.16	30th CHINARE
P1-02	-65.483	72.941	-2860	24.68	NULL	NULL	30th CHINARE

从表5-5中可以看出，除了有1个站位的热导率值是1.514 W/（m·K）之外，其他的值在0.87~1.2 W/（m·K）之间，即100%±20%。从地理位置而言，我们的数据点和公开数据点有部分是比较接近的（图5-51），可以用来比较。

（1）在66°S附近的P5-03（第29次）、P1-03（第30次）和TH99-GC2006站位（表5-5）的热导率值分别为0.869 W/（m·K）、1.045 W/（m·K）和1.2 W/（m·K），前两者分别和后者差28%和13%；地温梯度分别为49 ℃/km、34 ℃/km和55 ℃/km。P5-03站位热导率值最低，P1-03居中；P1-03地温梯度最低，而P5-03居中。P5-03、P1-03和TH99-GC2006三个站位热流值分别是43 mW/m²、35 mW/m²、66 mW/m²（图5-51），看来该处热流偏低是可信的。

（2）在65°S附近的P6-01（第29次）和TH99-GC2009站位（表5-5），热导率分别为0.983 W/（m·K）、1.12 W/（m·K），前者比后者小约12%。热流值两者分别是49.54 mW/m²和67 mW/m²（图5-51），前者比后者小26%，也说明该处热流偏低。

（3）接近67.5°S的P5-09（第29次）和TH84-HF501站位基本是重叠的，P5-09地温梯度测量失败（无法插入砂砾），TH84-HF501站位的热导率和热流分别为1.15 W/（m·K）和94 mW/m²（图5-51）。陆架上接近冰架的TH89-GC1004和TH89-GC1004站位热流也达111 mW/m²和82 mW/m²（图5-51），有迹象表明陆架热流明显高于陆坡和陆隆区。

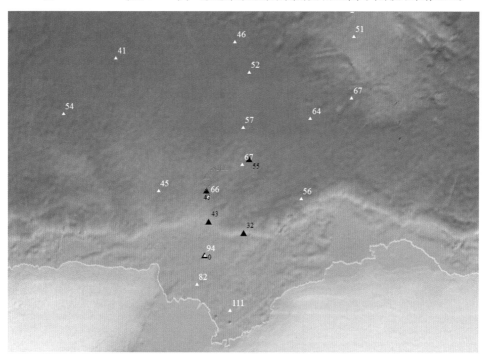

图5-51 普里兹湾附近海域热流值分布（mW/m²）

总体而言，普里兹湾热流值总体呈现出以下特点：陆架区较高，为82~111 mW/m²，中值为96 mW/m²。陆坡—陆隆区为41~67 mW/m²，远低于陆架区。从岩石圈厚度而言，陆架区大于陆隆区，理论上其热流值应小于陆隆区，而这么大的热流值有两个可能：①陆架区岩浆活动比较强，从而造成高热流值；②地壳生热高，可能来源于厚度大或者本身的生热率大。

这有可能与冈瓦纳古陆破裂期间或泛非期普里兹造山带，岩浆活动或变质作用在大陆环境的遗留有关。

5.2.6.2 罗斯海

由于罗斯海底层水温低于−2℃，致使第31次南极科学考察在罗斯海的热流测量失败。国际上罗斯海热流站位主要分布在其中部和西部，东部较少（图5-52）。罗斯海地区平均热流值接近于70 mW/m^2，在靠近维多利亚地的德里加尔斯基盆地和特拉裂谷区域，热流值较高，有一种由西向东微弱减小的趋势，反映出在整体张裂的背景下，西部张裂的程度更大。在罗斯岛活动的埃里伯斯（Erebus）火山附近，热流高达160 mW/m^{2}以上（Blackman，1987）。这种高热流有可能是上地幔热异常的直接显示，同时也是裂谷型盆地地壳拉张减薄的典型特征（Jaupart and Mareschal，2007）。在德里加尔斯基盆地获得的2个热流平均值（98~110 mW/m^2）高于特拉裂谷9个热流平均值（79~89 mW/m^2），结合地震剖面分析推断，Della Vedova等（1992）甚至认为与NNE向冰川刮蚀地形一致的德里加尔斯基盆地是正在发展的裂谷，与穿越横贯南极山脉的扭张断裂有关。

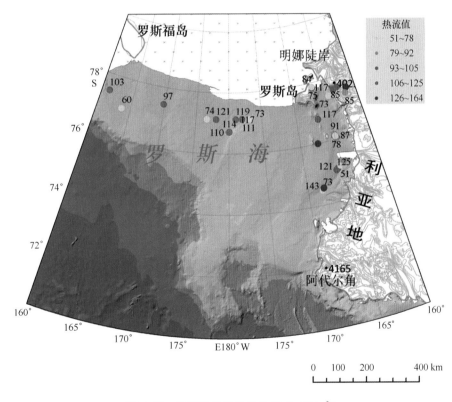

图5-52 罗斯海热流异常分布（mW/m^2）

5.2.6.3 南极半岛周围海域

在南极半岛周边海域，第30次南极科学考察唯一取得热流值的站位是D4-05（热流值108.06 mW/m^2）（图5-53），并不能与国际上已有热流站位对比。和较远处的一些热流值对比来看，该点热流值偏大，可能代表此处地壳更为薄，具体要结合其他资料进行判断。

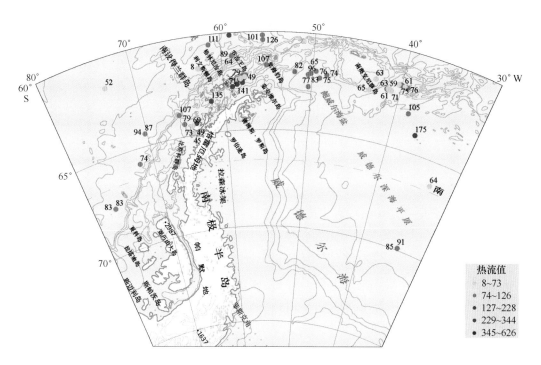

图5-53　南极半岛周围海域海底热流分布（mW/m²）

南极半岛周边海域的热流分布（图5-53）可分3个区域简述。象岛以东，鲍威尔盆地热流值在65~96 mW/m²之间，和南奥克尼微陆块南部海槽的热流值相当，南奥克尼微陆块之上只有两个热流点，值为63 mW/m²和65 mW/m²。这基本和岩石圈厚度的趋势是一致的。

布兰斯菲尔德海峡内有比较高（>100 W/m²）的热流值，和海峡内较强岩浆活动一致，如欺骗岛就是一岩浆岩为主体的岛屿，附近磁异常也比较大。

南设得兰群岛以西的南极半岛西缘部分，在海沟以外的热流比较高，为74~94 mW/m²，往陆方向总体减小到45~79 mW/m²，也和岩石圈厚度的趋势是一致的。

5.2.7　反射地震层序与沉积地层特征

第29次南极科学考察在普里兹湾陆架和陆坡试验采集了电火花高分辨率反射地震数据，第30次、第31次南极科学考察则在罗斯海陆架成功采集了电火花高分辨率反射地震数据。为了进一步指导高分辨率反射地震的调查研究，下面针对普里兹湾附近海域和罗斯海，就国际上通过DSDP、ODP钻孔和气枪震源反射地震获得的有关反射地震层序与沉积地层特征总结如下。

5.2.7.1　普里兹湾附近海域

目前，澳大利亚、日本、俄罗斯等多个国家在普里兹湾地区开展了大量的反射地震探测，数据在"南极地震数据图书馆系统"（SDLS）中，部分航次的数据可以直接访问获取（SEG-Y数据提供公开下载的地震测线见图5-54）。

钻孔方面，ODP在普里兹湾附近海域进行了2个航次的钻探（Leg 119和Leg 188）。为了研究该区域的冰川作用，ODP Leg 119钻孔位于陆架上，4个孔沿剖面3由内而外排列。最靠内的740孔钻遇了中生界或更老的冲积沉积，其上不整合覆盖一层冰川—海相沉积。古生

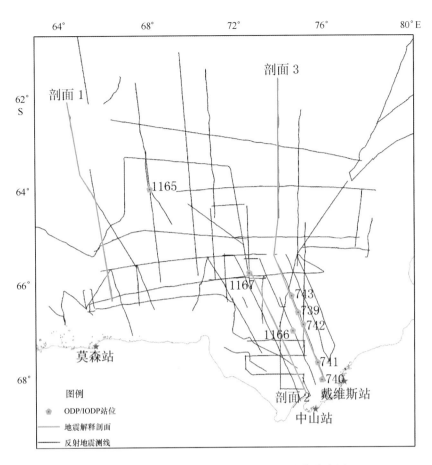

图 5-54　收集的公开地震数据和 ODP 站位分布图

（红色为解释剖面位置，自西向东依次为剖面 1、剖面 2 和剖面 3）

物研究表明该孔出现了 K_1 地层—砂岩、粉砂岩、泥岩和煤层。其他几个孔都没有钻遇中生界。ODP Leg 188 目的是为了揭示新生代冰川作用历史和古环境，3 个钻孔在剖面 3 以西（图5-54），一个在陆架（1166 孔）、一个在陆坡（1167 孔）、一个在陆隆（1165 孔）。

陆架区共识别出 5 个反射界面：SB、PS1b、PS2b、PS3b、PS4b。它们之间的地层岩性及年代示于图 5-55。其中 SB 表示海底面，PS1b 和 SB 之间是层序 PS1，代表晚中新世—全新世混杂岩和硅藻软泥，是冰碛产物。PS2b 和 PS1b 之间的是层序 PS2，是早白垩世（或更早)—全新世地层。PS3b 和 PS2b 之间是层序 PS3，为中生代早期地层。PS4b 和 PS3b 之间是层序 PS4，是晚古生代—早中生代地层。PS4b 之下是前寒武纪的变质岩基底。盆地基底大多在多次波之下。

（1）剖面 1（图 5-56）

剖面 1 位于研究区西部的下陆坡和陆隆区，由两条剖面组成，总长约 520 km。针对GA228-06 测线，走时大约在 8s 左右的声学基底，应该是盆地基底，向海方向还变浅。向陆方向，基底被海底面的多次波干扰，影响层位识别，但总体而言走时还是在 8s 左右。从TH99-27 测线的 sp1900 开始往陆方向，盆地基底迅速升高。

盆地基底处发育许多正断层，尤其是在 TH99-27 测线上，大多数断层向陆倾。正断层控制了地堑/半地堑系统内地层沉积，断陷之上为坳陷沉积。在 GA228-06 测线上基底断层较不发育。

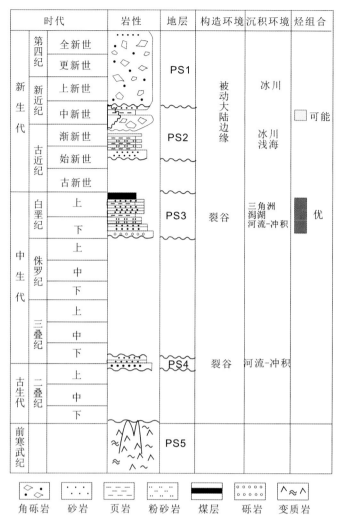

时代			岩性	地层	构造环境	沉积环境	烃组合
新生代	第四纪	全新世		PS1	被动大陆边缘	冰川	
		更新世					
	新近纪	上新世					
		中新世					可能
	古近纪	渐新世		PS2		冰川浅海	
		始新世					
		古新世					
中生代	白垩纪	上		PS3	裂谷	三角洲潟湖河流-冲积	优
		下					
	侏罗纪	上					
		中					
		下					
	三叠纪	上					
		中					
		下		PS4	裂谷	河流-冲积	
古生代	二叠纪	上					
		中					
		下					
	前寒武纪			PS5			

角砾岩　砂岩　页岩　粉砂岩　煤层　砾岩　变质岩

图 5-55　普里兹湾陆架主要地层单元划分

在下陆坡和陆隆交界的地区（TH99-27 测线 sp500~2500），P1 之下还有一个透镜状的沉积体，内部有向海进积的层序（图 5-56 的紫色部分），可能为海底冲积扇，表明在大规模冰川作用之前，已经有比较大的浊流沉积。

（2）剖面 2（图 5-57）

剖面 2 位于中部的陆架区，总长约 340 km。地层反射总体向海倾斜，并向海进积。本测线上共解释出 5 个反射界面，分别为 SB、PS1b、PS2b、PS3b、PS4b。盆地基底大多在多次波之下。

（3）剖面 3（图 5-58）

剖面 3 位于东部的陆架和陆隆区，由两条剖面组成，中间约有 90 km 的空白，总长约 770 km（包含空白段）。

针对 GA228-09 测线，走时大约在 8s 左右的声学基底，向海方向走时变小，可能与剖面 1 的盆地基底一致。由于向陆方向存在空白段，是否具有和剖面 1 一样的结构还不能完全确定。再往陆方向，在 BMR33-21 测线上很难追踪到明显的盆地基底。GA228-09 测线的 sp6000-3000 段，在盆地基底处发育一些正断层，大多数断层向陆倾，和剖面 1 一致。

P1 面似乎可以延续到陆坡区，然而由于空白段的存在，要延到陆架区就更难了。陆架部

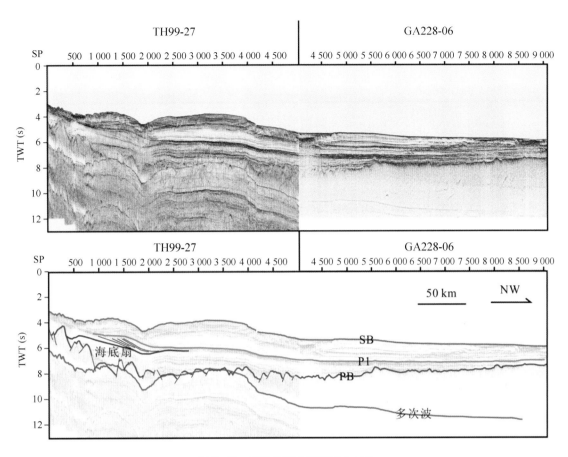

图 5-56 普里兹湾典型剖面 1 结构

（SB：海底面；P1：冰川沉积底界；PB：盆地基底；剖面位置见图 5-36 和图 5-54）

分和剖面 2 结构基本上一致，主要的区别在于 PS1 层序（即 PS1b 和 SB 之间的地层）在 BMR33-21 线上更向陆延伸。

陆隆区 P1 的时代是个未解之谜。P1 面最早由 Kuvaas 和 Leitchenkov（1992）识别出来，它是一套成层性很好的反射层底界，其下是相对不规则的层序，作为冰川沉积底界一般都无异议。Kuvaas 和 Leitchenkov（1992）认为陆隆区的 P1 和陆架区一倾角变化较大的界线可以对比，根据 ODP Leg 119 的 739 站位的结果，推断 P1 的年代是晚始新世—早渐新世。但是，ODP Leg 188 在陆隆区钻探的 1165 站位，未钻到 P1 界面，其时代还没有直接的地质资料可以证实。

5.2.7.2 罗斯海

美国、德国、意大利、日本等多个国家在罗斯海地区开展了大量的反射地震探测，数据在"南极地震数据图书馆系统"中，部分航次的数据可以直接访问获取（SEG-Y 数据提供公开下载的地震测线如图 5-59）。另外，DSDP 在罗斯海陆架进行了 1 个站位的钻探（Leg 28，钻孔位置见图 5-59）。

罗斯海陆架范围宽广，给地震层位区域对比造成了很大的困难。罗斯海陆架演化最完整的地层记录存在于东部盆地中。由于陆架地层分布的不连续，西罗斯海维多利亚地盆地的地震地层有别于东罗斯海其他区域。

DSDP Leg 28 的 270、271、272、273 四个站位位置从陆架由内向外排列。ANTOSTRAT

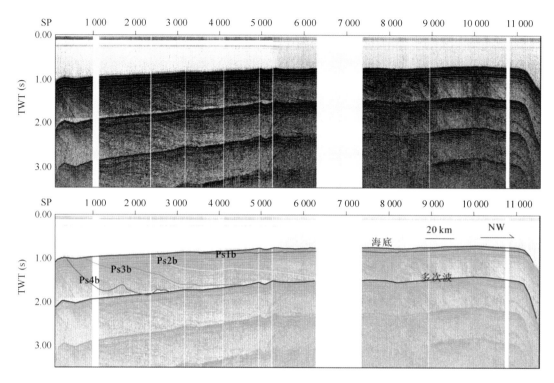

图 5-57 普里兹湾典型剖面 2 结构（BMR33-31）

（剖面位置见图 5-36 和图 5-54）

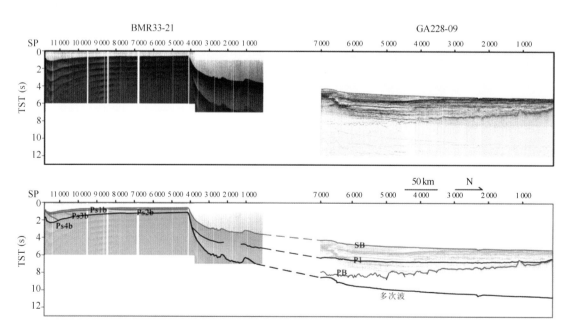

图 5-58 普里兹湾典型剖面 3 结构

（剖面位置见图 5-36 和图 5-54）

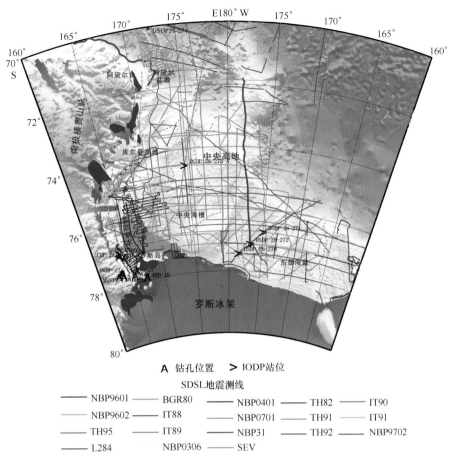

图 5-59　罗斯海地震剖面、DSDP 钻孔分布

（红色测线为本节所展示剖面位置）

Project（Brancolini et al.，1995a）利用过 DSDP Leg 28 的 271、270、272 钻孔的地震剖面将东罗斯海分成 8 个层序：RSS1 到 RSS8（图 5-60）。由于 RSS1 地层单元基底的年龄缺少限定，通常 RSS1 被省略。早中新世和中中新世地层中有两个重要的地震相。地震相 A 的地震反射表现为无反射或者杂乱反射，具有无规则的透镜状或者"S"形斜坡沉积反射，表明进积环境。地震相 B 为层状水平反射，通常直接位于地震相 A 的上或下，分割地震相 A。DSDP Leg 28 的 273 钻孔位于罗斯海中西部，钻遇到早—中中新世冰海相沉积，它被上覆上新世—更新世冰海相沉积不整合覆盖。由 Leg 28 主要得到以下认识：

①南极大陆广泛的冰川作用至少始于早中新世（20~25 Ma）。

②罗斯海陆架，早中新世到早上新世期间，一套厚的、卵石状粉砂质黏土在无干扰的情况下于冰川海底沉积。临近 270、271、272 钻孔处存在一个重要的角度不整合，标志着一个冰川侵蚀面。

③270 钻孔基底由灰色、薄片状大理石和钙硅酸盐片麻岩组成，年龄可能为早古生代。

④罗斯海陆架东南部临近 270、272 钻孔处，渐新世开始的沉降从接近海平面到中中新世逐渐到了目前的位置，这可能是由大陆冰架负载作用造成的。

⑤最老层位钻到渐新世，水下 422.5 m，为角砾岩。基底距水下 390 m，岩性为钙硅酸盐片麻岩。

Copper et al., 1987	Brancolini et al., 1995a	Keller, 2004	Horgan et al., 2005			
维多利亚地盆地	东罗斯海	阿黛尔盆地	麦克默多湾	年龄	沉积环境	裂谷阶段
V1	RSS8	Su1	Surface A0	2Ma		
	RSU1		Surface A1			
	RSS7			4.6-4.0Ma		5b
	RSU2	U1	Surface A2			
	RSS6			?7.5Ma	冰川-海相沉积以及冰碛 (DSDP Site 273)	
	RSU3					
	RSS5	Su2				
	RSU4					
	RSS4					
V2	RSU4a		Surface B	17Ma	冰川-海相沉积以及冰碛 (DSDP Site 273)	5a
	RSS3					
	RSU5	U2	Surface C	23Ma		
V3	RSS2					
	RSU6	SU3/4		29Ma	冰川-海相河流泥岩和砂岩	4
V4	RSS1	U3		34Ma	浅海和深水冰川海相沉积	3
V5		Su5			海相沉积	2
V6	basement				火山岩和裂谷充填(非海相和浅海相)	1
V7		Su6			多变的-包括在TAM发现的大部分岩石	

图5-60 罗斯海陆架地震层序单元（修改自 Fielding et al., 2006）

1. TAM 剥露作用；2. 早期裂谷作用；3. 主要裂谷作用；4. 被动热沉降；

5a. 更新的裂谷作用，底部（没有明显的岩浆物）；5b. 更新的裂谷作用，上部（明显的岩浆物）

（1）剖面 1

剖面 1 位于东罗斯海陆架，为德国的 BGR80-001 南北向测线（图 5-61），总长约 300 km。主要的连续地震反射都位于 RSU4 之上。浅部罗斯海陆架区可解释层位可以到达 2.2~2.3 s（双程反射时间）。该深度包含了主要的 4 个不整合即 RSU1~RSU4，剖面基底不是很清晰。沉积层序各样，并随环境演化，引起地震特征在时间和空间上多变。地震特征在陆架处

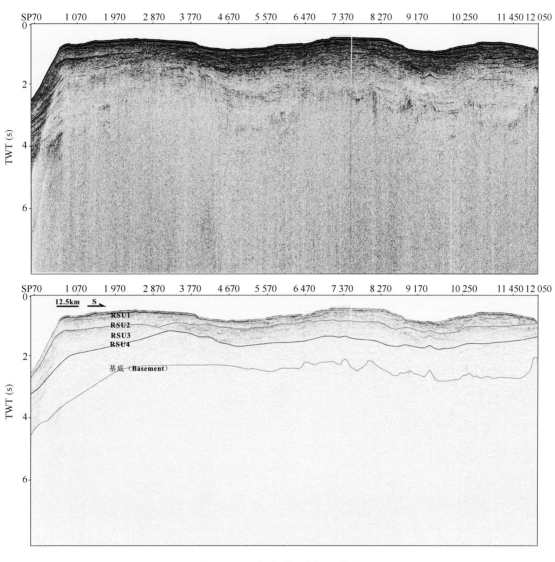

图 5-61　罗斯海典型剖面 1 结构

（剖面位置见图 5-59 的 N—S 向红线）

为相对简单的水平状，而到外陆坡则变为楔状。

（2）剖面 2

剖面 2 位于研究区西北侧的陆架区，为德国的 BGR80-100 北西向测线（图 5-62），总长约 320 km。剖面南西端为火山区分布，推测形成时代较新（<5 Ma），主要以垂直喷发为主，为扩张之后的产物，与新构造运动有关。Pe（24 Ma）为该区重要的裂陷不整合，与沉积环境的改变应该无关，更可能由构造运动造成，但是否与西南极裂谷系统有关，还须进一步研究。西部陆坡区有明显的成层关系。不整合分割了更深的层位，深部层位向东尖灭，并上超于年轻的地层。西部凹陷区层位发展比较完整，可见 RSU6～RSU2 的全部层位及地层单位。

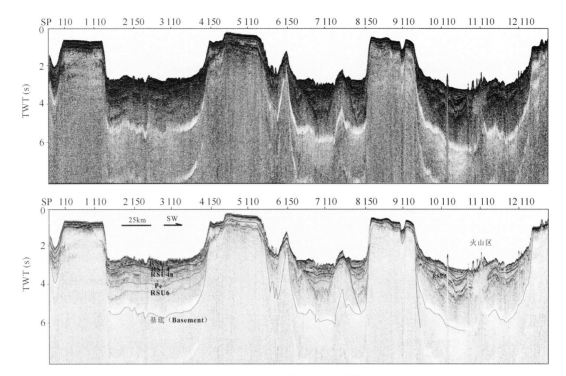

图 5-62　罗斯海典型剖面 2 结构

（剖面位置见图 5-59 的西北角红线）

5.3　典型海底构造特征的综合分析与评价

5.3.1　普里兹湾岩石圈构造特征

5.3.1.1　岩石圈结构特征

（1）重力异常的分离

用于反演莫霍面深度的空间重力异常数据来自于 Sandwell 和 Smith（1997；2009）卫星测高重力异常，其中的 18.1 版本网格间距为 0.5′×0.5′，与船测数据相比，在墨西哥湾的海底地形平坦时精度达到 $2×10^{-5}$ m/s^2，海底地形起伏较大时达到 $4×10^{-5}$ m/s^2，在海山区最大可达 $20×10^{-5}$ m/s^2。2013 年 1 月又发布了最新的 21.1 版本，在纬度低于 72° 的地区精度可达 $1.7×10^{-5}$ m/s^2，在高纬度地区达（2~3）$×10^{-5}$ m/s^2，在加拿大北极圈地区精度为 $3.75×10^{-5}$ m/s^2。该数据最大的改进在于 14~40 km 波长分辨率，这对陆缘如 7 km 大小的沉积盆地调查十分有利（Sandwell et al.，2013）。

假定地壳平均密度为 σ_0 = 2.67 g/cm^3，水平均密度为 σ_1 = 1.03 g/cm^3，沉积层平均密度为 σ_2，地幔平均密度为 σ_3 = 3.3 g/cm^3，则空间重力异常（Faa）的组成为：$Faa = Fs1（\sigma_1 - \sigma_0）+ Fs2（\sigma_2 - \sigma_0）+ Fs3（\sigma_3 - \sigma_0）$，其中，$Fs1（\sigma_1 - \sigma_0）$ 代表了 S1 界面的重力效应，密度差为（$\sigma_1 - \sigma_0$）；$Fs2（\sigma_2 - \sigma_0）$ 代表了 S2 界面的重力效应，密度差为（$\sigma_2 - \sigma_0$）；$Fs3（\sigma_3 - \sigma_4）$ 代表了 S3 界面的重力效应，密度差为（$\sigma_3 - \sigma_2$）。因此，依次从空间重力异常中减去 S1

界面（即水层的重力效应）和 S2 界面（即沉积层的重力效应），即可得到 S3 界面（即莫霍面的重力异常），据此即可进行莫霍面反演计算。

在计算水层的重力效应时，为了计入冰层厚度，我们将陆地部分上界面取为冰层表面，海域部分全为海平面，冰层密度取为 0.9 g/cm^3，其他计算参数不变，计算后的水层重力效应如图 5-63 所示。

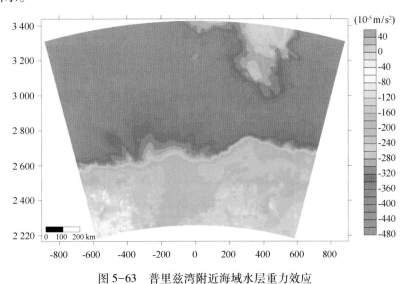

图 5-63　普里兹湾附近海域水层重力效应

（投影方式：Stereographic，原点纬度：90°S，中央经度：75°E，坐标轴单位：km）

计算沉积层重力效应时，我们采用 Sclater 和 Christie（1980）的沉积压实模型：密度随指数衰减，若 ρ_g 是固体密度，ρ_f 是流体密度，ψ_0 为孔隙度，d 为深度衰减参数，则密度和海底以下的深度模型为：

$$\rho(z) = \rho_f \varphi_0 e^{-\frac{z}{d}} + \rho_g \left(1 - \varphi_0 e^{-\frac{z}{d}}\right) \tag{5-34}$$

与观测数据拟合较好的参数为：$\rho_f = 1.03$ g/cm^3，$\rho_g = 2.80$ g/cm^3，$\psi_0 = 0.8$，$d = 1.5$ km。计算得到的沉积层重力效应如图 5-64 所示。

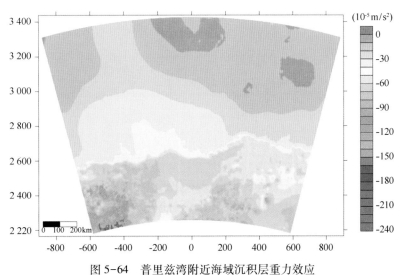

图 5-64　普里兹湾附近海域沉积层重力效应

（投影方式：Stereographic，原点纬度：90°S，中央经度：75°E，坐标轴单位：km）

由观测的自由空间重力异常减去水层和沉积层重力效应后，即得到剩余重力异常，结果如图 5-65 所示。

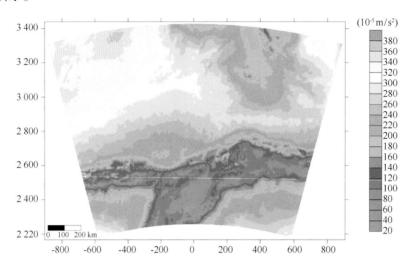

图 5-65　校正水层和沉积层重力效应后的普里兹湾附近海域剩余重力异常

（投影方式：Stereographic，原点纬度：90°S，中央经度：75°E，坐标轴单位：km）

（2）莫霍面反演计算

①由已知控制点计算初始莫霍面：已知控制点来自 Stagg 等（2004）的 GA-229/30 综合解释剖面的数字化结果。已知控制点和剩余重力异常的拟合曲线如图 5-66 所示。由此拟合初始莫霍面。

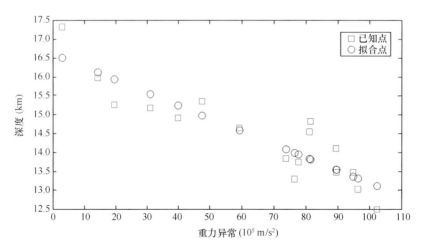

图 5-66　普里兹湾附近海域重力异常和已知莫霍面深度之间的关系

②根据初始莫霍面正演计算初始重力异常，然后从剩余重力异常中减去初始异常，即得到反演与初始莫霍面差别的重力异常；根据此差值重力异常在初始莫霍面基础上再反演相应的莫霍面起伏，然后用初始莫霍面加上差值异常反演的莫霍面，即得到最后的莫霍面（图 5-67）。

（3）热扰动重力异常

根据岩石圈冷却模型，McKenzie（1978）计算岩石圈温度场，再根据温度场计算岩石圈

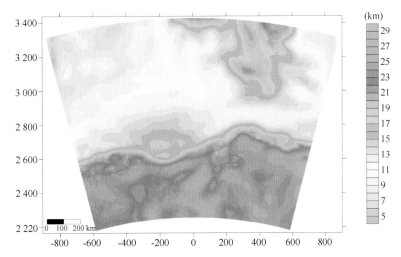

图 5-67　未经热扰动改正反演的普里兹湾附近海域莫霍面起伏

（投影方式：Stereographic，原点纬度：90°S，中央经度：75°E，坐标轴单位：km）

热扰动重力异常，其公式据 Greenhalgh 和 Kusznir（2007）：

$$\Delta g_t = \frac{8G\alpha\rho aT_m}{\pi} \sum_{m=0}^{\infty} \frac{1}{(2m+1)^2} \left[\frac{\beta}{(2m+1)\pi} \sin\frac{(2m+1)\pi}{\beta} \right] \exp\left(-\frac{(2m+1)^2 t}{\tau} \right)$$

(5-35)

式中，a 为岩石圈厚度，取为 125 km；α 为岩石圈热膨胀系数，取为 3.28×10^{-5}/℃；ρ 为岩石圈密度，取为 3.3×10^3 kg/m³；T_m 为岩石圈底面温度，取为 1300℃；τ 为岩石圈冷却热衰减常数，取为 65 Ma，它与岩石圈厚度 a 的平方成正比，$\tau = a^2/(\kappa\pi^2)$，其中 κ 为热扩散系数，一般大小为 0.8×10^{-6} m²/s 或 25.23 km²/Ma；t 为岩石圈热平衡时间。对于该地区的陆缘，取其破裂时间为 130 Ma。

拉张因子 β 是度量某部分岩石圈拉张程度的物理量，可以由块体变化长度定义，也可以由厚度变化来定义。如果岩石圈初始厚度为 t_{l0}，即为热平衡时的岩石圈厚度，而拉张后的厚度为 t_l，则 $\beta = t_{l0}/t_l$。

若假定岩石圈拉张因子和地壳拉张因子相同，即为纯剪模型（pure shear model），在海洋岩石圈中，$\beta = \infty$，海洋岩石圈年龄由洋壳年龄等时线定义；而对于陆缘岩石圈，β 为：

$$\beta = ct_0/ct_{now}$$

(5-36)

即陆壳的初始厚度 ct_0 和现今厚度 ct_{now} 的比值。在普里兹湾的陆缘地区，地壳结构并不完全一致（Reading，2008），假定裂前平均地壳厚度为 35 km，则可计算出相应的地壳拉张因子和岩石圈拉张因子。

由拉张因子计算出相应的岩石圈（或地壳）减薄因子。0.5 减薄因子等值线是一条重要的线，如果认为减薄因子大于 0.5 时，会出现岩石圈地幔减压熔融，形成岩浆增生地壳，那么需将这部分岩浆增生地壳扣除再计算岩石圈拉张因子。根据岩石圈的绝热减压熔融模型，可由岩石圈减薄因子来估算岩浆增生地壳 tc_{mag}（White and McKenzie，1989；Bown and White，1994），取临界减薄因子为 0.5，OCT 处最大洋壳厚度为 7 km。

将拉张因子计算结果代入式（5-35），即可计算得到热扰动重力异常，如图 5-68 所示。

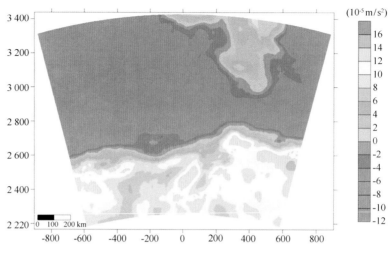

图 5-68　普里兹湾附近海域热扰动重力异常

（投影方式：Stereographic，原点纬度：90°S，中央经度：75°E，坐标轴单位：km）

（4）热扰动影响校正后的莫霍面反演

将校正水层和沉积层重力效应后的剩余重力异常再扣除热扰动重力异常的影响，即可得到剩余地幔布格重力异常（RMBA），结果如图 5-69 所示。据此重力异常，再根据式（5-2）中的计算过程重新反演莫霍面，平均参考深度取为 17 km，结果如图 5-70 所示。

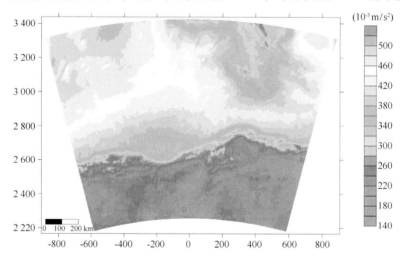

图 5-69　普里兹湾附近海域剩余地幔布格重力异常

（投影方式：Stereographic，原点纬度：90°S，中央经度：75°E，坐标轴单位：km）

（5）地壳结构特征

布格重力异常消除了地形对重力异常的影响（参见图 5-37），反映了更深的密度界面以及地壳内部异常密度体。相比空间重力异常而言，布格重力异常整体形态更加圆滑，反映长波长的组分。受南极大陆边缘和凯尔盖朗海台边缘影响，布格重力异常和前面反演的莫霍面深度主要分为三个部分（图 5-67 和图 5-70）：一是陆架上的低值区，幅值在（0～-50）× $10^{-5} m/s^2$，莫霍面深度在 13～17 km，属于陆壳减薄区；二是凯尔盖郎海台部分，布格异常幅值多低于 $-100×10^{-5} m/s^2$，莫霍面深度也多在 16 km 以上，属于洋壳增厚区；三是上两者之间

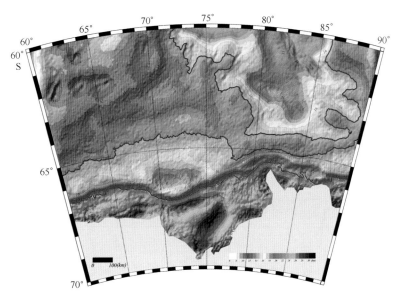

图 5-70　剩余地幔布格重力异常反演的普里兹湾附近海域莫霍面

（红线为 22 km 等深线，蓝线为 14 km 等深线）

的区域，布格异常幅值多在（0～150）×10^{-5}m/s^2，莫霍面深度在 8～15 km，该区域根据莫霍面深度东西方向可分为三段，东、西两端均浅于 10 km，而中部稍深，为 11～12 km。

从化极磁异常分布特征上可划分出两条可能的磁异常条带分布范围（图 5-71 中的红色虚线所示），并可以直观看出地壳中磁性物质分布规模的大小。从图 5-71 中可以看到，北侧的边界线是磁性由低值区向高值区的转换带，表明其两侧地壳的磁性物质成分存在差异，北侧多而南侧少。但南侧边界对应也是一个磁性变化分界，只是其差异程度小于北侧。北侧边界可能只是凯尔盖朗海台的影响范围。如果没有凯尔盖朗海台岩浆活动的影响，其边界更应该是南侧，这和研究区西北角正常洋壳的深度也更接近。

为了详细了解普里兹湾盆地内部由海到陆的地壳结构，我们选取了一条剖面进行综合地球物理反演（图 5-72）。该剖面东南端切过前人认为的普里兹造山带，西北端延伸至弗拉姆浅滩，剖面总长度为 566 km，方位角为 124.3°。由于缺少钻井资料和样品数据，重磁拟合时物性参数主要参考了前人在该区的工作。重力异常拟合时，取地幔密度为 3.3 g/cm^3，下地壳为 2.9 g/cm^3，上地壳为 2.54 g/cm^3，侵入岩体密度在 2.6～2.8 g/cm^3。磁异常拟合时，取剖面中心处地磁倾角和偏角分别为 -70° 和 -77°，地磁场强度为 53 196 nT，异常源由红色至粉红色磁化强度逐渐变小，依次为 8 A/m、5 A/m、2 A/m、1 A/m。

在该剖面中部，有一段地震剖面显示了清晰的沉积基底反射，其他地方和深部界面均缺少地震资料约束。为此，我们同时对该剖面上的磁异常进行了欧拉反褶积计算，分别取构造指数为 0.5、1.0、1.5、2.0、2.5 和 3.0，很好地反映了主要磁性物质的边界位置。此外，我们还对主要的异常部位进行了主要影响因素的正演分析，表明异常波长主要由场源体的尺寸和深度控制，物性主要影响异常幅值。这样可通过对特定异常波长和幅值的分析，预先判断对应的场源体的深度。

根据剖面异常特征和计算结果（图 5-72），由西北向东南在 450 km 处可将剖面分为两部分。东南部分属于造山带范围，莫霍面逐渐加深至 30 km 以上，上地壳缺失，高密度下地壳

171

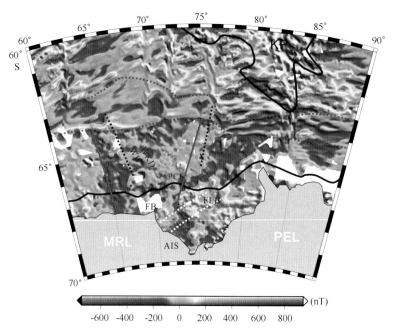

图 5-71　普里兹湾附近海域化极磁异常（图例如图 5-10）

（红色实线为依据磁异常所划的断裂，红色虚线为两条可能的磁条带边界）

逐渐出露地表，从深部到浅部都存在高磁性异常体。西北部分与造山带结构以断裂分隔，莫霍面深度不到 20 km；在莫霍面转折部位，重力异常反映的地壳密度变化剧烈；在该部分的 250~400 km，重、磁异常均变化平缓，对应了普里兹湾盆地内东部凹陷，磁异常体只出现在近 10 km 的深度上，磁性也有所减弱；在 225 km 处有明显的断裂构造存在，发育有高磁、高密度的侵入体，再往西在 125 km 和 50 km 处，也有类似的断裂发育，相应的磁性体磁性也逐渐减弱，深度变小，在 125~225 km 之间的重、磁异常平缓区对应了普里兹湾盆地内的西部凹陷。

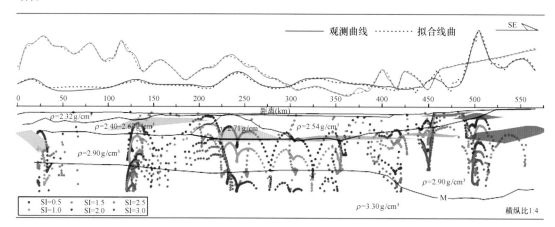

图 5-72　普里兹湾附近海域地球物理综合解释剖面

综上，图 5-72 综合剖面显示，普里兹造山带西侧边界位于 450 km 处，普里兹湾盆地内的高磁异常与造山带内部的高磁异常不具有相同成因；在造山带西北，莫霍面迅速变浅，上地壳可能发育有泛非期之前的沉积地层，受普里兹造山活动前后的改造作用，形成一系列壳内断层，在后期的冈瓦纳古陆裂解过程中，沿断裂带发生减压熔融形成浅源火成岩。

5.3.1.2 岩石圈有效弹性厚度（T_e）

（1）数据来源

本节在计算岩石圈有效弹性厚度时，使用到了不同的数据体，包括空间重力异常、水深/地形、沉积物厚度、地壳年龄等数据。与上节一样，空间重力异常数据选自 Sandwell 等（2013）最新 23.1 版卫星测高重力数据；也与前面计算古水深一样，水深和沉积层厚度数据分别源自美国 NGDC 的 ETOPO1（Amante and Eakins，2009）和全球海洋沉积层厚度网格数据（Divins，2003），地壳年龄数据源自 Müller 等（2008）的海洋地壳年龄数据模型。

（2）T_e 的计算结果

①凯尔盖朗海台 T_e 分布特征。

整个凯尔盖朗海台区域的 T_e 分布如图 5-73 所示。

在整个研究区域 T_e 在 0~40 km 范围内变化，其中超过 70% 的区域 T_e 都在 10 km 以下。在凯尔盖朗海台北部（NKP）和伊兰高地（Elan Bank，EB）的位置，T_e 在 25~35 km 变化，平均 T_e 约 30 km；而在凯尔盖朗海台中部（CKP）和南部（SKP）T_e 偏小，主要集中在 10 km 以下。总体上，T_e 表现出在海台北部较高，而在其他区域都非常低的特点。

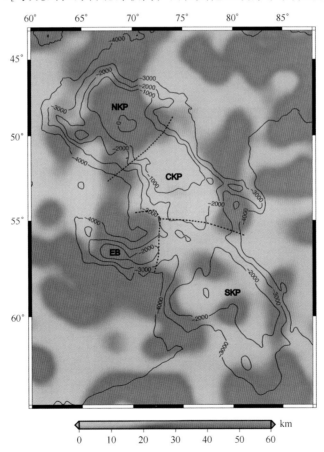

图 5-73 凯尔盖朗海台区域 T_e 分布特征

（黑色实线为水深等值线，间隔为 1 000 m；NKP：凯尔盖朗海台北部；
CKP：凯尔盖朗海台中部；SKP：凯尔盖朗海台南部）

②普里兹湾 T_e 分布特征。

南极普里兹湾被动陆缘的 T_e 分布如图5-74。

从图5-74中可以看出，T_e 值在基本沿着0 m 等深线附近的位置变化剧烈，从而可以比较清楚地分辨海洋与陆地。整体来看，普里兹湾 T_e 分布范围为 0~60 km，而且在陆区与海区表现出明显不同的特征。陆区的 T_e 变化范围比洋壳大（洋壳的 T_e 一般在 0~40 km 范围内）。在陆壳区域，T_e 变化范围比较剧烈，在几十平方千米之内，可以变化 20~30 km，而在海洋区域，T_e 水平方向的变化一般比较平缓。这很可能与陆壳和洋壳本身结构的复杂性有关。因为洋壳比陆壳构造简单，同时洋壳在水平方向上具有更高的各向均一性，这使得 T_e 在海洋与陆地区域展现不同的特点。

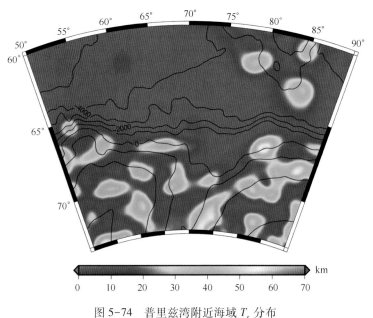

图5-74 普里兹湾附近海域 T_e 分布

（黑色实线为水深等值线，间隔为 1 000 m）

（3）T_e 的构造解释

①凯尔盖朗海台 T_e 解释。

凯尔盖朗海台位于南印度洋，是世界上最大的水下火成岩省之一。该海台在面积上超过 $2×10^6 \ km^2$，比周围洋盆高出 2~4 km。与典型的洋壳厚度不同，凯尔盖朗海台下为 20~40 km 厚的地壳。

与东经九十度海岭（NER）类似，凯尔盖朗海台是凯尔盖朗热点活动的产物。与前者不同的是，在形成凯尔盖朗海台期间，南极板块并没有发生大规模的移动，所以热点喷发的物质堆在热点周围形成 NW-SE 方向超过 2200 km 长的线性高地（图5-75）。此外，从形成时间上，凯尔盖朗海台形成时间早于东经九十度海岭。Coffin 等（2002）估算了凯尔盖朗热点的岩浆通融量，并总结了凯尔盖朗热点活动期次与海台形成过程之间的关系（表5-6）。

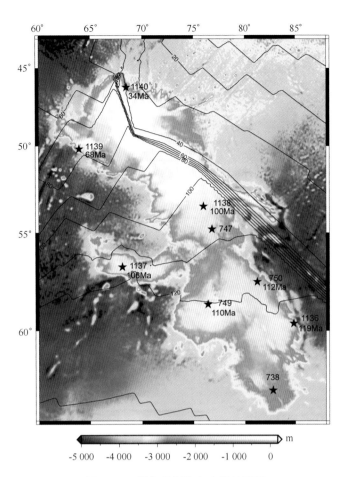

图 5-75　凯尔盖朗海台水深地形图

（黑色实线为洋壳年龄，五角星为 ODP/DSDP 位置、航次以及同位素测年得到的年龄）

表 5-6　凯尔盖朗热点活动历史

区域	年龄（Ma）	地壳成分	通融量（10^6 km^2）
SKP	120~110	完全属于洋壳成分	8.5
Elan Bank	110~105	微小陆壳板块盖被热点活动带出的火成岩包围	1.4
CKP	105~100	基底为橄榄岩，无陆壳成分	4.5
Broken Ridge	100~95	东部受到陆壳物质污染，西侧为洋壳	5.2
NER	82~37	整条海山链为洋壳	4.7
NKP	40~35	洋壳	2.3

资料来源：整理自 Coffin et al.，2002。

T_e 与负载时刻地壳年龄之间的关系

T_e 与地壳距今年龄不存在直接的对应关系，而是与负载时的地壳年龄有关（表 5-7）。表 5-7 中负载年龄根据 ODP/DSDP 钻孔地球化学测年数据得到，并结合地壳年龄模型计算了负载时地壳年龄（地壳年龄减去负载年龄）。根据 Watts（1978）的观点，北部较高的 T_e 表明了负载时地壳年龄较老，而中部以及南部低的 T_e 可能指示了负载时地壳年龄较新。计算的结果（表5-7）表明，所有位置负载时地壳年龄基本都在10 Ma以内，而且相差不大。以上结果似乎与Watts（1978）的观点矛盾，而事实上这一矛盾可能是由于全球地壳年龄模型的误差造成的，因为该模型主要是以磁条带拾取的数据得来，而在KP区域由于火山作用对磁条带的污染使得该区域的地壳年龄误差较大，从而引起了负载时地壳年龄的计算误差。

表5-7　凯尔盖朗海台 T_e 计算值与负载时洋壳年龄对比

位置	ODP/DSDP	地壳年龄（Ma）	负载年龄（Ma）	负载时地壳年龄（Ma）	T_e（km）
NKP	1 140	37	34	3	30
	1 139	73	68	5	28
CKP	1 138	104	100	4	15
	747	109	NaN	NaN	9
Elan Bank	1 137	116	108	8	33
	750	117	112	5	10
SKP	749	122	110	12	8
	1136	124	119	5	11
	738	126	NaN	NaN	13

注：NaN表示无。

T_e 对凯尔盖朗海台活动过程的指示

尽管我们无从知晓负载时的地壳年龄与 T_e 之间是否存在对应关系，但是SKP和CKP区域低 T_e 值很可能与年龄无关。因为整个凯尔盖朗热点活动期间，南极洲板块并未如印度板块那样，相对凯尔盖朗热点发生大规模的移动，SKP、CKP和NKP的洋壳年龄应该不会有很大的差别，而且从地壳年龄可以看出其从南向北逐渐增加。如果假设正确，那么NKP的形成时间晚于SKP和CKP，表明NKP负载下的洋壳应该要老于后者（CKP晚于SKP 10 Ma以内），这与NKP的 T_e 较大的结果一致。对于SKP和CKP的低 T_e 值，有两种可能性：第一，KP的南部和中部负载的洋壳为晚白垩世之后形成的，应该晚于130 Ma。凯尔盖朗热点喷发形成SKP和CKP的时间段在120~100 Ma内，即负载之下的洋壳年龄在20 Ma以内，表明SKP和CKP负载下的洋壳确实比较新，与 T_e 的估算值一致。第二，根据Coffin等（2002）计算的结果，SKP和CKP是热点在两次大规模的喷发背景下形成的，说明形成SKP和CKP期间，热点活动非常强烈。在强烈的岩浆活动下，下伏地壳受到了"烘烤"，使得地壳刚性强度变低，从而消除了 T_e 记录当时地壳年龄的能力，而是记录了受到"烘烤"之后洋壳较低的刚性强度。同时在NKP形成期间，热点活动较弱，对下伏地壳造成的热效应不大，所以保留了 T_e 反映负载时洋壳新老的能力。

至于伊兰高地（Elan Bank）表现的高 T_e 值，应该是与其物质组成有关。从1137站位采集的样品来看，其上部为剩余陆壳，下面为洋壳，即表现为陆壳就像一顶帽子一样负载在洋壳之上。而一般认为，陆壳的 T_e 变化范围要大于洋壳，所以其高 T_e 值可能受到陆壳的影响。

②普里兹湾地区 T_e 解释。

T_e 对沉积盆地的指示

普里兹湾盆地整体表现出非常低的刚性强度，与东西两侧陆壳差别较大（图5-74）。普里兹湾盆地的低 T_e 值与向海侧陆架、陆坡与深海平原连接为一个整体，T_e 低且变化平坦，表现出洋壳的特性。普里兹湾盆地南部的埃默里冰架下 T_e 又表现出高值。普里兹湾盆地内部 T_e 基本没有变化，整体较低，表明盆地下部一直保持一个较热的状态，使得盆地整体处于均衡的状态。盆地的空间重力异常在 $\pm 30 \times 10^{-5}$ m/s^2 之间变化（图5-36），也表明了目前盆地整体处于比较均衡的状态。

T_e 与普里兹水道冲积扇重力高的关系

被动陆缘最明显的地球物理特征之一为空间重力异常边缘效应，即外陆架对应的重力高以及陆坡、陆隆区对应的重力低。普里兹水道冲积扇位于普里兹湾陆架坡折带，反射地震的结果表明其由巨厚的沉积物组成，ODP 钻孔的结果表明沉积物密度属于正常密度，然而其空间重力异常特征与典型陆缘异常基本形态差异很大。该位置不仅缺失了重力低，而且出现了重力高，正异常幅值在 100×10^{-5} m/s^2 以上（图5-36），远大于周围异常值，表现出与典型陆缘不一致的异常特征。

普里兹水道冲积扇位置处 T_e 比周围略高（图5-74），基本在 20 km 左右，可以认为冲积扇负载时刚性强度高于周围区域。一般地，在板块拉张完成以后，经过热收缩，盆地基本形态以及地壳结构趋于稳定。随着后期沉降作用不断持续，沉积物不断填充盆地。若此时盆地下伏地壳温度结构与拉张阶段差别不大或者温度较高，可以对填充的沉积物进行调整达到均衡，那么沉积盆地之上的重力异常应该表现出正常的边缘重力异常。假若经历长期沉降阶段后，盆地之下的地壳热活动降低，表现出一定的刚性强度足以支撑后期的沉积物。在这种情况下，高密度的沉积物不断挤占水体空间，使得冲积扇之上的重力异常逐渐增大。多道地震的结果表明冲积扇附近的沉积物厚达到 8 km 以上，如此厚的沉积物很可能使得原本的负异常消失，变为高值正异常。

ODP 钻孔（739，742，743）的数据表明，普里兹湾外陆架和陆坡沉积物主要为晚始新世—早渐新世的冰海相沉积，顶部为上新世至全新世的冰川层序。而冈瓦纳裂解发生在晚白垩世，沉积物填充时间距板块张裂时间间隔也在 50 Ma 左右。沉积作用如此大的时间延迟很可能使得沉积物覆盖于刚性强度较大的岩石圈之上，使得重力异常表现为高值异常。这里的计算结果与 Karner 等（2005）关于罗斯海沉积盆地重力高成因分析一致。

5.3.2　罗斯海浅层沉积构造及天然气水合物成藏条件

5.3.2.1　高分辨率地层结构

（1）剖面所处的构造部位

第30次南极科学考察在罗斯海西部采集了浅层高分辨率地震剖面。其中 Line01 剖面 NE 走向，位于朱迪斯盆地南部边缘，区域上平行几个地貌隆起和凹陷的走向。Line02 可分为 4 段，分别是 Line02a、Line02b、Line02c 和 Line02d，切割德里加尔斯基盆地。Line03 剖面 NE 走向，基本位于德里加尔斯基盆地的中央部位（图5-76）。

（2）Line01 地质解释

①主要地震层位和地层接触关系。

从上到下解释出几个地震层位：SB、RS1、RS2、RS3、RS4、RS5（图5-77）以及其间的地震地层单元 U1、U2、U3、U4、U5、U6。

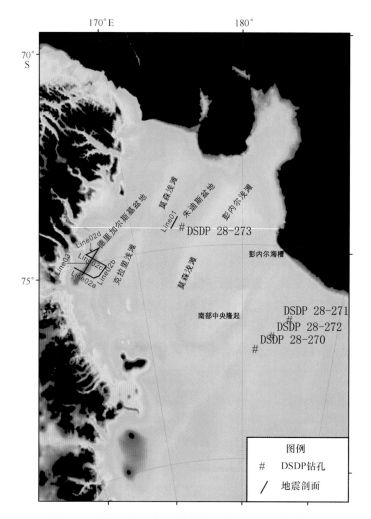

图 5-76 第 30 次南极科学考察罗斯海地震测线分布

其中 SB 是海底面，在剖面南端明显高于北段。

RS1 是剖面南端的一个层面，是一组相对较强的平行反射波组的顶面，其上是较空白的反射单元 U1。RS1 相对较平坦，略有波状起伏，往北和海底面相连，连接处向北整个剖面的海底面也是波状起伏。U1 厚度向北减薄。

RS2 是一个不整合面，是一组相对较强的平行反射波组的底面，特别是从剖面中部往北，其与下伏地层角度不整合。RS1 和 RS2 之间地层是 U2，U2 厚度较小，RS2 较平坦，而 RS1 略有起伏，所以 U2 厚度略有波状变化。

RS3 是另一套空白反射（U3）的底。RS3 起伏较大，在剖面中段向上凸起。因此，U3 厚度在剖面中部最小，往南北两个方向分别增厚。

RS4 平行于 RS3，之间地层 U4 近等厚。RS4 在剖面最北端可能由于能量不足而不清晰。

RS5 平行于 RS4，不是很清晰，但大致趋势可以追踪。

RS5 之下还有一些层位，由于连续性不是很好，并没有追踪。

②层位标定与地质推断。

Line01 剖面的东南方向约 27 km 处有一 DSDP 站位——Leg 28 的 273 站位，共两个钻孔，即 273 孔和 273A 孔（图 5-78）。由于距离较远，直接投影到 Line01 剖面上显得误差较大，

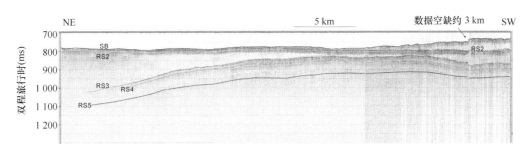

图 5-77　Line01 剖面结构和解释
（自上而下层位分别为 SB、RS1、RS2、RS3、RS4、RS5）

因此采取用其他剖面进行引层。

过 273 站位并且可以引层到 Line01 剖面的剖面有两条（图 5-78），一是 TH91-23 剖面，是多道地震剖面，已获取导航文件和 SEG-Y 文件，缺点是浅层的分辨率比较低，不能用作引层，但可以提供更深更长的剖面结构；二是 PD90-43 剖面，浅层分辨率较高，适合于用来引层，缺点是不能获得精确的导航文件和 SEG-Y 文件。

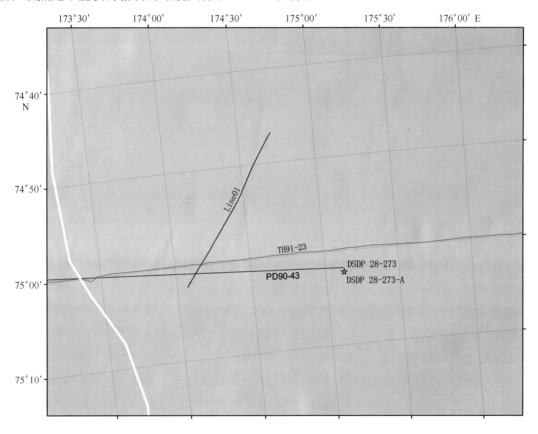

图 5-78　Line01 剖面和周边钻孔、测线平面关系

由 PD90-43 剖面进行地震层位的地质时代标定，其误差来源于三方面，一是钻孔岩心本身的年龄测定可能存在较大误差；二是地震剖面和钻孔岩心分层的对应存在误差，因钻孔缺少测井数据，因此无法做合成地震记录；三是引层的误差，主要是该剖面并没有提供 SEG-Y 数据和导航数据。

E—W 方向剖面 PD90-43 反映的浅层结构

PD90-43 是一条 E—W 向剖面（图 5-79），在浅层 1 s 之上有两个冰碛舌（till tongues），海底之下有一个层位，比较平坦，走时在 0.8 s 左右（图 5-79，Anderson and Bartek，1992）。DSDP 273 站位钻进了 346.5 m，主要分层和年代是：0~0.8 m、0.8~42.5 m、42.5~272.5 m 以及 272.5~346.5 m（图 5-80）。其中 0.8 m 的分界面在地震剖面上是区分不出来的。42.5 m 分界线根据速度（假定 1800 m/s）估算大约是 47 ms，和最上一个解释的层位对应较好。272.5 m 分界线根据速度（假定 1900 m/s）估算大约是 287 ms，和最下一个解释的层位（即冰碛舌底界）对应较好。这两个界面均是不整合面，不整合面跨度分别是 4.0~14.7 Ma、16.2~18.0 Ma（图 5-80），我们分别称之为 Uc1 和 Uc2。

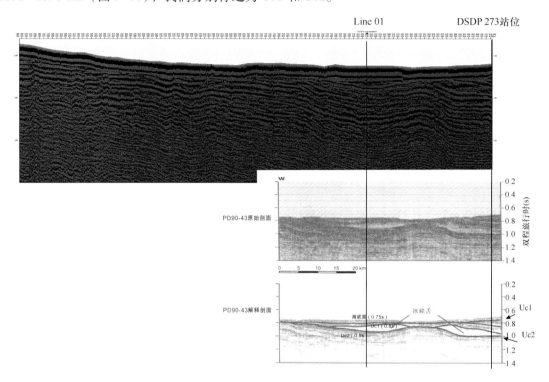

图 5-79　从 DSDP 273 站位经 PD90-43 剖面到 Line01 的引层示意图

多道地震剖面 TH91-23（图 5-79）和 PD90-43 是基本重合的，尽管前者纵向分辨率低，但可以看到两个冰碛舌的形态。

Line01 层位的确定

在 Line01 线和 PD90-43 相交处，可以读得层位的大致走时，海底：0.75 s，Uc1：0.8 s，Uc2：0.93s。比较之后，我们认为 line01 上的 RS2 相当于 Uc1，RS5 相当于 Uc2（图 5-77）。

初步解释和认识

U1 空白反射呈现从南往北的减薄（图 5-77），解释为冰川沉积物。Line01 可以看到 U1 尖灭的现象，也许表明是最新一次大规模冰川运动的界线。

U3 也是空白反射（图 5-77），也解释为冰川沉积物。但在靠近剖面北部，斜层反射明显，这些斜反射被 RS2 截断，形成角度不整合。由于剖面 line01 位于盆地内，现今水深大约是 500 m，不整合面的形成有两种可能：其一是当时这些地层已经露出海水面，受风化侵蚀

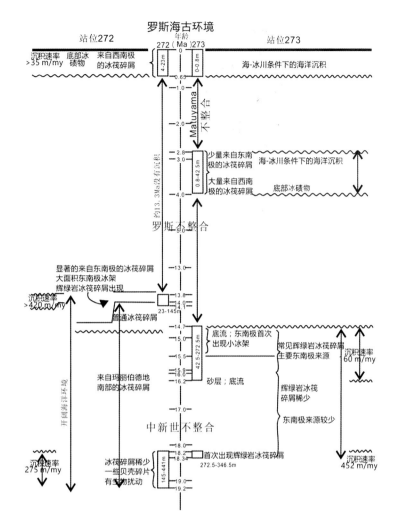

图 5-80　罗斯海沉积地层框架（Savage and Ciesielslci, 1983）

而形成；其二是当时这些地层在海面之下，是强大的水流或者冰川造成。第一种可能性需要自不整合面形成以来，相对海平面变化超过 500 m（沉降加全球海平面下降综合作用）。

（3）Line02 地质解释

Line02 可以按航向分为 4 段：Line02a、Line02b、Line02c 和 Line02d（图 5-81）。Line02 由于远离钻孔，层位的地质标定比较困难。此处只对剖面进行描述。

Line02a：NW 向剖面，横切过德里加尔斯基盆地（Drygalski Basin）。德里加尔斯基盆地的中央部位是一个水道。水道西侧斜坡上有一些反射，较为倾斜，再往西除了海底反射之外就看不到地层反射，因此推测是基岩出露区。水道东侧地层倾角越来越小，最后趋向水平（图 5-82）。从这一现象表明地层倾角从水道西侧到东侧是逐渐变化，是一向形，而水道应该是后期产生的。

Line02b：NE 向剖面，反映克拉里浅滩（Crary Bank）西侧斜坡顺走向的结构。剖面 SW 端发育数条朝 NE 方向倾的正断层，每个正断层控制一个箕状的半地堑。NE 端发育几条反向正断层（朝 SW 方向倾），断距较前一组断层小（图 5-83）。尽管由于剖面较少，还不能判断这些正断层的走向，但推测可能是 NW 走向，因为区域上发育很多 NW 走向断层，并且在

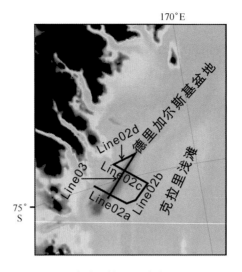

图 5-81　Line02 测线分段情况（分为 a、b、c 和 d 四段）

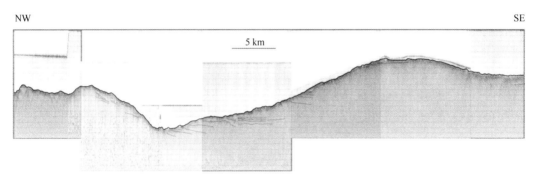

图 5-82　Line02a 剖面结构和解释

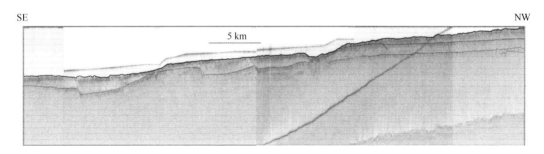

图 5-83　Line02b 剖面结构和解释

NW 向的 Line02a 剖面上没看到断层。

5.3.2.2　天然气水合物成藏条件和储量估算

下面根据罗斯海地质构造条件、沉积条件和温、压、热条件，分析罗斯海天然气水合物成藏条件。然后使用国际地热委员会（International Heat Flow Commission，IHFC）的数据库资料和罗斯海区域相关资料，计算天然气水合物稳定带的厚度，并利用体积分方法初步估算该区域的天然气水合物的资源前景量（王威等，2015）。

（1）地质构造条件

20世纪80年代以来，联邦德国、美国、法国、苏联和意大利分别在罗斯海进行了多道地震调查（Cooper et al.，1987）。据地震调查成果，Davey 和 Smith（1982）首次圈定出罗斯海三大新生代沉积盆地：维多利亚地盆地，中央海槽和东部盆地（图5-84）。东部盆地和中央海槽沉积物厚5~6 km，维多利亚地盆地内的沉积地层厚达14 km（吴能友和段威武，1994）。除以上3个盆地之外，在罗斯冰架之下还有伯德盆地（Byrd Basin）（图5-84）。

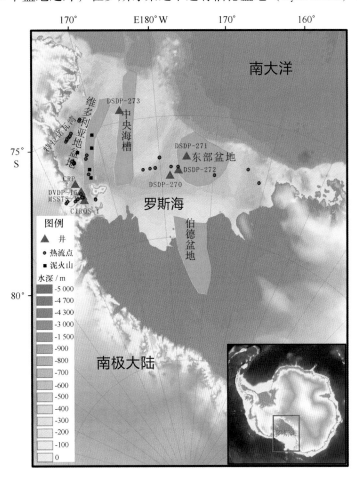

图5-84 罗斯海陆架盆地、热流测站、泥火山以及钻井位置

维多利亚地盆地位于横贯南极山脉前缘，是一个充填有10~14 km厚沉积物的开阔半地堑盆地，沉积物年龄可能主要是白垩纪至早新生代（Cooper et al.，1987）。伯德盆地的本特利冰下沟谷（Bentley Subglacial Trench）底部低于海平面2000 m，据其位置可视其为安第斯型弧的弧后盆地。20世纪80年代初，新西兰维多利亚大学在罗斯海及其邻区钻探了数口浅井：麦克默多湾的 CIROS（西罗斯海新生代调查计划），MSSTS-1（MSSTS 麦克默多湾沉积和构造研究）以及横贯南极山脉的 DVDP（干谷深部计划）（位置如图5-84）。确认了罗斯海西部的上部沉积层序属冰海沉积，早渐新世以来的冰海相沉积物主要出现在厚层近海沉积剖面上部。

由于受西南极裂谷系统作用的影响，罗斯海陆缘新生代发生快速沉降，在张性应力条件下形成一系列张性断裂（Cooper et al., 1991a）。在罗斯海陆架主要存在两期断裂构造：一期是中生代末冈瓦纳裂解过程中产生的早期裂谷作用，呈 SW—NE 向展布，在整个陆架有分布；另一期是古近纪晚期至新近纪晚期产生的晚期裂谷作用，呈 NW 向展布，主要分布在陆架盆地的西缘（吴能友和段威武，1994）。此外，通过意大利 OGS-Explora 调查船于 1990 年获取的多道地震剖面，不仅第一次由似海底反射（BSR）推断出在罗斯海存在天然气水合物，还发现罗斯海维多利亚地盆地海底泥火山和麻坑作用较为发育（Geletti and Busetti, 2011）。断层的存在控制着上升气体的迁移，气体、流体和液化沉积物向上迁移，建造了海底泥火山（部分泥火山位置如图 5-84）。断层也连接着水合物稳定带之下的游离气和海底上的泥火山和麻坑，为天然气水合物提供了横向或者纵向的有利运移通道。这些地质构造条件都有利于天然气水合物的形成和赋存。

（2）气源沉积条件

在罗斯海陆坡和陆隆区沉积了大量的冰海沉积物以及浊流造成的沉积，这些沉积物具有颗粒较粗、气源充足和有利流体运移等特点。罗斯海陆架长期的稳定海相沉积环境，形成了较厚的、具有较好连续性的沉积地层，这些地层往往具有丰富的地层水和较高孔隙度，有利于天然气水合物的富集。DSDP 和 ODP 钻孔资料揭示南极陆缘新近系的沉积速率由浅到深呈增高趋势，且沉积速率较高，为 100 m/Ma 左右，最高可超过 200 m/Ma（Shipboard Scientific Party, 2001）。这样容易在沉积速率高的沉积区形成欠压实区，从而构成良好的流体输导体系，将有利于天然气的运移并在合适的位置形成天然气水合物（吴庐山等，2010）。

罗斯海沉积物不仅沉积速率和厚度总量比较大，沉积物的有机物含量也非常可观。世界上主要发现天然气水合物海域的海底沉积物分析研究表明，其表层沉积物的有机碳含量一般较高（TOC≥1%），而有机碳含量低于 0.5% 则难以形成天然气水合物（Waseda, 1998）。Mciver（1975）在罗斯海首次报道了南极陆缘存在天然气水合物的信息。南极陆缘盆地存在有利于天然气水合物聚集的地球化学条件，其中在罗斯海 DSDP28 航次 271、272 和 273 三个钻孔（位置见图 5-84）岩心中获得的中新世泥质沉积物（64~365 mbsf）中发现了达到 179 000 uL/L 的高含量总烃类气体（主要是甲烷）（Geletti and Busetti, 2011）。在 273 井位附近采集的 2 个重力柱样，甲烷浓度体积分数为 3~6.7 uL/L，但在 273 井位深部沉积物中的体积分数达到 52 000~146 000 uL/L，表明高含量甲烷并没有到达近表沉积物（Rapp et al., 1987）。Mciver（1975）和 Rapp 等（1987）都推断这种气体可能像天然气水合物那样被固定。在这些钻井中还发现了乙烷和高分子量气体，尽管气体的成因存在争议，Mciver（1975）仍推测钻孔下部沉积物中可能赋存有天然气水合物。在 CIROS-1 井 632~634 m 渐新世冰川沉积物中发现沥青质油，其有机碳含量为 60.3%（吴能友和段威武，1994），这是目前罗斯海盆地含液态碳氢化合物的直接证据。

由于缺乏烃源岩的详细资料，Hinz 和 Block（1983）以及 Cook 和 Davey（1984）都只能运用 Lopatin-Waples 法对罗斯海沉积物进行烃类成熟度模拟，主要目的是确定油气生成与温度、时间的关系。结果表明东部盆地的温度—时间指数为 160，已达到生油高峰值，维多利亚地盆地为 75，而中央海槽仅为 12。所以 Hinz 和 Block（1983）认为，东部盆地和维多利亚地盆地的前冰川沉积可能具有良好的油气潜力，而中央海槽则较差（段威武和吴能友，1994）。

（3）温—压条件

温度和压力是控制水合物形成的两个非常重要的因素，多种气体在合适的温—压条件下，都能够形成水合物。Kobayashi 和 Katz（1949）以及 Kvenvolden 和 Redden（1980）对气体水合物形成并稳定赋存的条件做了详细的研究，修正了早期有关温度、压力条件曲线。

如图 5-85 所示，横坐标为甲烷相变所需温度，纵坐标为水深和深度所对应的压力。如甲烷相变实线所示，海底温度越低，则产生水合物所需的压力越小，水合物能够稳定保存所需的水深就越浅；水深越深，对应水合物能够稳定存在的温度就越高。在假设海底面温度为 2℃不变，地温梯度不变的情况下，如果水深较深（如图 5-85 下部蓝线所指海底面比上部蓝线所示海底面水深要深），则对应压力较大，根据曲线所示，压力的增加使气体水合物能够在更高的温度下得以稳定保存，则天然气水合物埋深更深。在图 5-85 中两条斜红线所示：水深较浅的区域，天然气水合物基底在地温 22℃处；而水深较深的区域，天然气水合物基底在地温 25℃处。

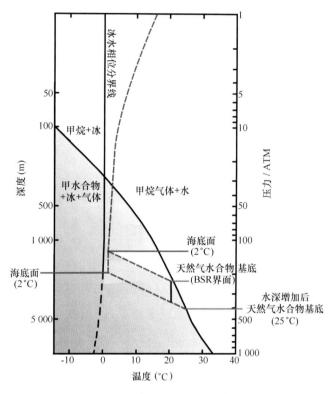

图 5-85　天然气水合物的温—压条件分析图

修改自 Kobayashi 和 Katz（1949）以及 Kvenvolden 和 Redden（1980）

全球陆缘 90%的地区满足天然气水合物稳定存在的温—压条件，但是在罗斯海特殊的条件下，不仅在陆坡、陆隆区满足天然气水合物形成和赋存的温—压条件，而且在陆架区也可能富集天然气水合物。南极是地球上最冷的大陆，其夏季 1 月份平均温度为零下几摄氏度，冬季 7 月份平均温度为-20℃，而南极海底温度相对其他区域海底温度则更低。ODP178 航次 1095 钻孔和 ODP188 航次 1165 钻孔的实测海底温度均低于 0℃（Shipboard Scientific Party，2001）。罗斯海纬度处于 72°—85°S，比除威德尔海之外其他陆缘海纬度都要高。罗斯海陆架区由于受大陆冰盖剥蚀影响，陆架深度以及陆架坡折带水深远比南极大陆以外陆架水深要深，这导致罗斯海大陆架海底压力远远高于其他边缘海地区，对应着远比其他海区低的海底温度，罗斯海区域更容易满足水合物的稳定赋存条件。

除去温度和压力的原因，从温—压模型中可以看出地热梯度决定着天然气水合物的赋存。

因此热流值成为可作为确定天然气水合物有利靶区的一项指标。高热流点或高的热梯度带一般不利于天然气水合物的保存。通常天然气水合物稳定带及其埋深与热流值呈负相关，热流值较高的区域天然气水合物厚度小，埋深较浅；热流值较低的区域水合物厚度大，埋深较深。然而，在热流值很高的地区，对天然气水合物也不是完全不利的，日本海的 ODP 796 站位，热流高达 156 mW/m² 却发现了天然气水合物（Tamaki et al., 1990）。因为在热流很高的地区，通常是流体运移非常活跃的区域，如果流体中含有丰富的天然气，在周围相对温度较低的地区更容易形成天然气水合物。尤其是对于维多利亚地盆地这种具有明显裂谷特征的盆地，与澳大利亚东南近海、新西兰周缘各沉积盆地相似，都是在张性构造环境下发育的。这些盆地下伏的深大断裂可以保证来自深部的热能供给，加速有机质转变为甲烷等烃类的过程。

（4）热流数据分析

罗斯海的热条件反映了活跃的大陆张裂环境，具有高热流值。例如在维多利亚地盆地中央上部 4 m 厚沉积物中测出相对地温梯度为 76~123 ℃/km 和 98~108 ℃/km（Bücker et al., 2000）。在维多利亚地盆地中央浅层沉积物中测得的较高地温梯度仅仅能够适用于上部沉积物。事实上，维多利亚地盆地南部钻井估算的地温梯度具有较低的平均值，取值为 24~40 ℃/km，而且通常具有轻微非线性平衡梯度：在海底以下 625 m 深的 CRP-2 井中为 24 ℃/km（Bucher and Decker, 1976）、在海底以下 870 m 深的 CRP-3 井中为 28.5 ℃/km（White, 1989）、在海底以下 227 m 深的 MSSTS-1 井中为 35 ℃/km（Geletti and Busetti, 2011），在海底以下 65 m 深的 DVDP 井中为 37 ℃/km（White, 1989）和在海底以下 702 m 深的 CIROS-1 井中为 40 ℃/km（Pollack et al., 1993）。因此单从表层热流值来分析并不足以反映整个罗斯海热环境，要对本地区天然气水合物储存的产区形成初步认识，必须从横向和纵向两个方面更深入地了解罗斯海的热环境。

通过收集罗斯海区域 70°S 以南共计 48 个热流数据体为分析对象进行统计（图 5-84），包括每个数据体的地温梯度和热导率值。由于数据来源不同，有很多数据信息并不完整，其中有 13 个数据没有获得热流值，14 个数据没有地温梯度值。各项数据都比较完整的站位有 33 个。因此用于计算热流分布的数据点为 35 个，用于计算稳定带厚度分布的数据点为 34 个。

统计结果表明，罗斯海陆架热流值介于 51~164 mW/m² 之间，数据值跨度范围较大，反映了该区域热流以及地质构造的复杂性。维多利亚地盆地以及中央海槽的热流值均较大，热流变化特征更加复杂，这反映了两个区域下部的构造活动更活跃，可能分布着更多的热液上涌通道，甲烷等成分的有机质容易随着通道上升，在浅层形成天然气水合物。而 180°E 以东的东部盆地区内热流变化特征小，说明这个地区的构造活动平稳，如果有天然气水合物的存在，则以大面积的深层赋存为主要特征（王力峰等，2013）。

（5）稳定带厚度和储量估算

从温—压曲线的分析可知，水深、海底温度、地温梯度和水合物相平衡曲线共同决定水合物稳定带的厚度。通过对天然气水合物相平衡的研究，并结合大量实验数据，可以确定水合物形成的温度、压力条件，计算出在各种气体成分和孔隙水盐度情况下的天然气水合物稳定温压方程。计算天然气水合物厚度的公式中比较著名的有 Milkov 和 Sassen（2001）计算墨西哥湾大陆坡中部天然气水合物稳定带的预测公式以及 Miles（1995）计算欧洲大陆边缘天然气水合物稳定带厚度方程。

结合罗斯海的实际环境条件，我们修改了 Milkov 和 Sassen（2001）的天然气水合物稳定压力计算方程和相关假设，结合 Miles（1995）提出的海水中甲烷稳定带边界曲线方程来进行罗斯海天然气水合物厚度计算。虽然甲烷含量占总有机物含量不同百分比的天然气水合物稳定方程都已计算得出，但在南极水合物具体成因未知以及相关资料缺乏的情况下，在这里我们只计算纯甲烷含量的情况。根据 ODP 调查，即使在海底以下 1 000 m 的深度，沉积物中孔隙水含量仍然会高达 20%，所以水合物的形成不缺水（王力峰等，2013）。根据以往资料和水合物厚度的计算假设，我们也采用孔隙水盐度为 3.5 的海水环境来进行天然气水合物厚度估算。

由于长期受低温影响，南极大陆边缘海的底层水温度非常低。因此在计算时假设底层海水温度为 0℃。采用 Miles（1995）提出的海水中甲烷稳定带边界曲线方程：

$$P = 2.8074023 + aT + bT^2 + cT^3 + dT^4 \tag{5-37}$$

式中，$a = 1.559474 \times 10^{-1}$，$b = 4.8275 \times 10^{-2}$，$c = -2.78083 \times 10^{-3}$，$d = 1.5922 \times 10^{-4}$；$P$ 为压力值（MPa）；T 为温度（℃）。这个静压力的假设在浅的海底地层深度上是有效的，因此计算压力与水深之间的关系时，采用静水压力来近似实际的海底压力：

$$P = \rho_1 gh + \rho_2 gz \tag{5-38}$$

式中，ρ_1 为海水密度，为 1 035 kg/m³；g 表示重力加速度，为 9.81 m/s²；h 表示水深（m）；ρ_2 为海底表层沉积物密度，假设为 2 000 kg/m³；z 为水合物赋存厚度（km）。水合物所在的稳定带底界温度与地温梯度之间的关系可通过以下公式表示：

$$T = t_0 + (\Delta t / \Delta z)z \tag{5-39}$$

式中，地温梯度 $G = \Delta t / \Delta z$；由于假设海底温度为 0℃，因此 $t_0 = 0$。

联立式（5-37）、式（5-38）和式（5-39）方程组以及收集的浅层地温梯度和水深数据，计算得出正数解作为天然气水合物稳定带厚度解。而且根据以上条件和公式可以计算得出，在水深小于 276.5 m 区域不能够形成天然气水合物。

根据对罗斯海地区气源条件、构造条件、温—压和热条件的分析，罗斯海三大盆地区域及盆地周边最有可能存在天然气水合物赋存。对于冰架下的伯德盆地，因为冰盖会使压力增加，从而使得稳定带厚度增加。因此如果存在天然气水合物，则资源量会更加庞大。图 5-86 为计算得出的罗斯海区域天然气水合物稳定带厚度图。根据计算出的赋存稳定带厚度，可以初步估算罗斯海天然气水合物的资源储量。

如图 5-86 所示，天然气水合物稳定厚度呈条带状分布，与罗斯海陆架盆地走向有很大的相关性。Geletti 和 Busetti（2011）根据维多利亚地盆地西部的地震剖面资料，按双层反射时间，最深在海面以下 700 ms 处识别出天然气水合物 BSR，并结合速度分析剖面，算出最深的 BSR 出现在海底以下 400~500 m。我们所计算出的天然气水合物稳定带最厚为 300 m，这一位置也与 Geletti 和 Busetti（2011）分析的地震剖面所在地吻合，深度变化走向基本一致。最深稳定带厚度点出现在西罗斯海 VLB 西部边缘，形成原因是对应水深较深，为 1 060 m，地温梯度偏低，为 57 ℃/km。虽然整体变化趋势和极值与地震剖面吻合，但数据结果相差 100 m 左右。出现这一情况的可能原因为表层沉积物的地温梯度偏高。这一点也通过维多利亚地盆地南部钻井所测地温梯度得到证实。

在南极周边海域，天然气水合物的研究主要集中在南设得兰群岛附近海域，而且主要计算了大陆坡或者边缘区域的天然气水合物赋存。Lodolo 等（2002）应用 Domenico（1977）的方程对南极陆缘赋存于沉积物中的天然气储量（该储量为由天然气水合物转换而得的储量和游离气储量的总和）进行了计算。计算结果表明：在高振幅 BSR 地区，由天然气水合物转换

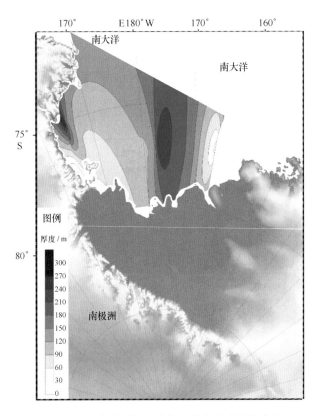

图 5-86　罗斯海陆架天然气水合物稳定厚度分布

而得的储量为 1.2×10^{12} m^3，游离气储量为 4.8×10^{10} m^3；在低振幅 BSR 地区，由天然气水合物转换而得的储量为 1.1×10^{12} m^3，游离气储量为 1.1×10^{10} m^3；整个陆缘 10^6 km^2 面积的天然气潜在储量约为 2.6×10^{12} m^3。

我们也采用相同的参数估算得出天然气水合物储量。天然气水合物中沉积物的平均孔隙度为 15%，水合物的饱和度取 0.4，产气因子为 150，水合物聚集率为 0.005。而维多利亚地盆地面积为 8×10^4 km^2，中央海槽盆地面积为 5×10^4 km^2，东部盆地面积为 1×10^5 km^2，由于伯德盆地位于冰架之下，在此不予讨论。按照盆地天然气水合物赋存率为 10% 来计算，并对地温梯度偏小进行修正之后，可得到甲烷资源量为 3.6×10^{11} m^3。

罗斯海用于计算天然气水合物的面积为 2.3×10^5 km^2，整个南极陆缘面积为 1.0×10^6 km^2，两者之比为 0.23，乘以 Lodolo 等 (2002) 计算得到的整个南极陆缘甲烷资源量 2.6×10^{12} m^3，计算得到罗斯海天然气水合物资源量为 3.98×10^{11} m^3，与本文计算的罗斯海甲烷资源量（3.6×10^{11} m^3）偏差为 3.8×10^{10} m^3，偏差率为 9.54%。

5.3.3　布兰斯菲尔德海峡重力异常的构造含义

5.3.3.1　重力异常分区特征

基于中国第 28 次和第 30 次南极考察航次的重力调查资料和收集的公开重力资料（图 5-87），编制了布兰斯菲尔德海峡调查区的空间重力异常（图 5-88）和布格重力异常图（图 5-89）。

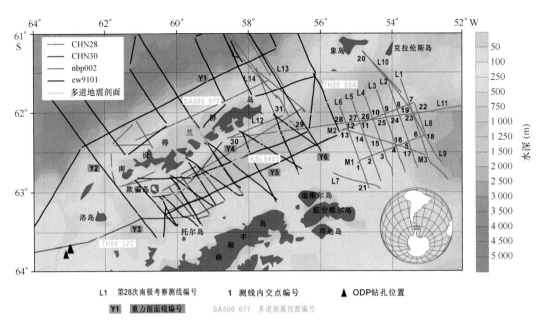

图 5-87　布兰斯菲尔德海峡重力测线分布

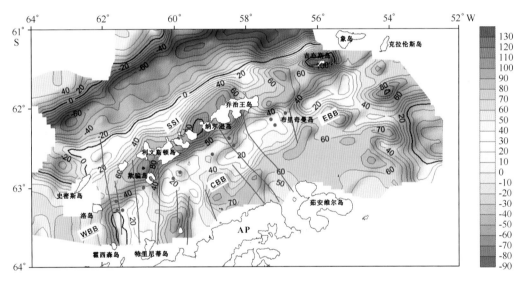

图 5-88　布兰斯菲尔德海峡空间重力异常（10^{-5} m/s^2）

断层、火山位置据文献 Grad 等（1992）和 Schreider 等（2014）；

等值线间隔为 500 m，红色实线为断层，红色圆点为海底火山

SSI：南设得兰群岛；AP：南极半岛；WBB：西部次海槽；CBB：中部次海槽；EBB：东部次海槽

　　布兰斯菲尔德海峡空间重力异常总体走向为 NE—SW 向，与海底地形分布趋于一致，被欺骗岛和布里奇曼岛分为 3 个区域，被 NNW 走向的构造线及海底火山隔开，在中部海槽形成多个异常低值圈闭（图 5-88）。由两侧向海槽中央以降低异常为主，范围为（-40~100）× 10^{-5} m/s^2，大部分区域都大于 20×10^{-5} m/s^2，在海峡内西部洛岛、霍西森岛和特里尼蒂岛内存在一个重力异常低值圈闭，最低值小于-10×10^{-5} m/s^2，东部水深 1 000 m 以下的区域为负低值区域，取值范围（-40~0）×10^{-5} m/s^2。

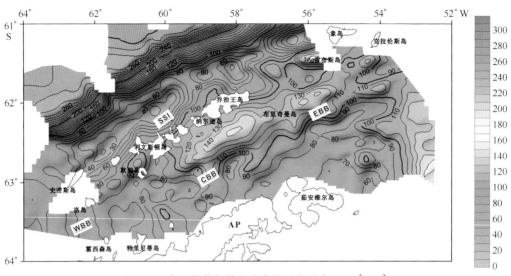

图 5-89　布兰斯菲尔德海峡布格重力异常（10^{-5}m/s^2）

图中白色区域为陆地和测线未覆盖区域

　　布兰斯菲尔德海峡布格重力异常总体特征呈条带状分布，走向 NEE，与海槽展布方向一致，异常值在（0~320）×10^{-5}m/s^2（图 5-89）。海峡内异常中间高两侧低，大致在坡折处形成异常值为 100×10^{-5}m/s^2 的分界线。在中部次海槽和东部次海槽水深变化明显且海底火山广泛分布，形成两个异常高值圈闭，最高值为 150×10^{-5}m/s^2。西部次海槽由于水深变化没有其两侧强烈，在中心区域未见明显的异常高值，主要在 80×10^{-5}m/s^2 左右。

　　依据地壳剖面及重力异常正演拟合计算结果，前人认为研究区内莫霍面最深为 21 km，以此作为均衡校正的莫霍面最深补偿深度，并选取地壳密度为 2.67×10^3 kg/m^3，壳幔密度差为 0.45×10^3 kg/m^3，计算获得研究区莫霍面"山根"或者"反山根"的形态（图 5-90）。依据莫霍面界面形态进行正演计算，求出研究区均衡重力效应。布格重力异常与均衡重力异常相减，获得研究区均衡重力异常（图 5-91）。

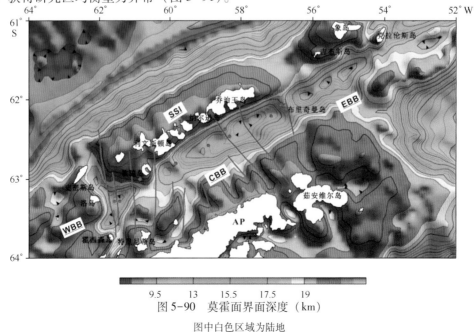

9.5　　　13　　　15.5　　17.5　　　19

图 5-90　莫霍面界面深度（km）

图中白色区域为陆地

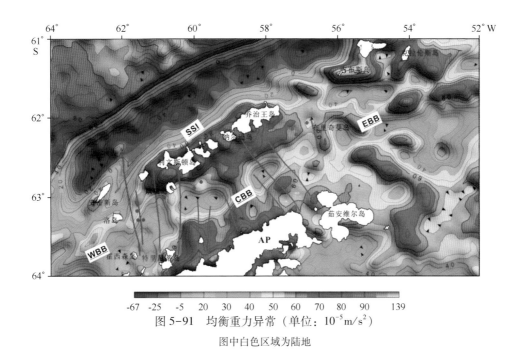

图 5-91　均衡重力异常（单位：$10^{-5}\mathrm{m/s^2}$）

图中白色区域为陆地

除南设得兰海沟莫霍面最浅（8 km 左右），研究区内莫霍面界面深度范围为 12～24 km，在西部、中部和东部次海槽的莫霍面深度以弧后扩张中心为最低值（12～14 km），与研究区内广泛分布的断裂带和海底火山对应。向南设得兰群岛和南极半岛两个方向递增，莫霍面深度从 12 km 递增至陆坡位置的 24 km。

西部次海槽海底火山位置、中部次海槽弧后扩张中心位置及东部次海槽虎克脊（Hook ridge）区域形成异常场高值圈闭，最高均衡异常值为 $70\times10^{-5}\mathrm{m/s^2}$，火山构造活动使地幔物质上涌，均衡力还不足以使莫霍面达到补偿深度。

相比之下，研究区弧后扩张中心区域更趋于均衡平衡的状态，研究区中部海槽均衡异常高值均出现在海底火山和水深相对较深的位置，大致以 $60\times10^{-5}\mathrm{m/s^2}$ 为主要分界线。在研究区其他位置则发现多个均衡异常低值圈闭，呈块状分布。

5.3.3.2　典型剖面构造解释

（1）TH88-02C 线

TH88-02C 测线沿 NEE 向布设，走向大致与南设得兰群岛平行，起于研究区西部次海槽，止于利文斯顿岛沿岸。重力异常指示在 A1、西部次海槽两端和 A2 等处发生明显局部异常变化，且布格重力异常和均衡异常变化趋于一致，而莫霍面界面深度显示的变化则与之相反（图 5-92）。剖面西段处于内陆架泥床盆地，水深相对较浅，沿该段剖面广泛发育有断层但作用深度较浅，布格重力异常和莫霍面界面深度随断裂带缓慢降低，而均衡异常则处于上升阶段。

测线途径欺骗岛附近高地，对应位置显示的重力异常和莫霍面深度均出现高频的锯齿状变化。欺骗岛是南极洲的活火山之一，持续进行的火山岩浆活动，导致该区域物质分布不均衡。

（2）KSL9403 和 TH88-02A 线

将 KSL9403 和 TH88-02A 两条地震剖面拼接，起点与 TH88-02C 线终点重合，终点位于东部次海槽中央。剖面位置与布兰斯菲尔德海峡弧后扩张脊走向一致，途经 3 个地堑（B1、B3、B4）、1 个海底高地（B2）和 1 个断裂带（B5），沿剖面发育多条断层（图 5-93）。在

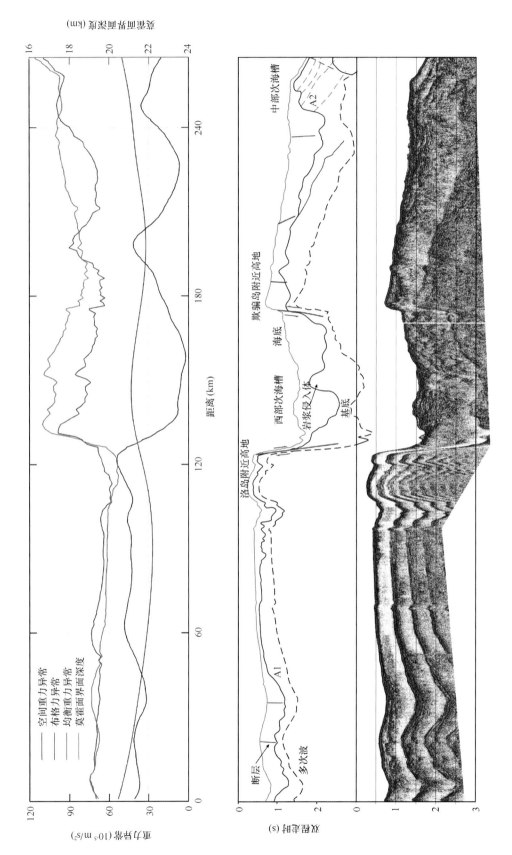

图5-92 TH88-02C线地球物理综合剖面（位置见图5-87）

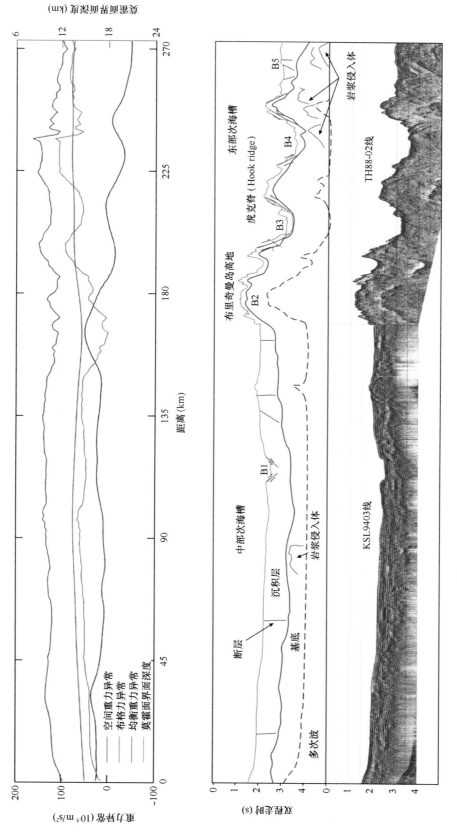

图5-93 KSL9403和TH88-02A线地球物理综合剖面（位置见图5-87）

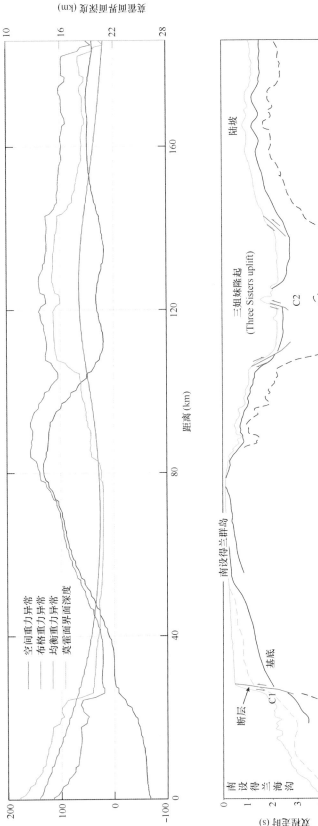

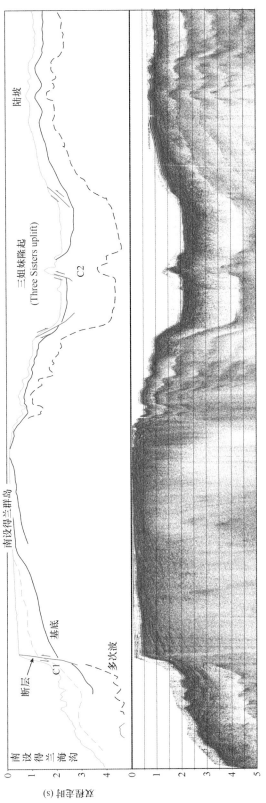

图5-94　SA500-077线地球物理综合剖面（位置见图5-87）

剖面前半段地震剖面指示存在岩浆侵入体，但重力异常不明显，表明该处的海底扩张引发的岩浆活动作用时间较短，未造成物质分布的明显差异。

剖面重力异常和莫霍面界面深度在构造活动强烈的区域也呈现不规则的锯齿状变化。其中以 B2 位置（布里奇曼岛高地）异常值差异变化最为明显，该处沉积层明显变薄，异常值幅值变化剧烈，幅度约 $30×10^{-5}\text{m/s}^2$。

（3）SA500-077 线

该测线与前三条地震剖面走向近似垂直，能够沿纵向更好地反映布兰斯菲尔德海峡弧后扩张中心的地层断面重力场特征（图 5-94）。布格重力异常在南设得兰海沟为降低的重力异常，由最高的 $115×10^{-5}\text{m/s}^2$ 降到最低的 $20×10^{-5}\text{m/s}^2$。在近岸水深较浅位置，布格重力异常值与空间重力异常值相差无几。从南设得兰群岛近岸横跨弧后扩张中心至南极半岛近岸陆坡，布格重力异常值呈现由两侧向中间逐渐升高的趋势。

5.4 主要成果（亮点）总结

（1）鉴于前人关于南极及周边海域古环境和地质历史演化过程研究的时间和空间尺度比较有限，而且局限于板块之间的相对运动，同时在古水深的计算中，没有综合考虑热沉降和沉积物影响等作用。我们基于大西洋—印度洋热点参考系的有限欧拉极，将太平洋板块的旋转参数进行了必要的转换，与南极、南美洲、非洲和印度—澳大利亚板块取得统一，恢复了南极及周边区域自 130 Ma 以来 15 个特定时间点的位置。综合现代水深、地壳年龄、沉积物厚度等数据，将现代水深根据热驱动地壳沉降、沉积作用和均衡作用的影响进行调整，对 30°S 以南区域的古水深进行重构，绘制了研究区域不同年代的古水深图，分析了其自 130 Ma 以来的形成演化过程。结果表明纬度高低不是决定气候变化的主导因素，塔斯曼海的出现、德雷克海峡通道的打开和加深及随后南极绕极流的形成，是始新世—渐新世气候突然恶化和南极冰盖大范围增长的触发点，这为研究地质历史事件、古气候和古洋流提供了重要参考框架。

（2）对南极半岛的船测重力与卫星测高融合方面进行了研究，船测和卫星测高海洋重力异常对比显示，两者之间存在明显的系统偏差，证明以卫星测高重力作为基准，能够有效控制长时间无校正的重力仪掉格问题。同时利用卫星测高 Cryosat-2 对船测数据进行了重新定位，保留标准差在 $10×10^{-5}\text{m/s}^2$ 的船测资料，采用 Draping 方法进行数据融合研究，得到了南极半岛海域、罗斯海和普里兹湾海域 3 个测区融合后的海洋重力异常，提高了卫星测高重力异常精度。

（3）使用最新发布的 BEDMAP2 关于南极大陆及周围海域和 JGP95E 关于全球的表面高程、冰厚和冰下及水深地形，统一采用球坐标系下的扇形球壳块重力效应公式，我们计算了南极大陆及周围海域极方位投影直角坐标网格节点上的近区及远区的地形重力效应和艾黎均衡重力效应，并对 DTU10 全球重力场进行改正，得到了南极大陆及周围海域的完全布格重力异常和艾黎均衡重力异常。南极空间重力异常受到南极大陆冰盖的正重力效应和南大洋水体的负重力效应的双重影响，布格异常突出显示了莫霍面陆地深（尤其是东南极核心区）、海域浅（尤其是大西洋和东南太平洋）的均衡补偿效应，均衡异常显示区域上基本符合艾黎均衡模型，而对小尺度基岩起伏还没有达到局部补偿，但在罗斯海及威尔克斯地陆架及外侧局部补偿效果相对明显。这为我国在南极周边海域的重力测量和即将开展的陆地及航空重力测量，提供了一套目前最新的完整可靠的重力改正数据。同时，目前由卫星（测高）重力得到的完全布格异常和艾黎均衡异常，已经具备在南极重力边值问题和反演解释方面的信息挖掘价值。

（4）布兰斯菲尔德海峡空间重力异常走向总体与地形相似，由两侧向海槽中央以降低异常为主，被欺骗岛和布里奇曼岛分为3个区域，同时被NNW走向的构造线及海底火山隔开，在中部海槽形成多个异常低值圈闭。布格重力异常由两侧向中间为升高的异常，在中部次海槽和东部次海槽海山处形成两个异常高值圈闭，莫霍面深度以弧后扩张中心为最低值，向南、北两侧递增，从12 km递增至陆坡位置的24 km。均衡重力异常在西部、中部次海槽海底火山位置及东部次海槽虎克脊区域形成异常场高值圈闭，说明火山构造活动使地幔物质上涌，均衡力还不足以使莫霍面达到补偿深度。布兰斯菲尔德海峡弧后扩张中心区域更趋于均衡平衡的状态。

（5）普里兹湾附近海域的莫霍面深度显示，凯尔盖朗海台部分莫霍面深度在18～23 km，地壳厚度大于13 km，属于异常洋壳区；洋盆区莫霍面深度为7～14 km，地壳厚度在5～9 km；陆缘区莫霍面深度在14～25 km，14 km的莫霍面等深线指示了洋陆边界（COB）；莫霍面22 km等深线处的梯度带显示了陆壳明显减薄过渡带。普里兹湾盆地莫霍面迅速变浅，上地壳可能发育有泛非期之前的沉积地层，受普里兹造山活动前后的改造作用，形成一系列壳内断层，在后期的冈瓦纳古陆裂解过程中，沿断裂带发生减压熔融形成浅源火成岩，造成磁异常增高。普里兹湾海域N—S向结构应是冈瓦纳古陆裂解前裂谷构造的反映，可能是泛非期普里兹造山带在中生代陆缘张裂过程中的响应。

（6）岩石圈有效弹性厚度指示凯尔盖朗热点在120～115 Ma以及110～105 Ma两次喷发形成凯尔盖朗海台南部和中部的过程中，活动非常剧烈，高温"烘烤"了下伏地壳，使其刚性强度大大降低，从而表现出低 T_e 值。海台北部的热点活动较弱，未影响下伏地壳的热结构，从而保留了下伏较老地壳。普里兹湾陆地 T_e 变化幅值大于海区，而且在水平方向上变化非常剧烈。普里兹水道冲积扇位置 T_e 约20 km，高于周围区域，该处的高重力异常很可能与高 T_e 值有关，说明普里兹湾外陆架和陆坡大量沉积物的堆积时间迟后板块扩张时间在50 Ma左右。

（7）第30次南极科学考察在西罗斯海获得的高分辨率地震剖面显示，朱迪斯盆地存在两层冰碛层，其中16.2～18.0 Ma冰碛层沿朱迪斯盆地朝北增厚，说明中中新世时接地冰川推进到了罗斯海陆架外缘；4.0～14.7 Ma冰碛层基本上终止于DSDP 273钻孔，意味着中中新世以后接地冰川不断往南退却。德里加尔斯基盆地西侧斜坡上有一些倾斜反射，东侧地层倾角越来越小，最后趋向水平，意味水道为冰川剥蚀产生的。克拉里浅滩西侧斜坡表现出正断层控制的箕状半地堑，或是受到NW向走滑断层的作用，证实特拉裂谷目前是活动的。

（8）罗斯海陆架热流平均值高，使得来自深部偏高的热能供给通过盆地下伏的深大断裂，加速有机质转变为甲烷等烃类。罗斯海气源沉积条件，形成的温、压、热条件以及富集的地质构造条件，均有利于天然气水合物形成和赋存。在罗斯海特殊的地理条件下，天然气水合物还可能在罗斯海冰架下得到发育。天然气水合物稳定厚度呈条带状分布，与罗斯海陆架盆地走向有很大的相关性。利用体积分方法计算得到罗斯海陆架天然气水合物的资源量为 3.6×10^{11} m³，与Lodolo等（2002）计算的南极陆缘总储量中罗斯海的占比相差 3.8×10^{10} m³，偏差率为9.54%。

附　件

附件1　主要仪器设备一览表

序号	仪器名称	生产公司	型号	所属单位	用途
1	GPS	Trimble 公司	SPS551、R7	海洋二所	定位
2	陆地重力仪	美国 Micro-g 公司	L&R G	武汉大学	重力基点测量
3	高分辨率地震电缆	西安虹陆洋	24 道液体缆	海洋二所	采集海底地层数据
4	海洋重力仪	德国 Bodensee Gravity Geosystem 公司	KSS31M	海洋一所	采集海洋重力数据
5	海洋重力仪	美国 Micro-g 公司	L&R S133	海洋一所	采集海洋重力数据
6	铯光泵磁力仪	Geometrics 公司	G882SX	海洋三所	采集海洋地磁数据
7	铯光泵磁力仪系统	Geometrics 公司	G880SX	海洋三所	采集海洋地磁数据
8	海底地磁日变站	Marine Magnetics 公司	Sentinel_ Base_ Station	海洋二所	测量海底地磁变化
9	船载三分量磁力仪	英国 Bartington 公司	Grad-03-500M	海洋二所	采集地磁三分量数据
10	多道地震电缆	美国 Hydroscience 公司	24 道固体缆	海洋二所	接收地震数据
11	单道电缆	荷兰 Geosource 公司	液体单道缆	海洋二所	接收地震数据
12	等离子电火花震源	浙江大学	PC-30000J	海洋二所	发射震源信号
13	温度探针	台湾海洋大学	OR166 系列	海洋二所	测量海底沉积物温度
14	热导率仪	Teka 公司	TK04	海洋二所	测量沉积物热导率
15	海底地震仪	中科院地质与地球物理研究所	IGG-4C	海洋二所	接收天然地震

　注：海洋一所指国家海洋局第一海洋研究所；海洋二所指国家海洋局第二海洋研究所；海洋三所指国家海洋局第三海洋研究所。

附件2 论文等公开出版物一览表

鄂栋臣，袁乐先，杨元德，等. 利用 ICESat 测量南极冰盖表面高程变化［J］. 大地测量与地球动力学，2014，34（6）：41-43.

高金耀，杨春国，张涛，等. 南极大陆及周边海域地形和均衡重力效应的计算［J］. 海洋测绘，2015（03）：1-7.

胡毅，王立明，房旭东，等. 鲍威尔海盆的重磁场特征及其构造意义［J］. 海洋地质与第四纪地质，2015，35（3）：167-174.

纪飞. 东南印度洋及普里兹湾海洋岩石圈有效弹性厚度及其构造解释［D］. 国家海洋局第二海洋研究所，2015.

纪飞，高金耀，张涛，等. 东经九十度海岭有效弹性厚度计算及其对构造运动的解释［J］. 海洋学研究，2016，34（1）：8-17.

马龙. 南极布兰斯菲尔德海峡船测重力资料处理及区域重力场特征［D］. 国家海洋局第一海洋研究所，2015.

马龙，郑彦鹏，裴彦良，等. 南极布兰斯菲尔德海峡船测重力资料平差处理［J］. 海洋科学进展，2015，33（3）：403-413.

沈中延，杨春国，高金耀，等. 东南极普里兹湾陆隆区脊状沉积体的结构和形成过程［J］. 地球学报，2015（06）：709-717.

孙运凡. 基于板块重构的环南极海域古水深演化及其对南极气候环境变化的影响［D］. 国家海洋局第二海洋研究所，2013.

孙运凡，高金耀，张涛，等. 环南极区域古水深演化特征［J］. 极地研究，2013，25（1）：25-34.

王威. 南极陆架反射地震测量的技术实施研究［D］. 国家海洋局第二海洋研究所，2014.

王威，高金耀，沈中延，等. 罗斯海天然气水合物成藏条件及资源量评估［J］. 海洋学研究，2015，33（1）：16-24.

王泽民，熊云琪，杨元德，等. 联合 ERS-1 和 ICESAT 卫星测高数据构建南极冰盖 DEM［J］. 极地研究，2013，25（3）：211-217.

吴云龙，杨元德，袁乐先，等. 南极恩德比地冰盖高程变化研究［J］. 大地测量与地球动力学，2013，33（5）：21-24.

杨元德，熊云琪，王泽民，等. 几种插值方法在构建南极冰盖 DEM 中的比较［J］. 大地测量与地球动力学，2013，33（5）：63-66.

袁乐先，杨元德，鄂栋臣，等. 利用 Envisat 数据探测中山站至 Dome A 条带区域冰盖高程变化［J］. 武汉大学学报信息科学版，2013，38（4）：383.

Geletti R，Busetti M，王威. 南极洲罗斯海西部的双层海底模拟反射层［J］. 世界地震译丛，2013（Z1）：102-117.

Yang Y, Bo S, Wang Z et al. GPS-derived velocity and strain fields around Dome Argus. Antarctica [J]. Journal of Glaciology, 2014, 60: 735-742.

Yang Y, Hwang C, E D. A fixed full-matrix method for determining ice sheet height change from satellite altimeter: an ENVISAT case study in East Antarctica with backscatter analysis [J]. Journal of Geodesy, 2014, 88 (9): 901-914.

Yuande Yang, Sun B, Wang Z, Ding M, Hwang C, Ai S, Wang L, Du Y, D E. GPS-derived velocity and strain fields around Dome Argus [J]. Journal of Glaciology, 2014, 60 (42): 735-742.

参考文献

陈圣源，刘方兰，梁东红. 1997. 南极布兰斯菲尔德海域地球物理场与地质构造 [J]. 海洋地质与第四纪地质，17（1）：77-86.

陈廷愚，沈炎彬，赵越，等. 2008. 南极洲地质发展与冈瓦纳古陆演化 [M]. 北京：商务印书馆.

段威武，吴能友. 1994. 罗斯海油气地质研究现状 [J]. 海洋地质，（03）：1-5.

高金耀，金翔龙，2003. 由多卫星测高大地水准面推断西太平洋边缘海构造动力格局 [J]. 地球物理学报，46（5）：600-608.

高金耀，1990. 南极地壳均衡补偿的研究 [A] //中国地球物理学会. 中国地球物理学会年刊 [C]. 北京：地震出版社，173.

高金耀，刘强，翟国君，等. 2009. 与海洋地磁日变改正有关的长期变化和磁扰的处理 [J]. 海洋学报：31（4）：87-92.

高金耀，杨春国，张涛，等. 2015. 南极大陆及周边海域地形和均衡重力效应的计算 [J]. 海洋测绘，（03）：1-7.

高金耀，翟国君，刘强，等，2008. 减弱船磁效应对海洋地磁测量精度影响的方法研究 [J]. 海洋测绘，28（3）：1-5.

高金耀，张涛，谭勇华，等. 2006. 不规则重磁测线网复杂误差模型的约束最小二乘平差 [J]. 海洋测绘，26（4）：6-10.

国家海洋局. 2007. GB/T 12763. 8-2007，海洋调查规范第8部分：海洋地质地球物理调查 [S]. 北京：国家标准出版社.

蒋家祯，高金耀，徐德琼. 1989. 南极地区大地水准面凹点成因 [A] //国家南极考察委员会. 中国第一届南大洋考察学术讨论会论文专集 [C]，北京：海洋出版社，424-432.

焦丞民，孔祥儒，刘成恕. 1996. 东南极普里兹湾海冰面地磁考察 [J]. 极地研究，（2）：52-58.

雷受旻. 1984. 重力广义地形改正值和均衡改正值的一种计算方法 [J]. 海洋地质与第四纪地质，4（1）：101-111.

刘小汉，郑祥身，鄂莫岚. 1991. 南极洲大地构造区划和冈瓦纳运动 [J]. 极地研究，3（2）：1-9.

刘晓春，赵越，胡健民，等. 2013. 东南极格罗夫山：普里兹造山带中一个典型的泛非期变质地体 [J]. 极地研究，25（1）：7-24.

吕文正，吴水根，1989. 东南太平洋地磁场特征及构造演化 [A] //中国第一届南大洋考察学术讨论会论文专集 [C]，上海：上海科学技术出版社，396-408.

宋德康. 1987. 南极长城海湾岸滩地貌及海底地形特征 [J]. 海洋科学，04：18-21.

孙达，蒲英霞. 2005. 地图投影 [M]. 南京：南京大学出版社.

王臣海，张兆祥. 1989. 南极半岛西北缘海底地貌 [A] //国家南极考察委员会. 中国第一届南大洋考察学术讨论会论文专集 [C]. 上海：上海科学技术出版社，417-423.

王力峰，邓希光，沙志彬，等. 2013. 南极陆缘热流分布与天然气水合物资源量研究 [J]. 极地研究，25（3）：241-248.

王述功，刘忠臣，吴金龙. 1997. 三大洋中脊重力异常及构造意义 [J]. 海洋学报，19（6）：94-101.

王威，高金耀，沈中延，等. 罗斯海天然气水合物成藏条件及资源量评估 [J]. 海洋学研究. 2015，1：16-24.

吴庐山，邓希光，梁金强，等. 2010. 南极陆缘天然气水合物特征及资源前景 ［J］. 海洋地质与第四纪地质，1：95-107.

吴能友，段威武. 1994. 南极罗斯海地质构造特征及油气资源潜力研究 ［J］. 海洋地质，4：1-54.

吴水根，吕文正. 1988. 德雷克海峡的扩张历史及其影响 ［J］. 南极研究，1（2）：1-7.

杨永，邓希光，任江波. 2013. 南极大陆及其周缘海域重，磁异常特征及区域构造分析 ［J］. 地球物理学进展，（2）：1013-1025.

姚伯初，王光宇，陈邦彦，等. 1995. 南极布兰斯菲尔德海峡的地球物理场特征与构造发育史 ［J］. 南极研究（中文版），7（1）：25-35.

张赤军，蒋福珍，方剑，等，1996. 南极重力场特征及界面的计算与解释 ［J］. 南极研究（中文版），8（2）：59-64.

张涛，高金耀，陈美. 2005. 海洋重力测量中厄特沃什效应的合理改正 ［J］. 海洋测绘，25（2）：17-20.

张涛，高金耀，陈美. 2007. 利用相关分析法对 S 型海洋重力仪数据进行分析与改正 ［J］. 海洋测绘，27（2）：1-5.

张涛，林间，高金耀. 2011. 90Ma 以来热点与西南印度洋中脊的交互作用：海台与板内海山的形成 ［J］. 中国科学：地球科学，（06）：760-772.

周祖翼，李春峰. 2008. 大陆边缘构造与地球动力学 ［M］. 北京：科学出版社：175-215.

Amante C，Eakins B W. 2009. ETOPO1 1 Arc-minute global relief model：Procedures，data sources and analysis ［DB/OL］. NOAA Technical memorandum NESDIS NGDC-24. National Geophysical Data Center. http：//www. ngdc. noaa. gov/mgg/global/global. html.

Andersen O B. 2010. The DTU10 Gravity field and Mean sea surface. Second international symposium of the gravity field of the Earth（IGFS2），Fairbanks，Alaska，2010.

Anderson J B. 1999. Antarctic Marine Geology，Cambridge University Press，Cambridge：289.

Anderson J B，Bartek L R. 1992. Cenozoic glacial history of the Ross Sea revealed by intermediate resolution seismic reflection data combined with drill site information. The Antarctic Paleoenvironment：A Perspective on Global Change：Part One：231-264.

Arabelos D. 2000. Intercomparisons of the global DTMs ETOPO5，TerrainBase and JGP95E. Physics and Chemistry of the Earth，Part A：Solid Earth and Geodesy，25（1）：89-93.

Arndt J E，Schenke H W，Jakobsson M，et al. 2013. The International Bathymetric Chart of the Southern Ocean（IBCSO）Version 1. 0—a new bathymetric compilation covering circum-Antarctic waters. Geophysical Research Letters，40（12）：3111-3117.

Barker P F，Barber P L，King E C. 1984. An early Miocene ridge crest-trench collision on the South Scotia Ridge near 36 W. Tectonophysics，102（1）：315-332.

Barron J，Larsen B，Shipboard Scientific P. 1989. Leg 119，Kerguelen Plateau and Prydz Bay，Antarctica ［C］//942.

Bennett H F. 1964. A gravity and magnetic survey of the Ross Ice Shelf area，Antarctica. University of Wisconsin，Geophysical and Polar Research Center.

Bentley C R. 1964. The structure of Antarctica and its ice cover ［A］. In C. R. Bentley et al.，eds.，Physical Characteristics of the Antarctic Ice Sheet. Antarctic Map Folio Series-Folio. 2. American Geographical Society，New York，3-4.

Bentley C R. 1983. Crustal structure of Antarctica from geophysical evidence—a review. Antarctic Earth Science：491-497.

Bird P. 2003. An updated digital model of plate boundaries. Geochemistry Geophysics Geosystems，4（3）：101-112.

Blackman D K, Von Herzen R P, Lawver L A. 1987. Heat flow and tectonics in the western Ross Sea, Antarctica, in The Antarctic Continental Margin: Geology and Geophysics of the Western Ross Sea, edited by A. K. Cooper and F. J. Davey, pp. 179-189, Circum-Pac. Counc. For Energy and Nat. Resour., Houston, Tex.

Boger S D, Wilson C J L, Fanning C M. 2001. Early Paleozoic Tectonism within the East Antarctic Craton: The Final Suture between East and West Gondwana? Geology, 29 (5): 463-466.

Bown J W, White R S. 1994. Variation with spreading rate of oceanic crustal thickness and geochemistry. Earth and Planetary Science Letters, 121 (3): 435-449.

Brancolini G, Busetti M, Coren F, et al. 1995a. Antostrat Project, seismic stratigraphic atlas of the Ross Sea, Antarctica. Geology and Seismic Stratigraphy of the Antarctic Margin. Antarctic Research Series, AGU Washington DC, 68.

Brancolini G, Cooper A K, Coren F. 1995b. Seismic facies and glacial history in the western Ross Sea (Antarctica), in Geology and Seismic Stratigraphy of the Antarctic Margin [J], Antarct. Res. Ser., vol. 68, edited by A. K. Cooper, P. F. Barker, and G. Brancolini, 209-234, AGU, Washinghton, D. C.

Bucher G, Decker E R. 1976. Down hole temperature measurements in DVDP 15, McMurdo Sound [J]. Dry Valley Drill. Proj. Bull, 7: 111-112.

Bücker C, Wonik T, Jarrard R D. 2000. The temperature and salinity profile in CRP-2/2A, Victoria Land Basin, Antarctica [J]. Terra Antartica, 7 (3): 255-259.

Bullard E. 1954. The Flow of Heat through the Floor of the Atlantic Ocean [J]. Proceedings of the Royal Society of London. Series A, Mathematical and Physical Sciences, 222 (1150): 408-429.

Chapin D A. 1996. The theory of the Bouguer gravity anomaly: A tutorial. The Leading Edge, 15: 361-363.

Clarke A, Griffiths H J, Barnes D K, et al. 2009. Spatial variation in seabed temperatures in the Southern Ocean: Implications for benthic ecology and biogeography. Journal of Geophysical Research: Biogeosciences, 114 (G3).

Coffin M F, Pringle M S, Duncan R A, et al. 2002. Kerguelen hotspot magma output since 130 Ma [J]. Journal of Petrology , 43 (7): 1121-1137.

Cook R A, Davey F J. 1984. The Hydrocarbon exploration of the basins of the ross sea, antarctica, From Modelling of the geophysical data [J]. Journal of Petroleum Geology, 7 (2): 213-225.

Cooper A K, Davey F J, Behrendt J C. 1987. Seismic Stratigraphy and Structure of the Victoria Land Basin, Western Ross Sea, Antarctica. In Cooper, A. K., and Davey, F. J., 1987, The Antarctic Continetal Margin: Geology and Geophysics of the Western Ross Sea, CPCEMR Earth Series, v. 5B: Houston, Texas, Circum-Pacific Council for Energy and Mineral Resources.

Cooper A K, Barrett P J, Hinz K, et al. 1991a. Cenozoic prograding sequences of the Antarctic continental margin: a record of glacio-eustatic and tectonic events [J]. Marine Geology, 102 (1): 175-213.

Cooper A K, Stagg H M J. Geist E. 1991b. Seismic stratigraphy and structure of Prydz Bay, Antarctica: implications from Leg 119 drilling [A]. In Barron J, Larsen B, et al., Proc. ODP, Sci. Results, 119 [C]: College Station, TX (Ocean Drilling Program), 5-25.

Courtillot V, Davaille A, Besse J, et al. 2003. Three distinct types of hotspots in the Earth' s mantle [J]. Earth and Planetary Science Letters, 205 (3): 295-308.

Cox A, Hart R B. 1986. Plate tectonics: How it works [M]. Blackwell Scientic Publications, Oxford: 392.

Crough S T. 1983. The correction for sediment loading on the seafloor [J]. Journal of Geophysical Research, 88 (B8): 6449-6454.

Dalziel I W D, Elliot D H. 1982. West Antarctica: problem child of Gondwanaland. Tectonics, 1: 3-19.

Davey F J, Smith E G. 1983. The tectonic setting of the Fiordland region, south-west New Zealand. Geophysical Journal International, 72 (1): 23-38.

Davis C H. 1997. A robust threshold retracking algorithm for measuring ice-sheet surface elevation change from satellite radar altimeters. Geoscience and Remote Sensing, IEEE Transactions on, 35 (4): 974-979.

Della Vedova B, Pellis G, Lawver L A, et al. 1992. Heat flow and tectonics of the Western Ross Sea [J]. Recent Progress in Antarctic Earth Science: 627-637.

Deng X, Featherstone W E. 2006. A coastal retracking system for satellite radar altimeter waveforms: Application to ERS-2 around Australia. Journal of Geophysical Research: Oceans, 111 (C6).

Denker H, Roland M. 2003. Compilation and Evaluation of a Consistent Marine Gravity Data Set Surrounding Europe. In: A Window on the Future of Geodesy. Vol 128 of the series International Association of Geodesy Symposia, 248-253.

Divins D L. 2003. Total Sediment Thickness of the World's Oceans & Marginal Seas [J]. NOAA National Geophysical Data Center, Boulder, CO.

Domenico S N. 1977. Elastic properties of unconsolidated porous sand reservoirs [J]. Geophysics, 42 (7): 1339-1368.

Drewry D. 1983. Antarctic glaciological and geophysical folio. Scott Polar Research Institute, Cambridge, UK.

Edwards B D. 1987. Geology and physical properties of Ross Sea, Antarctica, continental shelf sediment. In Cooper, A. K., and Davey, F. J., 1987. The Antarctic Continental Margin: Geology and Geophysics of the Western Ross Sea, CPCEMR Earth Science Series, v. 5B: Houston, Texas, Circum-Pacific Council for Energy and Mineral Resources.

Elliot D H. 1988. Tectonic setting and evolution of the James Ross Basin, northern Antarctic Peninsula [J]. Geological Society of America Memoirs, 541-556.

Fedorov L V, Grikurov G E, Kurinin R G, et al. 1982. Crustal structure of the Lambert Glacier Area from geophysical data. In Antarctic Geoscience, edited by Craddock, C., J. K. Loveless, T. L. Vierima, et al. Madison: University of Wiconsin Press: 931-936.

Fielding C R, Henrys S A, Wilson T J. 2006. Rift history of the western Victoria Land Basin: A new perspective based on integration of cores with seismic reflection data, in Antarctica: Contributions to Global Earth Sciences [J], edited by D. Futterer et al., pp. 309-318, Springer, New York.

Fretwell P, Pritchard H D, Vaughan D G, et al. 2013. Bedmap2: improved ice bed, surface and thickness datasets for Antarctica. The Cryosphere, 7 (1): 375-393.

Geletti R, Busetti M. 2011. A double bottom simulating reflector in the western Ross Sea, Antarctica [J]. Journal of Geophysical Research: Solid Earth, 116 (B04101).

Goldstein H. 1950. Classical Mechanics [M]. Addison Wesley, Cambridge, MA: 399.

Golynsky A V, Ivanov S V, Kazankov A J, et al. 2013. New continental margin magnetic anomalies of East Antarctica [J]. Tectonophysics, 585: 172-184.

Golynsky A V, Alyavdin S V, Masolov V N, et al. 2002. The composite magnetic anomaly map of the East Antarctic. Tectonophysics, 347 (1): 109-120.

Golynsky A, Chiappini M, Damaske D, et al. 2006. ADMAP—a digital magnetic anomaly map of the Antarctic [M] //Antarctica. Springer Berlin Heidelberg: 109-116.

Golynsky A, Bell R, Blankenship D, et al. 2013. Air and shipborne magnetic surveys of the Antarctic into the 21st century [J]. Tectonophysics, 585: 3-12.

Golynsky A, Jacobs J. 2001. Grenville-age versus pan-African magnetic anomaly imprints in western Dronning Maud Land, East Antarctica. The Journal of Geology, 109 (1): 136-142.

Grad M, Guterch A, Sroda P. 1992. Upper crustal structure of Deception Island area, Bransfield Strait, West Antarctica. Antarctic Science, 4 (04): 469-476.

Greenhalgh E E, Kusznir N J. 2007. Evidence for thin oceanic crust on the extinct Aegir Ridge, Norwegian Basin, NE Atlantic derived from satellite gravity inversion. Geophysical Research Letters, 34 (6).

Greiner B. 1999. Euler rotations in plate-tectonic reconstructions [J]. Computers and Geosciences, 25 (3): 209-216.

Grunow, A. M. 1993. Creation and destruction of the Weddell Sea floor in the Jurassic. Geology, 21: 647-650.

Harris P T, Taylor F, Pushina Z, et al. 1998. Lithofacies distribution in relation to the geomorphic provinces of Prydz Bay, East Antarctica. Antarctic Science, 10 (03): 227-235.

Hayes D E, Davey F J. 1975. A geophysical study of the Ross Sea, Antarctica, in Initial Reports of the Deep Sea Drilling Project, Leg 28, edited by D. E. Hayes and L. A. Frakes, pp. 887-907, U. S. Government Printing Office, Washington, D. C.

Hayes D E, Zhang C, Weissel R A. 2009. Modeling Paleobathymetry in the Southern Ocean [J]. Eos, Transactions, American Geophysical Union, 90 (19): 165-166.

Heiskanen W A, Moritz H. 1967. Physical geodesy. San Francisco: Freeman.

Hinz K, Krause W. 1982. The continental margin of Queen Maud Land, Antarctica: seismic sequences, structural elements and geological development. Geologisches Jahrbuch, E23: 17-41.

Hinz K, Block M. 1983. Results of geophysical investigations in the Weddell Sea and in the Ross Sea, Antarctica [C]. Proceedings of the 11th World Petroleum Congress, London: 279-291.

Horgan H, Naish T, Bannister S, et al. 2005. Seismic stratigraphy of the Plio-Pleistocene Ross Island flexural moat-fill: a prognosis for ANDRILL Program drilling beneath McMurdo-Ross Ice Shelf [J]. Global and Planetary Change, 45 (1): 83-97.

Houtz R, Davey F J. 1973. Seismic profiler and sonobuoy measurements in Ross Sea, Antarctica. Journal of Geophysical Research, 78 (17): 3448-3468.

Huang X X, Gohl K, Jokat W. 2014. Variability in Cenozoic sedimentation and paleo-water depths of the Weddell Sea basin related to pre-glacial and glacial conditions. Global and Planetary Change 118, 25-41.

Hwang C. 1998. Inverse Vening Meinesz formula and deflection-geoid formula: Applications to the predictions of gravity and geoid over the South China Sea. Journal of Geodesy, 72 (5): 304-312.

Hwang C, Guo J, Deng X, et al. 2006. Coastal gravity anomalies from retracked Geosat/GM altimetry: Improvement, limitation and the role of airborne gravity data. Journal of Geodesy, 80 (4): 204-216.

Ishihara T, Leitchenkov G L, Golynsky A V, et al. 1999. Compilation of shipborne magnetic and gravity data images crustal structure of Prydz Bay (East Antarctica) [J]. Annali Di Geofisica. 42 (2): 229-248.

Jaupart C, Mareschal J C. 2007. Heat Flow and Thermal Structure of the Lithosphere-Reference Module in Earth Systems and Environmental Sciences/Treatise on Geophysics-6. 05. Treatise on Geophysics, 37 (3): 217-251.

Kanao M, Ishikawa M, Yamashita M, et al. 2004. Structure and evolution of the East Antarctic Lithosphere, tectonic implication for the development and dispersal of Gondwana. Gondwana Research, 7 (1): 31-41.

Karner G D, Studinger M, Bell R E. 2005. Gravity anomalies of sedimentary basins and their mechanical implications: Application to the Ross Sea basins, West Antarctica. Earth and Planetary Science Letters. 235 (3-4): 577-596.

Keller W R. 2004. Cenozoic plate tectonic reconstructions and plate boundary processes in the southwest Pacific, Ph. D. thesis [D], California Institute of Technology, Pasadena.

Kennett J P. 1977. Cenozoic evolution of Antarctic glaciation, the circum-Antarctic Ocean, and their impact on global paleoceanography [J]. Journal of Geophysical Research. 82 (27): 3843-3860.

Kobayashi R, Katz D. 1949. Methane hydrate at high pressure [J]. Journal of Petroleum Technology, 1 (3): 66-70.

Kristoffersen Y, Hinz K. 1991. Evolution of the Gondwana plate boundary in the Weddell Sea area. In M. R. A. Thomson, J. A. Crame, and J. W. Thomson, eds., Geologic Evolution of Antarctica. Cambridge University Press, New York, pp. 225-230.

Kuvaas B, Leitchenkov G. 1992. Glaciomarine turbidite and current controlled deposits in Prydz Bay, Antarctica [J]. Marine Geology, 108 (3-4): 365-381.

Kvenvolden K A, Redden G D. 1980. Hydrocarbon gas in sediment from the shelf, slope, and basin of the Bering Sea [J]. Geochimica et Cosmochimica Acta, 44 (8): 1145-1150.

Labrecque J, Cande S, Bell R, et al. 1988. Aerogeophysical survey yields new data in the Weddell Sea [M].

LaBrecque J L, Barker P F. 1981. The age of the Weddell Basin [J]. Nature. 290, 489-492.

LaBrecque J L, Ghidella M E. 1997. Bathymetry, depth to magnetic basement, and sediment thickness estimates from aerogeophysicaldata over the Western Weddell Basin [J]. Journal of Geophysical Research. 102 (B4), 7929-7946.

Laske G, Masters G. 1997. A global digital map of sediment thickness [J]. Eos, Transactions, American Geophysical Union, 78: F483.

Lawver L A, Royer J Y, Sandwell D T, et al. 1991. Evolution of the Antarctic continental margin [J]. In: Thomson, M. R. A., Crane, J. A., Thomson, J. W. (Eds.), Geological Evolution of Antarctica. Cambridge Univ. Press, New York, pp. 533-539.

Lawver L A, Gahagan L M, Coffin M F. 1992. The development of paleoseaways around Antarctica. In: Kennett, J. P., Warnke, D. A. (Eds.), The Antarctic Paleoenvironment: A Perspective on Global Change Part 1 [J]. Antarct. Res. Ser., vol. 56, AGU, Washington, DC, USA, pp. 7-30. M. E. Ghidella et al. / Tectonophysics 347 (2002) 65-86 85.

Lindeque A, Martin Y, Gohl K, Maldonado A. 2013. Deep sea pre-glacial to glacial sedimentation in the Weddell Sea and southern Scotia Sea from a cross-basin seismic transect. Marine Geology, 336, 61-83.

Livermore R A, Hunter R J. 1996. Mesozoic seafloor spreading in the southern Weddell Sea [J]. In: Storey, B. C., King, E. C., Livermore, R. A. (Eds.), Weddell Sea Tectonics and Gondwana Breakup. Geol. Soc. Spec. Publ., vol. 108, pp. 227-242.

Livermore R A, Woollett R W. 1993. Seafloor spreading in the Weddell Sea and southwest Atlantic since the Late Cretaceous [J]. Earth and Planetary Science Letters. 117, 475-495.

Lodolo E, Camerlenghi A, Madrussani G, et al. 2002. Assessment of gas hydrate and free gas distribution on the South Shetland margin (Antarctica) based on multichannel seismic reflection data [J]. Geophysical Journal International, 148 (1): 103-119.

Martin T V, Zwally H J, Brenner A C, et al. 1983. Analysis and retracking of continental ice sheet radar altimeter waveforms. Journal of Geophysical Research: Oceans, 88 (C3): 1608-1616.

Maus S, Barckhausen U, Berkenbosch H, et al. 2009. EMAG2: A 2-arc min resolution Earth Magnetic Anomaly Grid compiled from satellite, airborne, and marine magnetic measurements. Geochemistry, Geophysics, Geosystems, 10 (8).

Maus S, Green C M, Fairhead J D. 1998. Improved ocean-geoid resolution from retracked ERS-1 satellite altimeter waveforms. Geophysical Journal International, 134 (1): 243-253.

Mcive R D. 1975. Hydrocarbon gases in canned core samples from Leg 28 sites 271, 272, and 273, Ross Sea [J]. Initial Rep. Deep Sea Drill. Proj, 28: 815-817.

McKenzie D. 1978. Some remarks on the development of sedimentary basins [J]. Earth and Planetary Science Letters, 40 (1): 25-32.

Mcloughlin S, Drinnan A N. 1997. Revised stratigraphy of the Permian Bainmedart Coal Measures, northern Prince

Charles Mountains, East Antarctica [J]. Geological Magazine, 134 (03): 335-353.

Mikuška, Ján, Roman Pašteka, Ivan Marušiak. 2006. Estimation of distant relief effect in gravimetry. Geophysics, 71 (6): J59-J69.

Miles P R. 1995. Potential distribution of methane hydrate beneath the European continental margins [J]. Geophysical Research Letters, 22 (23): 3179-3182.

Milkov A V, Sassen R. 2001. Estimate of gas hydrate resource, northwestern Gulf of Mexico continental slope [J]. Marine Geology, 179 (1): 71-83.

Millard F Coffin, Pringle M S, Dungan R A, et al. 2002. Kerguelen Hotspot magma output since 130Ma [J]. Petrology, 43: 1121-1139.

Müller R D. 1993. Revised plate motions relative to the hotspots from combined Atlantic and Indian Ocean hotspot tracks [J]. Geology, 21 (3): 275.

Müller R D, Sdrolias M, Gaina C, et al. 2008. Age, spreading rates, and spreading asymmetry of the world´s ocean crust [J]. Geochemistry, Geophysics, Geosystems, 9, Q04006.

Ostenso N A, Thiel E C. 1964. Aeromagnetic reconnaissance of Antarctica between Byrd and Wilkes stations: University of Wisconsin, Geophysical and Polar Research Center.

Pollack H N, Hurter S J, Johnson J R. 1993. Heat flow from the Earth´s interior: Analysis of the global data set [J]. Reviews of Geophysics, 31 (3): 267-280.

Rabinowitz P D, LaBrecque J. 1979. The Mesozoic South Atlantic Ocean and evolution of its continental margins. Journal of Geophysical Research. 84 (B11): 5973-6002.

Rapp J B, Kvenvolden K A, Golan-Bac M. 1987. Hydrocarbon geochemistry of sediments offshore from Antarctica [J]. U. S. Geological Survey. 217-230.

Reading A M, Heintz M. 2008. Seismic anisotropy of East Antarctica from shear-wave splitting: Spatially varying contributions from lithospheric structural fabric and mantle flow? [J]. Earth and Planetary Science Letters, 268 (3-4): 433-443.

Rodríguez E. 1988. Altimetry for non-Gaussian oceans: Height biases and estimation of parameters. Journal of Geophysical Research: Oceans, 93 (C11): 14107-14120.

Rodríguez E, Chapman B. 1989. Extracting ocean surface information from altimeter returns: The deconvolution method. Journal of Geophysical Research: Oceans, 94 (C7): 9761-9778.

Rodriguez E, Martin J M. 1994. Assessment of the TOPEX altimeter performance using waveform retracking. Journal of Geophysical Research: Oceans, 99 (C12): 24957-24969.

Salvini F, Storti F. 1999. Cenozoic tectonic lineaments of the Terra Nova Bay region, Ross Embayment, Antarctica. Global and Planetary Change, 23: 129-144.

Salvini F, Brancolini G, Busetti M, et al. 1997. Cenozoic geodynamics of the Ross Sea-Victoria Land Region, Antarctica: insight from offshore and onshore data. Journal of Geophysical Research, 102 (B11): 24669-24696.

Sandwell D T, Garcia E, Soofi K, et al. 2013. Towards 1 mGal global marine gravity from CryoSat-2, Envisat, and Jason-1 [J]. The Leading Edge. 32 (8): 892-899.

Sandwell D T, Smith W H F. 1997. Marine gravity anomaly from Geosat and ERS 1 satellite altimetry [J]. Journal of Geophysical Research, 102 (B5), 10039-10054.

Sandwell D T, Smith W H. 2009. Global marine gravity from retracked Geosat and ERS-1 altimetry: Ridge segmentation versus spreading rate. Journal of Geophysical Research: Solid Earth, 114 (B1).

Savage M L, Ciesielski P F. 1983. A revised history of glacial sedimentation in the Ross region [J], in Antarctic Earth Science, edited by R. L. Oliver, P. R. James, and J. B. Jago, pp. 555-559, Cambridge Univ. Press, Cambridge, U. K.

Schreider Al A, Schreider A A, Evsenko E I. 2014. The stages of the development of the basin of the Bransfield Strait [J]. Oceanology, 54 (3): 365-373.

Sclater J G, Christie P. 1980. Continental stretching: An explanation of the post-mid-Cretaceous subsidence of the central North Sea basin. Journal of Geophysical Research, 85 (B7): 3711-3739.

Shipboard Scientific Party. 2001. Site 1165 [A]. In O' brien P E, Cooper A K, Richter C, et al., Proc. ODP, Init. Repts., 188 [C]: College Station, TX (Ocean Drilling Program), 1-191.

Stagg H M J. 1985, The structure and origin of Prydz Bay and the Mac. Robertson Shelf, East Antarctica [J]. Tectonophysics, 114, 315-340.

Stagg H M J, Colwel J B, Direen N G, et al. 2004. Geology of the continental margin of Enderby and Mac. Robertson Lands, East Antarctica: Insights from a regional data set [J]. Marine Geophysical Researches, 25: 183-219.

Stein C A, Stein S. 1992. A model for the global variation in oceanic depth and heat flow with lithospheric age [J]. Nature, 359 (6391): 123-129.

Storey M, Mahoney J J, Saunders A D, et al. 1995. Timing of hot spot—related volcanism and the breakup of Madagascar and India [J]. Science, 267 (5199): 852- 855.

Tamaki K, Pisciotto K, Allan J. 1990. Background, objectives, and principal results, ODP Leg 127, Japan Sea [C]. Proceedings ODP, Init Repts, 5-23.

Waseda A. 1998. Organic carbon content, bacterial methanogenesis, and accumulation processes of gas hydrates in marine sediments [J]. Geochemical Journal-Japan, 32: 143-158.

Watts A B. 1978. An analysis of isostasy in the world's oceans 1. Hawaiian- Emperor seamount chain [J]. Journal of Geophysical Research, 83, 5989-6004.

Weatherall P. 2014. Informational briefing on General Bathymetric Chart of the Oceans (GEBCO). 31st North Sea Regional Hydrographic Commission meeting, Amsterdam, Netherlands, 25 - 27 June, 2014.

Wessel P, Watts A B. 1988. On the accuracy of marine gravity measurements. Journal of Geophysical Research. 93 (B1): 393-413.

White R, Mckenzie D. 1989. Magmatism at rift zones: the generation of volcanic continental margins and flood basalts [J]. Journal of Geophysical Research: Solid Earth, 94 (B6): 7685-7729.

White P. 1989. Downhole logging [J]. Antarctic Cenozoic history from the CIROS-1 drillhole, McMurdo Sound. DSIR Bulletin, 245: 7-14.

Wingham D J, Rapley C G, Griffiths H. 1986. New techniques in satellite altimeter tracking systems. 3.

Yegorova T, Bakhmutov V, Janik T, et al. 2011. Joint geophysical and petrological models for the lithosphere structure of the Antarctic Peninsula continental margin [J]. Geophysical Journal International, 184, 90-110.

Zwally H J. 1996. The GSFC retracking algorithms. Tech. Rep. GSFC.